URING 图灵新知

Unknown Quantity

代数的历史

〔修订版〕

人类对未知量的不舍追踪

[美] 约翰·德比希尔 —— 著

张浩————————译

人民邮电出版社

北京

U0233948

图书在版编目（CIP）数据

代数的历史：人类对未知量的不舍追踪 /（美）约翰·德比希尔（John Derbyshire）著；张浩译. -- 2 版（修订本）. -- 北京：人民邮电出版社，2021.4
（图灵新知）
ISBN 978-7-115-55967-8

Ⅰ. ①代… Ⅱ. ①约… ②张… Ⅲ. ①代数－数学史 Ⅳ. ①O15-09

中国版本图书馆CIP数据核字(2021)第021375号

内 容 提 要

　　从未知量到抽象概念，从方程、向量空间、域论到代数几何，本书以诙谐的笔触展现了代数几千年发展史中的重大事件和核心人物，介绍了代数的基本知识，以代数这一重要而有趣的角度呈现数学思维的戏剧性进化历程，向读者展现了一种感知世界的全新方式。作者凭借历史学家的叙事能力，带领读者踏上一段令人称叹、充满挑战的数学之旅。本书适合对代数学及其历史感兴趣的读者阅读。

◆ 著　　　　[美] 约翰·德比希尔
　　译　　　　张　浩
　　责任编辑　戴　童
　　责任印制　周昇亮

◆ 人民邮电出版社出版发行　　北京市丰台区成寿寺路 11 号
　　邮编　100164　　电子邮件　315@ptpress.com.cn
　　网址　https://www.ptpress.com.cn
　　固安县铭成印刷有限公司印刷

◆ 开本：880×1230　1/32
　　印张：11.75　　　　　　　　2021 年 4 月第 2 版
　　字数：272 千字　　　　　　2024 年 8 月河北第 16 次印刷
　　著作权合同登记号　图字：01-2009-0823 号

定价：79.00 元
读者服务热线：(010) 84084456-6009　印装质量热线：(010) 81055316
反盗版热线：(010) 81055315
广告经营许可证：京东市监广登字 20170147 号

版 权 声 明

献给罗茜

目　录

第一部分　未知量

第二部分　普遍算术

第三部分　抽象层次

引言

本书是一部代数的历史，写给好奇的非数学专业人士。作为这样一本书的作者，我似乎应该在开头告诉读者什么是代数。那么，什么是代数呢？

我最近逛了一家机场书店，发现那里摆放着高中生和大学生常用的公式表小折子，在折叠成三联的塑封纸上印有某个数学主题的所有基础知识，其中有两部分是关于代数的，标题分别是"代数——第1部分"和"代数——第2部分"，副标题说明这两部分"涵盖了小学、中学和大学课程中的数学原理"。①

我浏览了这些内容。有些主题在数学专业人士看来并不属于代数。比如，"函数""数列和级数"应该属于数学家们所说的"分析"。不过，总的来说，这两部分概括了基础代数的主要内容，还明确地给出了现行美国高中和大学基础课程中"代数"一词的常见定义：代数是高等数学中有别于微积分的一部分。

然而，在高等数学中，代数作为一门独立的学科有其鲜明的特点。20世纪伟大的德国数学家赫尔曼·外尔（1885—1955）曾在1939年发表的一篇文章中留下一句名言：

---

① 2002年由位于美国佛罗里达州博卡拉顿市的BarCharts公司出版，作者是S. B. 基兹利克。

最近，拓扑学天使和抽象代数恶魔正在为争取各个数学领域的数学家的灵魂而决斗。[①]

读者或许知道拓扑学是几何学的一个分支，它有时也被称为"橡皮几何学"，研究的是图形在拉伸、挤压但不撕裂的情况下保持不变的性质。（对此不了解的读者可以先阅读第 14 章中关于拓扑学的详尽介绍。关于外尔的更多评论也可参考第 14 章。）拓扑学告诉我们平环与纽结之间的差异、球面与甜甜圈表面之间的差异。为什么外尔要把无害的几何研究与代数严格对立起来呢？

或者，你可以看看第 15 章开头给出的那份获奖名单，其中列出了近年来科尔代数奖（Frank Nelson Cole Prize in Algebra）的获奖情况。非分歧类域论、雅可比簇、函数域、原相上同调[②]……显然，我们已经远离二次方程和绘图了。它们的共同点是什么呢？最简洁的答案就隐含在外尔的名言中：**抽象**。

※ ※ ※

当然，所有数学都是抽象的。最早的数学抽象发生在几千年前，当时人类发现了数，完成了从 3 根手指、3 头牛、3 个兄弟、3 颗星星等可观察的 3 的实例向本身就可以被单独考虑的心智对象"3"的充满想象的飞跃，这里的"3"不再表示 3 根手指之类的特殊实例。

将抽象层次提升到第二层的第二次数学抽象发生在公元 1600

---

① 引自《杜克数学杂志》第 5 期第 489~502 页的《不变量》。

② 本书遵循黎景辉教授在《代数 K 理论》一书中的建议，将英文 "motivic cohomology" 译为原相上同调，"motive" 译为原相。——译者注

年前后的几十年里，人们采用字母符号体系（使用字母符号）来表示任意数或未知数："data"（给定的量）或者"quaesita"（要求的量）。艾萨克·牛顿爵士（1642—1727）称之为"普遍算术"。这段漫长而充满羁绊的旅程主要是为了求解方程，或者说是确定某些数学情形中的**未知量**。这是一次在我们的集体意识中播下"代数"种子的旅程，也是我在本书第一部分要讲述的内容。

如果在 1800 年问一位受过良好教育的人什么是代数，他也许会说，代数就是在做算术和求解方程的过程中使用字母符号来"放飞想象力"（莱布尼茨）。当时，掌握或者至少熟悉数学中的字母符号体系的用法是欧洲通识教育的一部分。

然而，在 19 世纪①，这些字母符号开始从数的领域中分离出来。各种奇怪的新数学对象②被发现③：群、矩阵、流形以及很多其他对象。数学开始飞向新的抽象层次。一旦字母符号体系彻底深入人心，这个过程就是字母符号体系的自然发展。因此，把它看作代数学历史的延续不无道理。

因此，我把本书分成以下三个部分。

---

① 有时，我会像历史学家约翰·卢卡奇（1924—2019）那样使用"19 世纪"来指代 1815 年到 1914 年这段时期。不过这里按照的是通常的历法。

② "数学对象"指的是数学家感兴趣的东西，他们努力理解和发展与之有关的定理。非数学专业人士最熟悉的数学对象包括数和点、线、三角形、圆、立方体等欧几里得几何中二维平面和三维空间中的图形。

③ 发现还是发明？我倾向于采用"柏拉图式"的观点，认为这些对象存在于世界的某个地方，等待人类的智慧去发现它们。这就是大多数数学家在大部分时间里做大多数数学研究时的心态。这一点非常了不起，但是它与代数学历史的关系不大，因此我不再赘述。〔关于这个问题可以参考《最后的数学问题》（人民邮电出版社，2019 年）。——译者注〕

第一部分：从远古时期到大约公元 1600 年，字母符号体系（即用字母表示数）被广泛使用。

第二部分：字母符号体系在数学上取得的首次辉煌成果，以及符号从传统算术和几何概念中缓慢分离最终导致新数学对象的发现。

第三部分：近世代数——把新的数学对象置于坚实的逻辑基础之上，抽象层次更高。

因为代数学的发展与所有人类活动一样，是随机且无规律可言的，我很难严格按照年代顺序叙述，特别是 19 世纪的代数。尽管如此，我希望我的叙述方式是合理的，希望读者对代数学发展的主要线索有清晰的认识。

※※※

我的目的不是向读者讲授高等代数。这方面的优秀教材有很多，我会在叙述过程中推荐一些教材。这本书不是教材。我只希望能够展示一些代数学概念的模样，以及后来的代数学概念是如何从先前的概念中发展而来的，哪些人扮演了重要的角色，历史背景又是怎样的。

然而，我发现如果不对这些代数学家所做的工作做一些简单的解释，就不可能说清楚这门学科的历史。因此，本书中有大量的数学知识。对于那些高中课程中通常不会讲到的内容，我把它们简单地整理了一下，放在贯穿整本书的"数学基础知识"部分中，而这些基础知识穿插安排在你需要通读以便跟得上历史叙述的地方。每一部分的数学知识都介绍了若干基础概念。在某些情况下，我会扩展正文中的概念。介绍这些基础知识的目的在于唤起那些已经学过某些大学数学课程的读者的回忆，或者为那些没有这样的经历的读者提供最基本的知识。

※ ※ ※

当然，这本书是参考了很多其他人的书编著而成的。我将在正文和注解里注明引用的著作。不过我会经常提到三份资源，因此我有必要在一开始就提醒自己不能忘了致谢。第一份资源是极其有用的《科学传记大辞典》（*Dictionary of Scientific Biography*），它不仅提供了数学家的详细生平，而且还给出了数学思想起源和传播的重要线索。

另外两本主要参考的著作是数学家为数学家们写的代数学历史：范德瓦尔登（1903—1996）的《代数学的历史》（1985年出版）；伊莎贝拉·巴什马科娃和加林娜·斯米尔诺娃合著的《代数学的起源与演变》（2000年由阿贝·舍尼策译成英文）。在后文中，我在引用这些书中的内容时将直接引用其作者的名字（如"范德瓦尔登说……"）。

我在这里还要感谢另一位为本书做出重要贡献的人——美国芝加哥大学的理查德·斯旺（1933— ）教授。他审阅了本书的手稿，能得到他的指点，我感到万分荣幸。斯旺教授提出了很多意见、批评、修正和建议，大大提升了本书的水准。我衷心感谢他的帮助和鼓励。尽管我力争做得更好，但是"更好"不是"完美"，书中仍然会存在一些错误或者遗漏，对此我负全部责任。

※ ※ ※

这本书讲述代数学的故事。这一切开始于遥远的过去，伴随着从陈述句"这个加这个等于这个"到疑问句"这个加什么等于这个"的简单的思维转变，这是未知量，即现在每个人都会把它与代数联系在一起的 x，第一次进入人类的思想，实际上是经过了较漫长的时间后，才出现了用符号来表示未知量或任意数的需求。一旦建立起这样的字母符号体系，对方程的研究就进入了更高的抽象层次。于是，新的数学对象出现了，它推动数学向更高的抽象层次飞跃。

如今，代数学已经成为所有智力学科中最纯粹、最严格的学科，它的研究对象是对抽象的抽象的再抽象，非数学专业人士几乎无法领会到其成果的巨大威力和非凡魅力。最令人惊讶也最神秘的是，在这些缥缈的心智对象的层层嵌套的抽象之中，似乎包含着物质世界的最深刻、最本质的秘密。

数学基础知识：
数和多项式（NP）

在书中某些章节之间的连接处，我将打断对代数学历史的叙述，插入一些简要的数学基础知识，帮助你了解或回顾一些必要的数学内容，以便你能够顺利理解后面要讲述的故事。

第一组数学基础知识设在开篇之前。为了让你能理解接下来所讲述的内容，这部分包含了两个你必须掌握的数学概念：**数**和**多项式**。

※ ※ ※

数的现代概念在 19 世纪后期开始形成，并在 20 世纪二三十年代在数学界广泛传播。数的现代概念好似层层嵌套的"俄罗斯套娃"模型，其中共有五个"俄罗斯套娃"，分别用镂空字母 $\mathbb{N}$、$\mathbb{Z}$、$\mathbb{Q}$、$\mathbb{R}$ 和 $\mathbb{C}$ 表示。

最里层的"套娃"是**自然数**，自然数全体记为 $\mathbb{N}$。这些数是通

常 [1] 用于计数的数，如 1、2、3 等。它们可以被形象地排成一行向右无限延长的点（图 NP-1）。

○　○　○　○　○　○　○　○　○　○　○　· · ·

1　2　3　4　5　6　7　8　9　10　11 · · ·

图 NP-1　**自然数集 N**

自然数非常有用，但是它们有一些不足之处。主要的不足之处在于，从一个自然数中减去另一个自然数不总是可行的，用一个自然数除以另一个自然数也不总是可行的。你可以用 7 减去 5，但是不能用 7 减去 12——我的意思是说，这样做想得到一个自然数结果是不可能的。用专业术语讲就是，**N 在减法运算下不是封闭的**。N 在除法运算下也不是封闭的：你可以用 12 除以 4，但不能用 12 除以 5，因为其结果就不再是自然数了。

减法的问题因为零和负数的发现而得到解决。大约在 600 年，古印度数学家发现了零。负数是欧洲文艺复兴时期的成果。将自然数系扩张，使其包含这些新的数，就得到了第二个"俄罗斯套娃"，它包含第一个"俄罗斯套娃"。这个数系就是**整数系**，整数全体用符号 ℤ（来自德文单词"Zahl"，意为"数"）表示。整数可以形象地用向左右两端无限延长的一行点来表示（图 NP-2）。

---

[1]　在现代用法中，自然数通常包括 0。从哲学意义上讲，我赞同这一点。如果你让我到隔壁房间数一数房间里的人数，然后向你汇报结果，那么"0"是一个可能的结果。因此，0 应该包含在这些用于计数的数字中。但是，由于本书是从历史的角度进行叙述的，所以我从自然数中去掉了 0。

图 NP-2 整数集 $\mathbb{Z}$

现在，我们可以随意进行加法、减法和乘法运算，当然，做乘法运算需要了解**符号法则**：

正正得正，正负得负，负正得负，负负得正。

或者更简洁地说：同号相乘得正，异号相乘得负。当可以进行除法运算时，符号法则同样适用，如 -12 除以 -3 得 4。

然而，除法在 $\mathbb{Z}$ 中不总是可行的，$\mathbb{Z}$ 在除法运算下不是封闭的。为了得到一个在除法运算下封闭的数系，我们还要再次扩张，引入分数（包括正分数和负分数）。这就是第三个"俄罗斯套娃"，它包含了前两个"套娃"。这个"套娃"被称为**有理数**，有理数全体记为 $\mathbb{Q}$（来自英文单词"quotient"，意为"商"）。

有理数是"稠密的"。这意味着在任意两个有理数之间，你总可以找到另外一个有理数。$\mathbb{N}$ 和 $\mathbb{Z}$ 都不具有这样的性质。11 和 12 之间没有自然数，-107 与 -106 之间也没有整数。然而，在有理数 $\dfrac{1\,190\,507}{10\,292\,881}$ 和 $\dfrac{185\,015}{1\,599\,602}$ 之间总可以找到一个有理数，虽然这两个有理数相差不到 16 万亿分之一。例如，有理数 $\dfrac{2\,300\,597}{19\,890\,493}$ 比前面出现的第一个有理数大，但是比第二个有理数小。因为任意两个有理数之间都存在一个有理数，所以你可以在任意两个有理数之间找到无穷多个有理数。这就是"稠密"的真正含义。

因为 $\mathbb{Q}$ 具有稠密性，所以它可以用一条向左右两端无限延伸的连续直线来表示（图 NP-3）。每一个有理数在这条直线上都有一个位置。

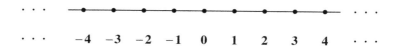

图 NP-3　有理数集 $\mathbb{Q}$（注：我们可以用同样的图形来表示实数集 $\mathbb{R}$）

你看到整数之间的空隙是如何被填充的了吗？任意两个整数，比如 27 和 28，其间的有理数都是稠密的。

要注意，这些"俄罗斯套娃"是嵌套的，$\mathbb{Q}$ 套着 $\mathbb{Z}$，$\mathbb{Z}$ 套着 $\mathbb{N}$。还有另一种看待它们的方法：自然数是"名誉整数"，整数和自然数是"名誉有理数"。为了强调，名誉数可以被"装扮"成适当的模样。自然数 12 可以被"装扮"成整数 +12，或者有理数 $\dfrac{12}{1}$。

※ ※ ※

还有另外一些数，它们既不是整数也不是有理数。公元前 500 年左右，古希腊人发现了这类数。这个发现给古希腊人的思维带来了深刻的影响，而且还提出了一些问题，这些问题至今也没有令所有数学家和哲学家都满意的答案。

这类数的最简单的例子是 2 的平方根，如果你把它与自身相乘，就得到 2。（在几何中，边长是单位 1 的正方形的对角线的长度就是 2 的平方根。）很容易证明，没有一个有理数可以表示成边长为单位 1 的正方形的对角线的长度 ①。用类似的方法可以证明：如果 N 不是完全 k 次幂，那么 N 的 k 次方根一定不是有理数。

显然，我们需要另外一个"俄罗斯套娃"，它要能够包含所有这些无理数。这个新"套娃"就是**实数系**，用 $\mathbb{R}$ 表示。2 的平方根是一个实数，但它不是有理数：它属于 $\mathbb{R}$ 但不属于 $\mathbb{Q}$（当然它也不属于 $\mathbb{Z}$ 或 N）。

实数同有理数一样，也是稠密的。我们在任意两个实数之间总能找到另外一个实数。因为有理数是稠密的，已经"填满"了图示中的直线（图 NP-3），你也许会提出这样的疑问：如何把实数挤进有理数之间？更怪异的是，$\mathbb{Z}$ 和 $\mathbb{Q}$ 是"可数"的，但 $\mathbb{R}$ 是不可数的。可数集合的意思是，其中的元素可以与用来计数的数集 N 中的元素 1, 2, 3, …相匹配，一直到无穷。然而，对于实数 $\mathbb{R}$，你做不到这一点。从某种意义上讲，$\mathbb{R}$ 非常大，比 N、$\mathbb{Z}$ 和 $\mathbb{Q}$ 都大，以至于 $\mathbb{R}$ 无法数出来。那么，超级无穷多的实数可以安插在有理数之间吗？

这是一个非常有趣的问题，数学家们也因此伤透了脑筋。不过，这不属于代数学的历史，我在这里提到它只是因为第 14 章要

---

① 欧几里得首次给出了一般的证明，他使用了**反证法**。假设这件事**不**成立，即假设存在某个有理数 $\dfrac{p}{q}$（其中 p 和 q 都是整数）满足 $\dfrac{p}{q} \times \dfrac{p}{q} = 2$。假设 $\dfrac{p}{q}$ 是最简分数（将分子和分母中的公因子约去，这总能做到），那么 p 和 q 中必定有一个是奇数。用 q^2 乘上式两边得到 $p^2 = 2q^2$，而且只有偶数的平方是偶数，所以 p 一定是偶数，q 一定是奇数。因此 $p = 2k$，k 是某个整数。于是 $p^2 = 4k^2$，所以 $4k^2 = 2q^2$，$q^2 = 2k^2$，因此 q 也一定是偶数。那么 p 和 q 就都是偶数，出现矛盾。因此假设不成立，所以**不存在**平方等于 2 的有理数。（另一个证明可以在我的书《素数之恋》的注释 11 中找到。）

提到可数性的问题。你记住以下这点就够了：表示 $\mathbb{R}$ 的图和表示 $\mathbb{Q}$ 的图看起来是一样的，都是一条向左右两端无限延伸的连续直线（图 NP–3）。当这条直线表示 $\mathbb{R}$ 时，它被称为"实数轴"。更抽象地说，"实数轴"可以作为 $\mathbb{R}$ 的同义词。

※※※

在 $\mathbb{N}$ 中，加法和乘法总是可行的，减法和除法有时可行。在 $\mathbb{Z}$ 中，加法、减法和乘法总是可行的，除法有时可行。在 $\mathbb{Q}$ 中，加法、减法、乘法和除法（在数学中不允许除以 0）都是可行的，但是开方却出现了问题。

$\mathbb{R}$ 可以解决这些问题，但只限于非负数。根据符号法则，任何数与自身相乘都得到一个非负数。或者换一种说法：在 $\mathbb{R}$ 中，负数没有平方根。

从 16 世纪起，这个限制开始成为数学家们前进的障碍，所以必须加入新的"俄罗斯套娃"。这个"套娃"就是**复数系**，记为 $\mathbb{C}$。在 $\mathbb{C}$ 中，**每一个数都有平方根**。事实证明，只用普通的实数和一个新数 $\sqrt{-1}$（通常记为 i）就可以构建整个新数系。例如 -25 的一个平方根是 5i，因为 $5\mathrm{i} \times 5\mathrm{i} = 25 \times (-1) = -25$。那么 i 的平方根是什么？这不难回答，我们熟悉的乘法去括号法则是 $(u+v) \times (x+y) = ux + uy + vx + vy$，所以

$$\left(\frac{1}{\sqrt{2}} + \frac{1}{\sqrt{2}}\mathrm{i} \right) \times \left(\frac{1}{\sqrt{2}} + \frac{1}{\sqrt{2}}\mathrm{i} \right) = \frac{1}{2} + \frac{1}{2}\mathrm{i} + \frac{1}{2}\mathrm{i} + \frac{1}{2}\mathrm{i}^2 \text{,}$$

由于 $\mathrm{i}^2 = -1$，并且 $\frac{1}{2} + \frac{1}{2} = 1$，所以上面等式的右边正好等于 i。因此，等式左边括号中的数就是 i 的一个平方根。

和之前一样，新的"俄罗斯套娃"也是嵌套的。实数 x 是"名

誉复数" $x+0\mathrm{i}$（形如 $0+y\mathrm{i}$ 或简写为 $y\mathrm{i}$ 的复数称为**虚数**，其中的 y 为非零实数）。

根据 $\mathrm{i}^2=-1$，很容易推出复数的加法、减法、乘法和除法的运算法则，如下所示：

加法：$(a+b\mathrm{i})+(c+d\mathrm{i})=(a+c)+(b+d)\mathrm{i}$，

减法：$(a+b\mathrm{i})-(c+d\mathrm{i})=(a-c)+(b-d)\mathrm{i}$，

乘法：$(a+b\mathrm{i})\times(c+d\mathrm{i})=(ac-bd)+(ad+bc)\mathrm{i}$，

除法：$(a+b\mathrm{i})\div(c+d\mathrm{i})=\dfrac{ac+bd}{c^2+d^2}+\dfrac{bc-ad}{c^2+d^2}\mathrm{i}$。

因为复数有两个独立的部分，所以不能用直线来表示 $\mathbb{C}$。我们需要一个向各个方向无限延伸的平面来表示 $\mathbb{C}$，这个平面被称为复平面（图 NP-4）。复数 $a+b\mathrm{i}$ 可以用通常的直角坐标表示成这个平面上的一个点。

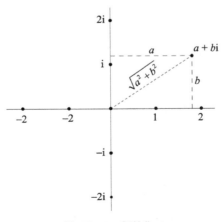

图 NP-4　复数集 $\mathbb{C}$

注意，每一个复数 $a+b\mathrm{i}$ 都对应一个非常重要的非负实数，这个实数被称为该复数的**模**，定义为 $\sqrt{a^2+b^2}$。我希望图 NP-4 可以清楚地说明这一点，根据毕达哥拉斯定理[①]，复数的模就是在复平面内它到零点的距离，零点通常被称为**原点**。

我们以后还会遇到其他数系，但是一切都是从这五个依次嵌套的基本数系开始的：$\mathbb{N}$、$\mathbb{Z}$、$\mathbb{Q}$、$\mathbb{R}$ 和 $\mathbb{C}$。

※※※

关于数的内容就介绍到这里。本书经常提到的另一个关键概念是**多项式**。这个词的词源是希腊文和拉丁文的混合，意思是"有很多名称"，"名称"指的是"有名称的部分"。似乎是法国数学家弗朗索瓦·韦达（1540—1603）在 16 世纪晚期首先开始使用这个词的，在此一百年后这个词才出现在英文中。

多项式是从数和"未知量"开始，仅通过加法、减法和乘法运算得到的数学**表达式**（不是**方程**，因为这里没有等号），这些运算可以出现任意有限多次，但不能出现无限次。以下是一些多项式的例子：

$$5x^{12}-22x^7-141x^6+x^3-19x^2-245$$
$$9x^2-13xy+y^2-14x-35y+18$$

---

① 毕达哥拉斯定理（即我们常说的勾股定理。——译者注）考虑的是一个平面直角三角形的边长。通过简单的观察可以发现，直角所对的斜边一定比其他两个直角边长。这个定理说的是斜边长的平方等于两个直角边长的平方之和：$c^2=a^2+b^2$，其中 a 和 b 分别是两个直角边的长度，c 是斜边的长度。这个公式的另外一种表示法 $c=\sqrt{a^2+b^2}$ 如图 NP-4 所示。

$$2x-7$$

$$x$$

$$\frac{211}{372}x^4 + \pi x^3 - (7-8\mathrm{i})x^2 + \sqrt{3}x$$

$$x^2 + x + y^2 + y + z^2 + z + t^2 + t$$

$$ax^2 + bx + c$$

注意以下几点。

- **未知量**。多项式中可以出现任意有限多个未知量。
- **用字母表示未知量**。真正的未知量是我们真正感兴趣的那些值，拉丁文为 "quaesita"（意为 "要求的量"），它们通常用拉丁字母表的结尾字母表示：x、y、z 和 t 是最常用的表示未知量的字母。
- **未知量的幂**。因为我们可以做任意有限次乘法，未知量的任意自然数次幂都可能出现，如 x、x^2、x^3、x^2y^3、x^5yz^2 等。
- **用字母表示 "已知量"**。"已知量" 的拉丁文是 "data"，通常是取自 $\mathbb{N}$、$\mathbb{Z}$、$\mathbb{Q}$、$\mathbb{R}$ 或 $\mathbb{C}$ 中的数。我们可以用表示已知量的字母来扩充一个表达式。这些字母通常取自拉丁字母表的开头（a、b、c 等）或者中间（p、q、r 等）。
- **系数**。现在，"data" 作为一个英语单词有其自身的含义，而且几乎没有人会说 "已知量"。多项式中的 "已知量" 现在被称为**系数**。上面的第三个多项式的系数是 2 和 -7，第四个多项式（严格地说，它是一个单项式）的系数是 1，最后一个多项式的系数是 a、b 和 c。

※ ※ ※

多项式只是所有数学表达式的一个小子集。如果引入除法，我们就可以得到更大的一类表达式，这类表达式叫作**有理分式**，例如：

$$\frac{x^2 - 3y^2}{2xz}$$

这是一个包含 3 个未知量的有理分式，但它**不是**多项式。引入更多的运算可以进一步扩大这个集合：开方、取正弦、余弦或对数，等等。最后得到的表达式都不是多项式。

　　得到一个多项式的步骤是：取一些"已知"数，这些数既可以是明确的数（17、$\sqrt{2}$、π 等），也可以是代表数的字母（a、b、c、……p、q、r 等）；将这些数与一些未知量（x、y、z 等）混合，进行有限次加法、减法和乘法运算，结果就是一个多项式。

　　尽管多项式在数学表达式中只占很小的比例，但是它们非常重要，特别是在代数中更重要。当数学家使用形容词"代数的"时，通常可以被理解为"关于多项式的"。仔细检查一下代数学中的某个定理，即使是抽象层次非常高的定理，经过层层分析其意义，我们很可能就会发现多项式。可以肯定地说，**多项式**是从古至今的代数学中最重要的概念。

第一部分
未知量

第 1 章

四千年前

按照我在引言中给出的**广义定义**，在有记载的历史中，代数很早就开始了从陈述式算术到疑问式算术的思维转变。我们已知的最古老的包含数学内容的书面文字记载，实际上包含了一些可被称为代数的内容。这些文字记载可以追溯到公元前二千年的上半叶，距今约 37 或 38 个世纪[①]，它们是由生活在美索不达米亚和古埃及的人们书写的。

对现代人来说，那个世界似乎遥不可及。公元前 1800 年距恺撒大帝时代的时间跨度与恺撒大帝距我们现在这个时代的时间跨度一样久远。除了少数专家之外，关于那个时代、那些地域的广泛传

---

① 美索不达米亚早期历史的年代测定还没有定论。在撰写本书时，我经常参考 "中间年表"，这也是我用的年表。此外，还有低年表、超低年表和高年表。"中间年表" 中标注于公元前 2000 年的事件在高年表中的时间可能是公元前 2056 年，在低年表中的时间可能是公元前 1936 年，在超低年表中的时间可能是公元前 1911 年。专业的亚述学家因争论这些问题甚至产生了友谊或婚姻的破裂。我对此没有强烈的意见，这个时期的确切年代对我的叙述并不重要。出现在 1950 年之前的大部分资料中的更早的日期在今天看来都是不可确信的。

播的知识只有《圣经·创世纪》中支离破碎且有争议的记载，所有
受过良好训导的西方一神论宗教信徒们都非常清楚这些内容。这是
亚伯拉罕和以撒、雅各和约瑟、吾珥和哈兰、所多玛和蛾摩拉的世
界。彼时的西方文明包括整个新月沃地，这片连绵不断的肥沃土地
从波斯湾向西北延伸至底格里斯河和幼发拉底河平原，横跨叙利亚
高原，然后向下穿过巴勒斯坦到达尼罗河三角洲和埃及（图 1-1）。
这片地区的人们曾彼此相知。新月沃地周边常年有交通往来，从位
于幼发拉底河下游的吾珥到位于尼罗河中游的底比斯之间都有交通
往来。亚伯拉罕也许正是沿着这些很多人走过的路，从吾珥到巴勒
斯坦，最后长途跋涉到埃及。

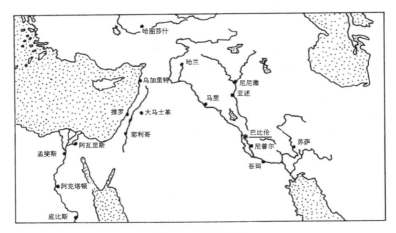

图 1-1 新月沃地

从政治角度讲，新月沃地的三个主要区域看起来差异非常大。巴
勒斯坦是一处偏僻的地方，但是它是通往别处的交通要道。当时的人
们认为它属于古埃及的势力范围。古埃及是一个种族统一的国家，而

且在其边界没有能对它形成严重威胁的族群。这个国家在遭受我后面要讲述的第一次外来侵略之前已有一千五百年的历史，比如今的英国的历史还要悠久。在自认为安全的环境下，古埃及人很早就形成了一种类似于中国古代封建统治的思维方式，建立了中央集权的君主专制，由通过层层选拔的人才建立起来的庞大官僚系统统治着。早在大约公元前2500年到公元前2350年的第五王朝，就有近2000个官衔。正如罗伯特·维森在《帝国秩序》（*The Imperial Order*）一书中所说的那样："在这种奇妙的等级制度下，人与人都是不平等的。"

美索不达米亚却呈现出完全不同的景象。这里的种族关系更加复杂，最初是苏美尔人，随后依次是阿卡德人、埃兰人、亚摩利人、赫梯人、喀西特人、亚述人以及阿拉米人占据优势。古埃及式的官僚专制也曾在美索不达米亚占据一时的主导地位，当时一个强大的统治者可以掌控足够大的领土，但这些帝国都难以持续很长时间。其中最早也最重要的是萨尔贡大帝的阿卡德王朝，这个王朝从公元前2340年到公元前2180年统治了整个美索不达米亚160年，最后因高加索部落的袭击而瓦解。我在这里讲述的是公元前18世纪和公元前17世纪，那时萨尔贡的荣耀已经成为逐渐消退的记忆。然而，它却给这片地区留下了一种相对通用的语言：闪米特语族中的阿卡德语。苏美尔语一直存在于该地区的南方，显然它被认为是受教育的人熟知的一种高贵语言，颇像罗马人使用的希腊语或中世纪和近代欧洲早期使用的拉丁语。

然而，美索不达米亚通常处于一种百家争鸣的状态，这里的语言和文化有很多共同点，但没有统一。在这种环境下，美索不达米亚的创造力最为繁荣，可与黄金时代的希腊城邦、文艺复兴时期的意大利或19世纪的欧洲相媲美。统一是偶然而短暂的。这个时代无疑是"令人向往"的，也许，这就是创造力的价值。

※※※

在不同帝国统治美索不达米亚的各个时期中，最令人印象深刻的一个时期是公元前 1790 年到公元前 1600 年。那时的统一者是汉谟拉比，他于这个时期之初在幼发拉底河中游的巴比伦城邦掌权。汉谟拉比^①是亚摩利人，说阿卡德方言。他统治了整个美索不达米亚，把巴比伦变成当时最伟大的城市。这就是第一巴比伦帝国（古巴比伦王国）。^②

古巴比伦王国是一个有文字记载的伟大文明。他们的著作都是用楔形文字写成的。也就是说，写出的文字是用楔形笔压在湿黏土上形成的图案。这些被刻上字的泥板和圆柱桶经过烧制而得以长久保存。苏美尔人在很久之前就发明了楔形文字，在萨尔贡时代引入阿卡德。到了汉谟拉比时代，这种书写方法已经演变成包含 600 多个符号的书写体系，每一个符号代表一个阿卡德语音节。

《汉谟拉比法典》是汉谟拉比在他的帝国强制执行的伟大法律

① 汉谟拉比（Hammurabi）的另一个常见拼写是"Hammurapi"。古英文文献使用的是"Khammurabi""Ammurapi"和"Khammuram"。然而，认为汉谟拉比就是《圣经·创世记》14:1 中的暗拉非（Amraphel）的观点今天已不被认同。亚伯拉罕的时代是人们推测的，但是人们似乎认为他生活的年代早于汉谟拉比统治的时代。

② 西方传统更熟悉的是**第二巴比伦帝国**。第二巴比伦帝国（新巴比伦王国）指的是尼布甲尼撒二世的帝国，当时犹太人被监禁，但以理也侍奉过这位君主，在伯沙撒王的盛宴期间，墙上出现的文字预示了第二巴比伦帝国将被波斯人攻陷。这一切发生在汉谟拉比时代的一千年后，不属于我们讲述的这部分故事。

体系。下面是取自《汉谟拉比法典》序言中的用阿卡德楔形文字书
写的语句（图 1-2）。

图 1-2 楔形文字

这句话的发音类似于"En-lil be-el sa-me-e u er-sce-tim"，意
思是"恩利尔，宇宙和地球之主"。从单词"be-el"可以看出，这
是一种闪米特语，它与英文"Beelzebub"（别西卜，神话中引起疾病
的恶魔）的前缀有关，这让我们想起了希伯来文"Ba'al Zebhubh"，
意思是"蝇王"。

实际上，楔形文字在古巴比伦王国消亡之后仍然沿用了很长
时间，一直到公元前 2 世纪。古代世界的很多语言使用的都是楔
形文字。伊朗的某些遗迹上有楔形文字铭文，属于公元前 500 年左
右居鲁士大帝的王朝。早在 15 世纪，这些铭文就被当时的欧洲旅
行家注意到了。自 18 世纪晚期开始，欧洲学者开始尝试破译这些
铭文①。到 19 世纪 40 年代，人们对楔形文字的理解已经有了良好
的基础。

大约就在同一时期，很多考古学家开始发掘美索不达米亚的古
代遗迹，例如法国人保罗·埃米尔·博塔（1802—1870）和英国人

---

① 这里出现的几个关键人物是丹麦人卡斯滕·尼布尔（1733—1815）、德国人格
  奥尔格·弗里德里希·格罗特芬德（1775—1853）和英国人亨利·罗林森
  （1810—1895）。顺便说一下，格罗特芬德来自德国汉诺威，后来被汉诺威王
  室的哥廷根大学聘请，从事破译楔形文字的工作。哥廷根大学后来成为闻名
  世界的数学研究中心。

奥斯丁·亨利·莱亚德（1817—1894）等。他们发现了大量经过烧制的刻有楔形文字的泥板。这类考古工作一直持续到今天，现在全世界各地的私人或公共收藏总计有超过 50 万块这样的泥板，它们所属的时代大约在公元前 3350 年到公元前 1 世纪。这些泥板大都属于汉谟拉比时代，因此形容词"巴比伦的"经常用在与楔形文字有关的任何事情上，尽管古巴比伦王国的统治时期还不足两个世纪，而使用楔形文字的历史却长达 30 个世纪。

※ ※ ※

至少从 19 世纪 60 年代起，人们就已经知道一些楔形文字泥板中记录了数字信息。首先，被破译的这类信息都出自人们很容易想到的具有活跃商业传统的组织有序的行政部门，如库存、账目等资料，此外还有大量的历法资料。古巴比伦人掌握了深奥的历法和广博的天文学知识。

然而，到了 20 世纪初，出现了很多明显与数学有关的泥板，但这些内容既与计时无关，也与记账无关。直到 1929 年，奥托·诺伊格鲍尔（1899—1990）才开始注意它们并进行相关研究。

诺伊格鲍尔是奥地利人，出生于 1899 年。他参加过第一次世界大战，结果与同胞路德维希·维特根斯坦（1889—1951）一同被抓入意大利战俘营。第一次世界大战结束后，他首先成为一名物理学家，后来又转向数学研究，进入哥廷根大学，跟随 20 世纪初最伟大的一些数学家理查德·柯朗（1888—1972）、埃德蒙·兰道（1877—1938）和埃米·诺特（1882—1935）学习。到了 20 世纪 20 年代中期，诺伊格鲍尔的兴趣开始转向古代数学。他对古埃及进行了研究，并发表了一篇关于莱茵德纸草书的论文。稍后我将详细介绍莱茵德纸草书。随后，他又将关注点转向古巴比伦，学习阿卡德语，着手研究汉谟拉比时代的泥板。研究成果就是他在 1935 年到 1937 年出版的三卷巨著《楔形文字数学文本》（*Mathematische Keilschrift-Texte*，德文"keilschrift"的意思是"楔形文字"），古巴比伦数学的巨大财富首次在这部著作中得到展示。

纳粹上台后，诺伊格鲍尔离开了德国。虽然他不是犹太人，但他在政治上是一名自由主义者。在哥廷根大学数学研究所清除犹太人后，诺伊格鲍尔被任命为该研究所的所长。康斯坦丝·里德（1918—2010）在《希尔伯特》一书中称诺伊格鲍尔"担任此要职只有一天，因为他在校长办公室中激烈争辩，拒绝在所谓的忠诚宣言上签字"。诺伊格鲍尔首先去了丹麦，然后到了美国，他在美国接触到了新的楔形文字泥板藏品。1945 年，他和美国亚述学家亚伯拉罕·萨克斯（1915—1983）合作，出版了《楔形文字数学文献》（*Mathematical Cuneiform Texts*）。这本著作现在仍是关于古巴比伦数学的英文权威著作。当然，这方面的研究仍在继续，古巴比伦人的辉煌成就现在已经众所周知。特别是，我们现在知道他们掌握了一些可以被称为代数的技巧。

※※※

诺伊格鲍尔发现，汉谟拉比时代的数学文本有两种："表格文本"和"问题文本"。表格文本就是乘法表、平方表和立方表等表格，以及一些更高级的列表，比如现存于美国哥伦比亚大学的"普林顿 322"泥板就列出了毕达哥拉斯三元组，即满足 $a^2+b^2=c^2$ 的三元组 (a, b, c)，根据毕达哥拉斯定理，这三个数对应于直角三角形的三条边。

古巴比伦人迫切需要这样的表格，因为虽然他们书写数字的系统在当时很先进，却不能像我们熟悉的 10 个数字那样方便地进行计算。他们的数字体系是六十进制而不是十进制。例如，十进制数 37 表示 3 个 10 加上 7 个 1，而古巴比伦人的 37 表示 3 个 60 加上 7 个 1，相当于十进制数 187。因为缺少用来"占位"的 0，事情变得更加困难。因为今天的记法中有 0，所以我们可以区分 284、2804 和 208 004 等。

分数的书写方式就像我们表示小时、分钟和秒那样，这种方式其实是古巴比伦人的原创。例如 2.5 用这种表示就写成 2:30。古巴比伦人知道，在他们的体系下，2 的平方根大约是 1:24:51:10。这个数是 $1+[24+(51+10\div60)\div60]\div60$，它与 2 的平方根的精确值相差约一千万分之六。与整数一样，缺少占位数字 0 会产生歧义。

即使在表格文本中，代数计算的思维也很明显。比如，我们知道平方表可辅助进行乘法计算，公式

$$ab=\frac{(a+b)^2-(a-b)^2}{4}$$

把乘法简化为减法（和一个简单的除法）。古巴比伦人知道这个公式，或者说他们知道其本质，只是不知道怎么用上面的办法表示成抽象的公式。他们把这个公式看成一个可以运用于特定数字的步骤，即我们今天所说的**算法**。

※※※

这些表格文本非常有趣，但是，只有在问题文本中我们才能看到代数的真正开端。比如，其中有二次方程的解法，甚至还有一些特殊的三次方程的解法。当然，这些文本都不是用类似现代代数记

号写成的，所有这些都写成涉及实际数字的文字问题。

为了让读者充分感受古巴比伦数学，我将用三种形式给出《楔形文字数学文献》中的一个问题，分别是楔形文字、文字翻译以及这个问题的现代表述。

图1-3展示的是这个问题的楔形文字。它书写在一块泥板的两面，图中是该泥板的正反面，这两面并排摆放。[①]

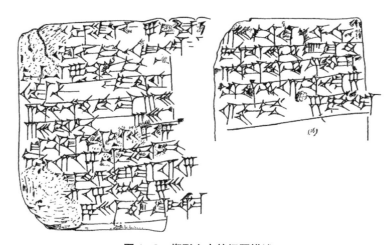

图1-3　楔形文字的问题描述

诺伊格鲍尔和萨克斯将这块泥板的内容翻译如下：文字是阿卡德语，字母和数字是苏美尔语，括号里面的内容是原文不清楚的或根据理解补充的。

---

① 事实上，楔形文字不都那么难理解。了解用楔形文字记数的最佳简短指南是约翰·康威（1937—2020）和理查德·盖伊（1916—2020）合著的《数之书》。

（左图的译文）

[igib]um 比 igum 大 7。[①]

问 [igum 和]igibum 是多少？

对你来说，平分 7，这是 igibum 超过 igum 的值，（其结果）为 3;30。

把 3;30 与 3;30 相乘，（得到的结果是）12;15。

对于得到的结果 12;15，

加上 [乘积 1,0]，（结果是）1,12;15。

1,12;15[的平方根] 是什么？（答案：）8;30。

记下 [8;30 和]8;30，这两个数相等，然后

（右图的译文）

从一个 8;30 中减去 3;30，

把这个数加到另一个（8;30）。

一个数是 12，另一个数是 5。

igibum 等于 12，igum 等于 5。

（注意：诺伊格鲍尔和萨克斯使用逗号把数的数位分隔开，使用分号分隔整数部分和小数部分。所以"1,12;15"表示

$$1\times 60+12+\frac{15}{60}=72\frac{1}{4}。）$$

下面是用现代方法求解该问题的过程。

一个数比它的倒数大 7。注意，因为古巴比伦的数的进位制存

---

① "igum"和"igibum"是古巴比伦数学文献中表示互为倒数的两个数的专有术语。——译者注

在歧义，所以 x 的"倒数"可能是 $\dfrac{1}{x}$、$\dfrac{60}{x}$、$\dfrac{3600}{x}$ 等。事实上，x 的"倒数"可能是 60 的任何次幂除以 x。但从原作者的求解过程可以看出，这里取的"倒数"应该是 $\dfrac{60}{x}$。于是

$$x - \frac{60}{x} = 7$$

x 和它的"倒数"是多少？因为上面这个方程可以化简成

$$x^2 - 7x - 60 = 0$$

我们可以运用熟知的公式 [①] 得到

$$x = \frac{7 \pm \sqrt{7^2 + (4 \times 60)}}{2}$$

这给出了答案 $x = 12$ 或 $x = -5$。古巴比伦人不知道负数，直到 3000 年后，负数才开始被普遍使用。所以他们关心的解只有 12，它的"倒数"（即 $\dfrac{60}{x}$）是 5。古巴比伦人的算法实际上并不能得出上面的二次方程 [②] 的两个解，而是等价于求 x 和它的"倒数"的一个略微不同的公式

$$x = \sqrt{\left(\frac{7}{2}\right)^2 + 60} \pm \frac{7}{2}$$

---

① 给不熟悉二次方程求根公式的读者介绍一下：二次方程 $x^2 + px + q = 0$ 有两个解 $x = \dfrac{-p \pm \sqrt{p^2 - 4q}}{2}$。

② 本书中的"二次方程""三次方程""四次方程""五次方程"等一般指一元方程。——译者注

如果想对此吹毛求疵，你可以说，这表明严格来说他们没有解出二次方程。尽管如此，你也不得不承认这是青铜时代早期的数学中令人印象非常深刻的成果。

※ ※ ※

我再强调一次，汉谟拉比时代的古巴比伦人并没有真正的代数字母符号体系。这些都是文字问题，量用原始的编号系统来表示。对于使用"未知量"进行思考这个方向，他们仅仅向前迈了一两步，即在阿卡德语文献中用苏美尔语单词表示未知量，例如上面问题中的"igum"和"igibum"。（诺伊格鲍尔和萨克斯把"igum"和"igibum"都翻译成"倒数"。在其他地方，泥板上使用苏美尔语来表示矩形的"长"和"宽"。）这些算法不具有普适性，不同的文字问题使用了不同的算法。

由此产生了两个问题。第一，他们为什么要提出这些文字问题？第二，是谁首先解决了这些问题？

对于第一个问题，古巴比伦人并不打算告诉后人他们为什么要提出这些文字问题。比较可靠的猜测是，这些文字问题可能是一种检查计算的方式，计算可能涉及测量土地面积，而问题可能是求建造某种尺寸的沟渠时需要挖出的泥土量。当人们圈出一块长方形土地计算它的面积时，他们可以"反过来"通过某个二次方程的算法求出它的面积和周长来确认得到的结果是正确的。

对于第二个问题，汉谟拉比时代的泥板中出现的原始代数是非常成熟的。根据我们对远古时代知识进步速度的了解来看，这些技术一定酝酿了好几个世纪。是谁最先想出来的呢？我们无法知道这个问题的答案，但是这些问题泥板使用了苏美尔语，暗示了苏美尔人可能是其创始者（同现代数学使用希腊字母一样）。我们有汉谟拉比时代之前的文献，也就是三千年以前的资料，但它们都是算术文献。直到公元前18世纪和公元前17世纪，代数思想才开始出现。如果存在可以说明这些代数思想发展更早的"过渡"文献，那么，它们或者没有被保存下来，或者至今尚未被发现。

汉谟拉比时代的泥板也没有告诉我们任何关于作者的信息。我们知道大量古巴比伦人的数学成果，却不知道任何一位古巴比伦数学家。我们知道其名字的第一位可能是数学家的人生活在新月沃地的另一端。

※※※

正当汉谟拉比王朝在美索不达米亚的统治日益巩固的时候，古埃及正在遭受第一次外来入侵。这些侵略者在希腊语中被称为希克索斯（Hyksos），这个单词是埃及语"外来统治者"一词的讹误。这些外来者从巴勒斯坦开始入侵，他们没有采取突袭的方式，而是对它缓慢地进行吞并和殖民，大约在公元前1720年，希克索斯在尼罗河三角洲东部的阿瓦里斯建都。

在希克索斯王朝，有一位名叫阿姆士（约公元前1680—前1620）的人，他是我们现在知道名字的第一位与数学有一定联系的人。至于他是否是职业数学家尚无定论。我们是通过一份可追溯到公元前1650年左右（希克索斯王朝的早期）的纸草书知道他的。这份纸草书表明，阿姆士是一名抄写员，抄写的是一份写于第十二王朝（大约公元前1990～前1780年）的资料。这是我们知道的源于希克索斯王朝的文献之一，希克索斯的统治者们非常崇拜当时的古埃及文明。或许阿姆士不懂数学，只是盲目地抄写他看到的文字。然而，这似乎不太可能。这份纸草书中的错误很少，那些存留的错误看起来更像计算错误（后面的计算用的是错误的数），而不是抄写错误。

这份资料通常被称为《莱茵德纸草书》，以纪念苏格兰人亨利·莱茵德（1833—1863）。莱茵德患有肺结核，于 1858 年冬天到埃及度假休养，其间在卢克索城买下了这份纸草书。在他去世五年后，大英博物馆得到了这份纸草书。现在，人们认为应该以这份纸草书的作者的名字为其命名，而不是以购买者的名字为其命名，因此，人们现在通常也称之为《阿姆士纸草书》。

虽然这是数学中令人兴奋的伟大发现，但是在我所讨论的意义中，阿姆士纸草书仅包含了代数思维最浅显的痕迹。下面是这份纸草书中的问题 24，它是一个代数问题："一个量加上自身的四分之一等于 15。"我们用现代记法写出来，就是已知

$$x + \frac{1}{4}x = 15$$

求未知数 x。阿姆士使用了试错法求解，这份纸草书中几乎没有出现古巴比伦风格的系统化算法。

※※※

詹姆士·纽曼（1907—1966）在《数学的世界》中写道："关于古埃及数学的水平在学习古代科学的学生中，存在着较大的不同认识。"[①] 这些不同的观点现在依然存在。然而，在阅读了古巴比伦和古埃及的代表性文献之后，我不明白为什么还有人主张，这两个

---

① 　译文引自李文林等译《数学的世界 II 》第 109 页。——译者注

公元前 1750 年左右分别在新月沃地两端繁荣起来的文明古国在数学发展水平上是相当的。尽管它们的数学都是算术风格，而且也没有证据表明他们拥有任何抽象能力，但是古巴比伦的问题显然比古埃及的问题更深刻、更精妙。（顺便说一下，这也是诺伊格鲍尔的观点。）

这些古代人仅使用最原始的数字书写方法就取得了如此辉煌的成就，这真是了不起的事情。但也许更令人惊讶的是，在随后的几个世纪里，他们几乎没有取得新的数学进展。

第 2 章

代数之父

　　我们接着要说古埃及。"代数之父"丢番图 [①] 生活在公元 1 世纪、2 世纪或 3 世纪的古罗马帝国统治下的古埃及亚历山大城，为了纪念他，本章以他的荣誉称号作为标题。

　　丢番图到底是不是代数之父，这正是律师所谓的"难以决定的问题"。一些非常受人尊敬的数学史学家都否认这一点。比如，在《科学传记大辞典》中，库尔特·沃格尔认为丢番图的工作并不比古巴比伦人和阿基米德（公元前 3 世纪，见下文）的工作更代数化，并得出结论："丢番图肯定不是人们通常称的代数之父。"范德瓦尔登把代数的起源向后推迟了一段时间，他认为数学家花拉子密（780—850）才是代数之父。花拉子密比丢番图晚 600 年，我们将在第 3 章介绍他。此外，现在的本科生所学的被称为"丢番图分析"的数学分支通常作为数论课程的一部分，而不在代数课程里讲授。

　　下面我将讲述丢番图的工作，并对此提出我自己的观点，你们

---

① 丢番图把自己的名字写成希腊文的形式"Diophantos"。欧洲人是通过拉丁文译本来了解他的著作的，因此他的拉丁文名字"Diophantus"沿用至今。

可以做出自己的判断。

※※※

在公元前 141 年美索不达米亚整个地区被帕提亚人征服之前，美索不达米亚人在持续了几个世纪的种族和政治纷争中一直使用楔形文字进行书写。人们今天还保留着这次征服之前用楔形文字书写的数学文献。在汉谟拉比帝国和美索不达米亚被帕提亚人征服的 1500 年间，人们在数学字母符号体系、技术和认知方面几乎没有任何进步，这得到了研究过该课题的每一位学者的证实，这是一件令人惊讶的事情。研究过楔形文字的数学家约翰·康威（1937—2020）说，从泥板来看，唯一的差异就是最新的泥板中有"占位零"的标记，即一种可以区分如"281"和"2801"的方法。古埃及同美索不达米亚一样，没有任何证据表明古埃及数学从公元前 16 世纪到公元前 4 世纪取得了显著的进步。

尽管古巴比伦和古埃及的数学家们在自己的祖国没有取得什么进步，但是他们早期的辉煌成果已经传遍了古代西方，甚至可能传得更远。事实上，从公元前 6 世纪开始，古代世界的代数故事就是一段古希腊故事。

※※※

在丢番图之前，古希腊数学主要研究几何，这是古希腊数学的特点。对此，通常给出的理由在我看来颇有一番道理，这个理由是毕达哥拉斯学派（公元前 6 世纪晚期）信奉可以在数的基础上建立数学、音乐和天文学的观点，但是无理数的发现困扰着毕达哥拉斯学派，所以他们将兴趣从算术转向几何，因为算术中似乎包含一些无法描述的数，但这样的数在几何中却可以准确无误地用线段的长度来表示。

因此，早期的古希腊代数概念都是用几何形式表示的，通常晦涩难懂。比如，巴什马科娃和斯米尔诺娃指出，欧几里得的伟大著作《几何原本》第 6 卷的命题 28 和命题 29 给出了二次方程的求解方法。我认为它们确实给出了二次方程的求解方法，但至少在第一次阅读时，这种方法并不容易被发现。下面是托马斯·希思爵士（1861—1940）翻译的欧几里得《几何原本》第六卷的命题 28：

> 在已知线段上作一个等于已知直线形的平行四边形，它是由取掉了相似于某个已知图形的平行四边形而成的：这个已知直线形必须不大于在原线段一半上的平行四边形，并且这个平行四边形相似于取掉的图形。①

你看懂了吗？巴什马科娃和斯米尔诺娃说，这段话等价于求解二次方程 $x(a-x)=S$。我赞同她们的理解。

欧几里得生活在亚历山大托勒密将军（即托勒密一世，在位时间是公元前 306 年到公元前 283 年）统治下的亚历山大城（图 2-1、图 2-2），当时的亚历山大城和古埃及的其他城市都在托勒密一世的统治下。欧几里得在亚历山大城创办了学校，开始传道解惑。在欧几里得出生前不久，亚历山大在尼罗河三角洲的西岸建立了亚历山大城，它与古希腊隔着地中海遥遥相望。人们认为欧几里得

---

① 这段译文引用自兰纪正、朱恩宽翻译的《欧几里得几何原本》，陕西科学技术出版社，2003 年。——译者注

在古埃及定居之前曾经在雅典的柏拉图学院接受过数学训练。不管怎样，公元前 3 世纪的亚历山大城是卓越的数学中心，比古希腊更重要。

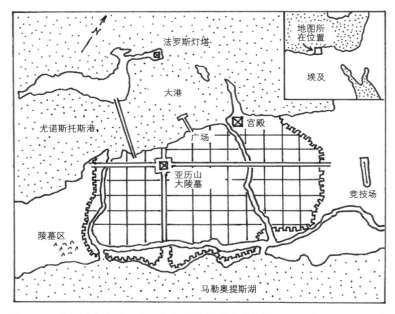

图 2-1 古亚历山大城。法罗斯灯塔曾是著名的灯塔，它是古代世界七大奇迹之一，在 7 世纪到 14 世纪的一系列地震中被摧毁。人们认为大图书馆就在这个城市东北方的宫殿附近。锯齿形线条表示原来的城墙（公元前 331 年）

阿基米德比欧几里得年轻 40 多岁，他很可能曾在亚历山大城的欧几里得的继任者的指导下学习，仍然学习几何方法，尽管他把几何方法应用在更复杂的领域中。比如，他的著作《论圆锥体和椭球体》探讨的就是平面与一种复杂的二维曲面的交线。这部著作清

晰地表明，阿基米德可以求解某些特定类型的三次方程，就像欧几
里得可以求解一些二次方程一样，但是，阿基米德使用的语言全部
都是几何语言。

图 2-2　亚历山大城的法罗斯灯塔，这是马丁·海姆斯凯克（1498—1574）
根据想象绘制的

※ ※ ※

公元前 3 世纪的辉煌时期过后，亚历山大学派的数学开始衰
落。到了混乱的公元前 1 世纪（想想安东尼和"埃及艳后"克利奥
帕特拉的故事），亚历山大学派的数学似乎消失殆尽。随着早期罗
马帝国稳定之后，数学有了一定程度的复兴，同时也出现了脱离纯

几何的思维转变。丢番图就在这个新时期生活和工作。

正如本章开始时所说的，关于丢番图，我们几乎一无所知，甚至不知道他生活在哪个世纪。最流行的猜测是公元 3 世纪，经常被引用的时期是公元 200 年到 284 年。我们注意到丢番图，是因为他写了一部名为《算术》的著作，这部著作只有不到一半流传到现在。现存的主要部分包括 189 个问题，其目标是寻找满足一定条件的一个数或一组数。在这部著作的引言里，丢番图概述了他的字母符号体系和方法。

在我们看来，他的字母符号体系相当原始，但在当时已经非常精致了。我们用一个例子来说明。下面是一个现代形式的方程：

$$x^3 - 2x^2 + 10x - 1 = 5$$

丢番图把它写成下面的形式：

$$K^{Y} \bar{\alpha} \varsigma \bar{\iota} \;\pitchfork\; \Delta^{Y} \bar{\beta} \; \mathbf{M} \; \bar{\alpha} \; '\iota\sigma \; \mathbf{M} \bar{\varepsilon}$$

这里最容易辨认的就是数。丢番图使用希腊字母体系来书写数，其做法是采用希腊字母表中的 24 个普通字母，再加上 3 个过时不用的字母，一共 27 个字母。把这些字母分成 3 组，每组有 9 个字母。扩充字母表的第一组中的 9 个字母代表 1 到 9 的个位数字，第二组中的 9 个字母代表 10 到 99 的十位数字，第三组中的 9 个字母代表从 100 到 999 的百位数字。古希腊人没有代表 0 的符号，当

时世界上的其他人也没有代表 0 的符号。^①

所以，在前面给出的方程中，$\bar{\alpha}$ 代表 1，$\bar{\beta}$ 代表 2，$\bar{\iota}$ 代表 10，$\bar{\varepsilon}$ 代表 5（字母上面的横线表示用这些字母来代表数）。

在其他符号中，'$\iota\sigma$ 是 '$\iota\sigma\sigma\varsigma$ 的缩写，意思是 "等于"。注意，这里的字母上面没有横线，它们是用来拼写单词（实际上是单词的缩写）的字母，而不代表数。倒三叉戟符号 ⋔ 代表减去它之后到 "等于" 号之前的东西。

还剩下 4 个符号需要解释：K^{Y}、ς、Δ^{Y} 和 $\dot{M}$。第二个符号 ς 代表未知量，相当于现代的 x。其他符号都代表这个未知量的幂：K^{Y} 代表三次幂（来自希腊语 "$\kappa\upsilon'\beta\sigma\varsigma$"，意思是立方），$\Delta^{Y}$ 代表平方（来自希腊语 "$\delta\upsilon'\nu\alpha\mu\iota\varsigma$"，意思是 "力量" 或 "幂"），$\dot{M}$ 表示零次幂，也就是今天我们说的 "常数项"。

知道这些含义之后，我们就可以对丢番图的方程逐字翻译如下：

$$x^3 1 x 10 - x^2 2 x^0 1 = x^0 5$$

如果加上省略的加号和某些括号，那么这个方程的意思就更清楚了：

$$(x^3 1 + x 10) - (x^2 2 + x^0 1) = x^0 5$$

---

① 例如，"$\psi\mu\theta$" 表示 749。用作单位的字母可以再被利用来表示几千，例如，"$\delta\psi\mu\theta$" 的意思是 4749。δ 通常代表 4，在这里代表 4000。对于超过 9999 的数，数字被分成 4 个一组，用 "M"（代表 Myriad，意为 "无数的"）或丢番图的点记号分开。例如，"$\delta\tau\sigma\beta\cdot\eta$⋊$\varsigma$" 代表 43 728 907。（看起来有点儿奇怪的字母 "⋊" 已经被废除，在这里用来表示 900。因为 "ς" 代表 7，所以 "⋊ς" 表示 907。注意这里没有占位的 0，因为这种方法不需要 0。）

由于丢番图把系数写在变量后面，而不像我们那样把系数写在变量前面（我们写成 10x，他写成 x10），而且因为任何非零数的零次幂都是 1，所以这个方程等价于我最初写成的那个形式：

$$x^3 - 2x^2 + 10x - 1 = 5$$

从这个例子可以看出，丢番图已经有相当精巧的代数记法。我们不清楚其中有多少符号是他原创的。使用特殊符号表示未知量的平方和立方可能是丢番图的发明，然而用 ς 表示未知量的方法可能是他从一位更早的作者那里学来的，这位作者是收藏于美国密歇根大学的《密歇根纸草书 620》的作者。[1]

丢番图的字母符号体系也有一些缺点，其中主要的缺点是它不能表示两个以上的未知量。用现代术语来说，这个字母符号体系虽然有 x，但是没有 y 或 z。这是丢番图面临的一个主要困难，因为他的著作中大部分内容与**不定方程**有关（高斯误称丢番图的著作研究的全都是不定方程）。这需要简单解释一下。

※ ※ ※

数学家使用"方程"来表示某种东西等于另外一种东西。比如"二加二等于四"就是一个方程（或称为等式）。当然，包括丢番图在内的数学家们感兴趣的是含有某些未知量的方程。未知量的存在把一个方程从陈述句"是这样"变成疑问句"是这样吗？"，或者更常见的"**何时**这样？"。下面的方程

---

[1] 在这种用法中，希腊字母 ς 的头顶有一道横线，我没有写成那样。《密歇根纸草书》可追溯到公元 2 世纪早期，要比普遍认可的丢番图生活的时代早一个世纪左右。

$$x+2=4$$

隐含着这样的问题："**什么**加上二等于四？"答案当然是 2。所以这个方程在 $x=2$ 时成立。

　　然而，假如我问下面方程的解是什么，答案就没那么明显了：

$$x+y+2=4$$

数学家看到这个方程的第一反应是想知道你在寻找什么样的答案。我们仅考虑正整数作为方程的解吗？那么该方程唯一的解是 $x=1$，$y=1$。如果解可以是非负整数（即包含 0），那么该方程还有两个解：$x=0$, $y=2$；$x=2$, $y=0$。如果解可以是负整数，那么该方程就有**无穷**多组解，比如 $x=999$, $y=-997$。如果解可以是有理数，那么该方程也有无穷多组解，比如 $x=\dfrac{157}{111}$，$y=\dfrac{65}{111}$。当然，如果解可以是无理数或复数，那么该方程就会有更多的无穷多组解了。

　　诸如此类，含有多个未知量并且可能出现无穷多组解（解的数量取决于所求的解的**类型**）的方程被称为**不定方程**。

　　最著名的不定方程是费马大定理（即费马最后定理）中出现的

$$x^n+y^n=z^n$$

其中 x、y、z 和 n 都是正整数。当 $n=1$ 或 $n=2$ 时，这个方程有无穷多组解。费马大定理称当 n 是大于 2 的正整数时，该方程没有正整数解。

　　1637 年左右，皮埃尔·德·费马（1607—1665）在阅读丢番图的《算术》（拉丁文译本）时突然想到了这个定理，于是他在该书的页边空白处留下了著名的注记，陈述了这个命题，然后（也是用拉丁文）补充道："对此我已经发现了一个完美的证明，可是这里的空白太小，写不下。"实际上直到 357 年之后，这个定理才被安德鲁·怀尔斯（1953— ）证明。

※※※

如前所说，《算术》一书讨论的大部分内容是不定方程。而且丢番图还处于一个非常不利的境地，因为他只有一个表示未知量的符号（其他符号代表未知量的平方、立方等）。

为了了解丢番图是如何克服这个困难的，我们可以看看他对《算术》第 2 卷问题 8 的求解方法，费马就是在这个问题的空白处写下了他的著名注记。

丢番图叙述了这样一个问题："把一个平方数分解成两个平方数的和。"如今，我们会把这个问题表述为："给定一个数 a，求 x 和 y，使得 $x^2+y^2=a^2$。"当然，丢番图没有我们这样的巧妙记法，所以他只能用文字来描述这个问题。

为了解决这个问题，他首先令 a 是定值 4。所以我们要求满足 $x^2+y^2=16$ 的 x 和 y。然后他把 y 写成一个关于 x 的特殊表达式，看起来像是随意写的：$y=2x-4$。于是，我们现在要解一个特殊的方程

$$x^2+(2x-4)^2=16$$

对丢番图来说，这个方程可以使用他的字母符号体系来表示。这正是一个二次方程，丢番图知道如何求解它，其解是 $x=\dfrac{16}{5}$。（这个方程还有另一个解：$x=0$。因为丢番图没有表示零的符号，所以他舍弃了这个解。）于是 $y=\dfrac{12}{5}$。

这看起来似乎不会给人留下深刻的印象，事实上，这像是在骗人。方程 $x^2+y^2=a^2$ 有无穷多组解，丢番图只得到一组解。不过，他采用了一种可以推广的过程得到了这个解，他在书中的其他地方也提到了这一点：他知道这个方程有无穷多组解。

※※※

之前我提到过，当数学家看到不定方程 $x+y+2=4$ 时，他们的第一反应是问：你在寻找什么**类型**的解？在丢番图的方程中，他要寻找的是正有理数解，比如刚才求 $x^2+y^2=a^2$ 所得到的解 $\dfrac{16}{5}$ 和 $\dfrac{12}{5}$。那时人们还没有发现负数和零，所以丢番图说方程 $4x+20=4$ 是"荒谬的"。当然，他知道无理数，但对它们不感兴趣。当这些数出现在某个问题中时，他会调整这个问题的条件，以便得到有理数解。

寻找类似于丢番图处理的问题的有理数解，实际上等价于寻找与之密切相关的问题的整数解。等式

$$\left(\frac{16}{5}\right)^2+\left(\frac{12}{5}\right)^2=4^2$$

可以化为

$$16^2+12^2=20^2$$

所以，现在我们使用"丢番图分析"表示"寻找多项式方程的整数解"。

※※※

也许读者仍然对丢番图求解方程 $x^2+y^2=a^2$ 的过程不以为意。这里似乎没怎么展现出古巴比伦人的二次方程的解法和其他成就在 2000 年来的数学影响。

为了更公平地看待丢番图，我应该说：虽然那个特殊的问题很容易提出，但实际上丢番图解决的问题要比这道题难得多。方程 $x^2+y^2=a^2$ 很好地说明了他的方法，这个方法与费马大定理有着有趣的联系，而且无须很长时间就能解释清楚。这就是为什么这个问题是一个受欢迎的例子。除此之外，丢番图还研究了有一个未知量的三次或四次方程，有两个、三个或四个未知量的联立方程组，以及一个等价于有 12 个未知量的 8 个方程的联立方程组的问题。

丢番图在解决方程 $x^2+y^2=a^2$ 的过程中显示出他掌握了很多东西。比如，丢番图已经知道符号法则，他是这样描述的：

所需的（即负数）乘以所需的等于现成的（即正数），所需的乘以现成的等于所需的。

我之前提到过，在负数还没有被发现的情况下知道这个事实是非常了不起的！

事实上，"还没有被发现"需要一些附加条件。尽管丢番图没有将负数视作独立数学对象的概念，更不用说用符号表示它们，他也不认为负数是方程的解，但是他实际上在计算过程中使用了负数，比如，x^2+4x+1 减去 $2x+7$ 等于 x^2+2x-6。很明显，虽然他认为将 -6 作为数学对象是"荒谬的"，但他在某种程度上知道 $1-7=-6$。

正是这种情况让我们意识到数学思想的发展多么**不自然**。即使是负数这样的基本概念，数学家们也花了几个世纪才弄清楚，其间有很多类似上面所说的中间过程。大约 1300 年之后，在人们认识虚数时也出现了类似的现象。

丢番图知道如何从方程的一边向另一边"移项"，他在移项时改变了这些项的符号，他也知道为了化简如何"合并同类项"，还知道展开和因式分解等一些基本原理。

他对有理数解的执着还触及了很久之后的现代代数数论。如今，我们会说方程 $x^2+y^2=a^2$ 是一个半径为 a 的圆的方程。在寻找这个方程的有理数解的过程中，丢番图提出了这样的问题：坐标 x 和 y 都是有理数的点在这个圆的什么位置？我们将在第 14 章中看到，这确实是一个非常现代的问题。

※※※

那么，丢番图是代数之父吗？我之所以愿意给他这样的荣誉称号，正是因为他的字母符号体系——用特殊的字母符号表示未知量、未知量的幂、减法和相等。当我第一次看到丢番图用自己的符号写出的方程时，我的第一反应可能和你一样："他说的是啥？"不过，在看过他的一些问题之后，我很快就熟悉了他的字母符号体系，甚至能够不假思索地快速阅读丢番图的方程。

最终，我领悟到丢番图创造出的字母符号体系非常先进。我确实认同沃格尔所说的《算术》中缺少一般方法的观点，我也愿意承认丢番图在选题上缺乏原创性。也许他并不是第一个使用特殊符号表示未知量的人。

然而，由于历史的命运，最早把如此广泛、全面、富有想象力的问题集传给我们的是丢番图。遗憾的是，我们不知道谁是第一个使用符号表示未知量的人，但既然丢番图这么早就能如此熟练地使用符号来表示未知量，我们应该为此向他致敬。也许某一个我们不知道并且永远不会知道的人才是真正的代数之父。但是既然这个头衔空缺，我们不妨把它送给一个我们知道的最有资格的古代人，他的名字就是丢番图。

第 3 章
还原与对消

众所周知,**"代数"**一词源自阿拉伯语。在我看来,这多少有点儿不公平,我稍后会讲原因。到底公平与否,我们还需要听听历史学家的解释。

※ ※ ※

假设我给出的丢番图生活的年代(约 200—284)是准确的,那么他所处的时代是一个非常不幸的时代。当时的古埃及是罗马帝国的一个省,古罗马正处于衰亡时期,也就是爱德华·吉本(1737—1794)在《罗马帝国衰亡史》中花费大量笔墨描述的那段时期。那本书中的第 7 章详细描述了那个时代(如果丢番图生活在那个时代)的悲惨状况。

罗马帝国在 3 世纪后期有所恢复。戴克里先(284～305 年在位)和君士坦丁(306～337 年在位)是两位伟大的古罗马皇帝。君士坦丁的母亲据传是一位基督教徒,他发布了米兰敕令(313 年),宣告了基督教的合法化,并在临终时接受了基督教洗礼。

从起初对基督教的宽容到随后强制推行基督教的决策,都无法阻止罗马帝国的衰亡。在某种程度上说,这也许加速了罗马帝国衰亡的进程。早期基督教最大的优点之一是它面向所有阶层。然而，为了做到这一点，它必须使用吸引人但复杂的形而上学理论来"收买"世故的城市知识分子，同时利用简明而直白的救世和神权的信条来维持对大众的控制，并利用五花八门的传闻或者对某些根深蒂固的异教信仰做出让步来加强控制。不过，大众仍然会通过各种途径察觉到对这些高深的形而上学理论的争论，并利用它们发泄对社会或种族不满的情绪。

丢番图居住的亚历山大城就是这个过程的很好的例证。即便在经过希腊 300 年的统治和后来罗马 300 年的统治之后，亚历山大城仍然是一块华丽辉煌的海外飞地，人们的衣食来自没受过教育的说科普特语的古埃及农民居住的荒郊地区。对于居于沙漠边缘的信仰基督教的科普特人来说，"希腊""罗马"和"异教徒"几乎是近义词，而缪斯神庙与其经久不衰的学术传统和附属的大图书馆，似乎就是撒旦的家。

狂热的宗教信仰使古埃及的情况变得更加糟糕。在亚历山大城，这种情况更甚，这里有几千名精力旺盛的年轻男性，供那些想煽动宗教暴徒的人差遣。野心勃勃的政治家经常会这么做。在当时的古罗马，这些政治家还包括教会职员。这就是公元 415 年希帕提娅被谋杀的背景，这件事让爱德华·吉本怒不可遏。

希帕提娅是数学史上第一位女性数学家。她的所有著作都丢失了，我们只能通过传说来了解她。从这点来说，我们很难判断她是否是一位重要的数学家。但无论如何，她肯定是一位重要的学者。她在缪斯神庙授课（她的父亲塞昂是神庙的最后一任馆长），既是教材的编者、编辑，也是教材的保存者，其中就有数学教材。她教授新柏拉图主义哲学[①]，也是该学派的拥护者。这种哲学试图确立在后罗马时代非常缺乏的秩序、正义和和平。据说她非常美丽，而且终生未婚。

希帕提娅在教学和学术研究方面非常活跃。当时亚历山大城的教长是西里尔，后来被称为圣西里尔，由于时代久远而且神学争论非常复杂，我们很难断定他到底是一个什么样的人。正如我们从《天主教百科全书》中了解到的那样，当时的亚历山大城总是处于"暴乱"之中。总之，西里尔卷入了与驻埃及的罗马行政长官奥列斯特之间的一场教会与国家的争端当中，有人散布谣言说希帕提娅是和解的主要障碍。一群暴徒被煽动起来（也许是自行发起暴动），他们把希帕提娅拖下车，穿过街道拖进教堂，据文献记载及其译文描述，她被用贝壳或者陶瓷碎片凌迟处死。[②]

希帕提娅似乎是最后一个在缪斯神殿授课的人，人们认为她在415 年的骇人听闻的死亡标志着古代欧洲数学的终结。之后，西罗马帝国勉强支撑了 60 年，亚历山大城在东罗马帝国（拜占庭帝国）

---

① 　新柏拉图主义的创始人普罗提诺是另一位亚历山大人，他很有可能是丢番图的同代人。伯特兰·罗素曾说："在那些世俗意义上不幸、却决心要在理论世界中寻求一种更高级的幸福的人们中间，普罗提诺占有极高的地位。"新柏拉图主义认为数学至高无上，柏拉图和原始柏拉图学派也都这样认为。后来的一位新柏拉图主义哲学家马里纳斯评论说："我希望一切都是数学。"

② 　吉本在《罗马帝国衰亡史》第 47 章写道："凶手用这种方式是否要让受害人活着受罪，这点我不知道。"因《水孩子》一书而闻名的查尔斯·金斯莱（1819—1875）写了一部关于希帕提娅的小说，在这部小说中，当暴徒用牡蛎贝将希帕提娅的肉从骨头上刮下来之后，她仍然活着。这部小说和查尔斯·威廉·米契尔受到其启发所作的画一样，完全是夸张的维多利亚风格。

各代皇帝的统治下又延续了 164 年（其间被波斯[1]短暂占领，时间为 616～629 年），但其学术生机已经荡然无存。代数学历史的长河中的下一位著名人物的家乡在亚历山大城以东 900 英里[2]的底格里斯河沿岸，又回到了美索不达米亚平原，2500 年前，那里正是一切故事的开端。

※※※

公元 5 世纪，罗马帝国北部和西部的领土被日耳曼人攻占；南部和东部的领土中除了希腊、安纳托利亚及意大利和巴尔干半岛南部部分领土之外，都在 7 世纪被攻陷。亚历山大城也于公元 640 年 12 月 23 日沦陷，这伤透了拜占庭皇帝赫拉克利乌斯的心[3]，他一生致力于收复 7 世纪初被波斯人侵占的领土。

亚历山大城真正的征服者是阿姆鲁·伊本·阿斯（约 585—664）[4]。亚历山大城发生了一场战斗，围攻持续了 14 个月，而古埃及的大部分地区被轻松拿下。当时的古埃及人自摆脱了波斯人的奴役之后，却受到拜占庭皇帝赫拉克利乌斯残酷的迫害。其结果是埃及本土人开始憎恨拜占庭人，并乐于有位更宽容的统治者来取代目

---

[1] 本书中，我使用"波斯人"泛指现在讲印欧语系语言的伊朗人和南部中亚人（不包括亚美尼亚人）。这里实在没有合适的词来代指这个群体，"雅利安人"是贬义词，会令人不悦；"伊朗人"指现代的伊朗公民，而不是指说印欧语系语言的一些人。很多人不喜欢自己被称为"波斯人"，在不同的历史背景下，这个词容易引起混乱。词穷的我只能尽力。

[2] 1 英里约为 1.609 千米。——译者注

[3] 赫拉克利乌斯在 50 天后死亡，吉本说其"死因是水肿"。

[4] 在吉本的书中，他的名字是"Amrou"。

前这个残酷的统治者。

英文的"代数"一词"algebra"取自一本书的书名，那本书就是在 820 年左右阿拔斯王朝的巴格达写成的，作者的名字是穆罕默德·本·穆萨·阿尔·花剌子模（Abu Ja'far Muhammad ibn Musa al-Khwarizmi）。我将像大家一样称他为花拉子密。[①]

※ ※ ※

巴格达曾经是一个伟大的文化中心（约 786～833 年），现代西方人只模糊地知道这里是《一千零一夜》故事中所描绘的有元老、奴隶、商队和远行商人的世界。阿拉伯人自己认为那时的巴格达正处于黄金时代，尽管事实上阿拔斯王朝已经不具备强大的军事力量来维持当初赢占的领土，而且正在因北非和高加索等地区的叛乱而进一步失去领土。

波斯是阿拔斯王朝领土的一部分，信仰和世俗权力两方面都受到统治者的控制。然而，从 1400 年前的米底王国开始，波斯就已经有了高度文明，而公元 800 年的阿拉伯人与他们在沙漠居住的祖先只隔了六代。因此，在某种程度上，阿拔斯人对波斯人怀有某种文化上的自卑情结，就像古罗马人对古希腊人一样。

在文化交流中，除了波斯人之外，还有古印度人。公元 4 世纪和 5 世纪，古印度北部统一在笈多王朝之下，但此后又渐渐分成小

---

① 其全名的意思是"贾法尔的父亲，穆罕默德，穆萨的儿子，来自花剌子模"。花剌子模（Khwarizm）是古代的一个国家，位于今天的乌兹别克斯坦。顺便提一下，以"al-"开头的阿拉伯名字总以它们的第二部分编入索引和目录。例如"al-Khwarizmi"在《科学传记大辞典》中以 K 索引，而不以 A 索引。

国，这种情况一直持续到土耳其列强在 10 世纪末的入侵。中世纪的印度文明对数特别着迷，尤其是一些非常大的数，他们还特意给这些数起了名字（你也许曾经看到过梵文术语 "tallakchana"，它代表 10^{53}）。数字 0 的发现——这个不朽的荣耀——属于古印度人，也许归功于数学家婆罗摩笈多（598—670），而我们所说的阿拉伯数字实际上也起源于古印度。

除了古印度人之外，当然还有中国人。至少从 7 世纪中叶开始，中国佛教高僧唐玄奘西行，印度由此开始与中国保持文化往来，波斯经由丝绸之路与中国进行频繁的贸易往来。中国很早就有了自己的数学文化，我将在第 9 章介绍。

因此，有闲情逸致的巴格达人熟悉当时文明世界中发生的任何事情。他们通过亚历山大城以及他们与拜占庭帝国之间的贸易往来了解到古希腊文化和古罗马文化，他们也能够容易地接触到波斯、古印度和古代中国的文化。

要使阿拔斯王朝的巴格达成为一个理想的保存丰富知识的中心，所需要的就是一所学院，一个能够查阅书面文献、举办演讲和学术会议的地方。不久，这样的学院就出现了，人们称它为**智慧宫**（Dar al-Hikma）。这所学院最鼎盛的时期是阿拔斯王朝第七任统治者马蒙统治的时期。用亨利·罗林森爵士的话说，马蒙统治时期的巴格达"在文学、艺术和科学等领域同科尔多瓦一样达到世界最高水平，而在商业和财富方面则远远超过了科尔多瓦"。这就是花拉子密生活和工作的时期。

※※※

我们对花拉子密的生平了解得很少，对他的生卒年份（约 783—

850）也只知大概。在阿拉伯历史学家和目录学家的著作中，关于花拉子密有一些枯燥的零碎记录，如果你想对他了解得更详细，我建议你参考《科学传记大辞典》。我们只知道花拉子密编写了几部著作：一部是关于天文学的，一部是关于地理学的，一部是关于犹太历法的，一部是关于古印度数字体系的，还有一部是编年史。

这部关于古印度数字体系的著作只有拉丁文译本保存了下来，它的卷首语是"根据花拉子密……"（Dixit Algorithmi...）。这部著作叙述了现代十进制算术体系的计算法则，这些法则是古印度人发明的，它的影响非常深远。因为这段卷首语，掌握了这种"新算术"（相对于旧罗马数字体系，后者对运算毫无帮助）的中世纪欧洲学者称自己为"算术家"（algorithmists）。很久之后，人们用"算法"（algorithm）这个词来表示经过有限次确定步骤后可以完成的计算过程。这是现代数学家和计算机科学家使用的含义。

真正吸引我们的是一本名为《还原与对消计算概要》的书。这是一本代数和算术教材，是 600 年前丢番图的《算术》之后在这个领域中第一部意义重大的著作。此书分为三部分，分别是关于二次方程的解法、面积和体积的测量以及处理复杂的继承法所需要的数学。

严格地说，这三部分中只有第一部分属于代数，这有些令人失望。而且花拉子密没有字母符号体系，因此他既没有用字母和数表示方程的方法，也没有表示未知量和未知量的幂的符号。对于我们写成如下形式的方程

$$x^2 + 10x = 39$$

丢番图会把它写成

$$\Delta^{\Upsilon}\bar{\alpha}\ \varsigma\bar{\iota}\ '\acute{\iota}\sigma\ \mathbf{M}\ \overline{\lambda\theta}$$

而它在花拉子密的书中的形式如下：

> 一个平方与 10 个该平方的根之和等于 39 迪拉姆，也就是说，当一个平方加上它的根的 10 倍后总和等于 39 时，这个平方是什么？

（迪拉姆是一种货币单位。花拉子密用它表示我们现在所说的常数项。）

另外，在花拉子密的著作中，我们没有看到丢番图从几何方法向符号运算的历史性转变。这并不奇怪，因为花拉子密没有要处理的符号，但这与 600 年前丢番图取得的伟大突破相比稍有一些倒退。范德瓦尔登说："我们可以排除花拉子密的工作深受古希腊数学影响的可能性。"

事实上，花拉子密的主要代数成就是提出了把**方程**作为研究对象的想法，他将所有包含一个未知量的一次方程和二次方程分类，并给出操作它们的法则。他把这些方程分成 6 种基本类型，用现代字母符号体系把它们写出来就是

(1) $ax^2 = bx$　　　(3) $ax = b$　　　(5) $ax^2 + c = bx$

(2) $ax^2 = b$　　　(4) $ax^2 + bx = c$　　　(6) $ax^2 = bx + c$

其中某些方程在我们看来显然属于同一类型，那是因为我们有负数的概念，而花拉子密没有这样的知识。当然他可能会提到减法，提到一个量比另一个量多，或者一个量比另一个量少，但是，他的自然的算术意识是用正数来看待一切。

至于操作技巧，就是引入了"还原"（al-jabr）和"对消"

（al-muqabala）。一旦碰到类似

$$x^2 = 40x - 4x^2$$

的方程（或者如花拉子密所说："一个平方比四十个该平方的根少
四个平方。"），你如何把这个方程转化成 6 种基本方程类型中的一
种呢？将这个方程的两边加上 $4x^2$，"还原"这个方程，就得到第一
种类型的方程：

$$5x^2 = 40x$$

这就是在方程两边加上相等的项。相反的做法是将方程两边减
去相等的项，即"对消"。例如，在方程两边同时减去 29 可以把
方程

$$50 + x^2 = 29 + 10x$$

转化成第五种类型

$$21 + x^2 = 10x$$

※※※

这些操作方法都不是新的。事实上，还原和对消的方法在丢番
图的书中就出现过，当然，丢番图的书中有丰富的字母符号体系来
帮助处理方程问题。图默在《科学传记大辞典》中说："花拉子密
的科学成就其实很普通，但是其影响是巨大的。"

事实上，我担心此刻的读者会产生这样的想法：这些古代和中
世纪的代数学家"不是很聪明"。公元前 1800 年的古巴比伦人就已
经在求解写成文字问题的二次方程，而 2600 年之后的花拉子密仍
在求解写成文字问题的二次方程。

　　我承认这的确有点儿令人失望。然而，从某种程度上说这也是令人振奋的。形成符号代数的进展极其缓慢，说明这个课题处于非常高级的层次。借用约翰逊博士的比喻，其奇妙之处不在于人们花了如此长的时间才学会做这些事情，而在于人们能做到这些事情。

　　事实上，代数学的发展到了中世纪 [①] 中期才开始出现一点起色。在花拉子密之后，阿拉伯地区涌现了许多著名的数学家。塔比·伊本·库拉（836—901）就是花拉子密的后一代人，他也生活在巴格达，在天文数学和数论方面做出了杰出的工作。一个半世纪之后，西班牙的科尔多瓦的穆罕默德·贾扬尼（989—1079）写了第一篇关于球面三角学的论文。然而，他们都没有在代数学上取得重大进展。特别是，没有人尝试去重复丢番图在字母符号体系领域的伟大突破，所有人都在使用文字表述他们的问题。

　　下面，我将详细介绍另一位中世纪的数学家，不仅因为他值得介绍，而且他还是通往文艺复兴初期欧洲的桥梁，代数学的发展直到文艺复兴时期才**真正**开始好转。

※※※

　　奥马·海亚姆（约 1048—1131）作为《鲁拜集》的作者闻名于西方。这是一本四行诗诗集，展示了极具个性的人生观，内容多

---

① 中世纪开始于公元 476 年 9 月 4 日，星期六，当时的最后一位西罗马皇帝被蛮族人奥多亚塞废黜。中世纪结束于 1453 年 5 月 29 日，星期二，那天君士坦丁堡失陷，东罗马帝国灭亡。如果这些日期准确，中世纪精确的中间点是公元 965 年 1 月 15 日星期日的午夜。

是感慨生命无常，应及时行乐、纵酒放歌，其风格在某种程度上与英国诗人豪斯曼（1859—1936）的作品类似。爱德华·菲茨杰拉德（1809—1883）把其中的 75 首诗翻译成英语四行诗，每一首诗的押韵方式都是 "a-a-b-a"。菲茨杰拉德翻译的海亚姆的《鲁拜集》于 1859 年出版，在第一次世界大战前的英语国家里非常受欢迎。（一本用华美珠宝装饰的《鲁拜集》原版复本同泰坦尼克号一起沉入了大海。）

《科学传记大辞典》认为海亚姆生活的年代最有可能是 1048～1131 年。因为没有更准确的日期，所以我只好同意这种观点。这样的话，海亚姆至少比花拉子密晚 250 年。在考察中世纪的智力活动时，我们一定要牢记这些巨大的时间跨度。

海亚姆生活和工作的地方位于第一次大征服的最东边。这一地区包括美索不达米亚、现在的伊朗北部和中亚的南部（今天的土库曼斯坦、乌兹别克斯坦、塔吉克斯坦和阿富汗）。在海亚姆的时代，这里既有民族冲突也有宗教冲突，涉及的主要民族有波斯人、阿拉伯人和土耳其人。

在 1037 年，也就是在海亚姆出生的几年前，一位名叫塞尔柱的伽色尼土耳其雇佣兵造反并打败了伽色尼军队。这个新建立的土耳其政权迅速扩张。1055 年，当时海亚姆 7 岁，塞尔柱的孙子接管巴格达，并自封为苏丹，意思就是 "统治者"。

※※※

因此，海亚姆的一生都在塞尔柱土耳其的统治之下度过，他的重要赞助人是塞尔柱帝国的第三位苏丹马立克沙（1055—1092）[①]。马立克沙的统治时期是 1073~1092 年，首都是今天伊朗境内的伊斯法罕市，位于伊拉克巴格达以东约 700 千米。马立克沙没有他的维齐尔（相当于宰相）尼扎姆·穆勒克（1018—1092）有名，穆勒克是历史上有名的治国之才，也是一位外交天才，他同海亚姆一样，是波斯人。马立克沙、穆勒克经常与哈桑·萨巴赫（1050—1124）并称为当时的"波斯三巨头"，是塞尔柱帝国的三名重要人物。

在宗教方面，马立克沙宫廷似乎很有包容心，这就是中世纪的大致情况。这也许非常适合海亚姆。他的诗表现出一种怀疑论和不可知论的人生态度，与他同时代的人通常认为他是一名自由思想家。作为伊斯法罕大天文台的台长，海亚姆主要忙于研究和学习，尽量不参与麻烦的事情，只是按要求编写正统宗教手册或履行每个信徒的义务。我们可以从现存的这些诗和传记看出，海亚姆给现代读者留下了非常深刻的印象。

作为代数学家，他的主要成果是他在二十多岁时去伊斯法罕之前写的一本书，书名是《还原与对消问题的论证》。

同花拉子密和中世纪的其他阿拉伯数学家们一样，海亚姆忽视了或者不知道丢番图在字母符号体系方面的伟大突破，而是用文字阐述每一个问题。另外，他也像古希腊人一样使用了强大的几何方法，在求解数值问题时很自然地转向几何方法。

[①] 马立克沙（Malik Shah）的名字传递了一些关于塞尔柱帝国的民族平衡的信息。"Malik"和"Shah"分别是"国王"的阿拉伯文和波斯文。当然，马立克沙实际上是土耳其人，是三个民族的混血儿。

　　海亚姆对代数学发展的主要贡献在于他首先开始严肃地研究三次方程。由于缺少适当的字母符号体系，而且海亚姆很明显不愿意接纳负数，因此他的研究显得很费力。比如，我们书写的方程 $x^3 + ax = b$，海亚姆将其表述为"一个立方加上若干边等于一个数"。不过他仍然提出并解决了几个涉及三次方程的问题，只是他的解法都是几何方法。

　　这并不是三次方程在历史上第一次出现。我们已经看到，丢番图解决过一些三次方程；甚至在丢番图之前，阿基米德在考虑如何把一个球分成两部分，使得它们的体积之比是给定的比例等类似问题 [①] 时，也遇到了三次方程。（你如果稍微想一想，就会想到这与阿基米德对浮体的兴趣有关。）海亚姆似乎是第一个把三次方程分成不同类型的人，他把三次方程分成 14 种类型，他知道如何使用几何方法处理其中的 4 种类型。

　　下面是海亚姆考虑的一个三次方程的例子：

　　　画一个直角三角形。从直角所在的顶点作斜边上的垂线段。如果这条垂线段的长度加上这个直角三角形最短边的长度等于斜边的长度，你能知道这个直角三角形的形状吗？

　　答案是这个三角形的最短直角边与另一条直角边的比必须满足

[①]　利用现代术语描述这个问题：假设一个水平平面上有一个直径为 D 的球，其顶部被一个高度为 x 的平行于水平平面的平面切下一部分，使得球的剩余部分的体积是原来球体体积的百分之 R。x 是多少？解这个三次方程就可以得到答案：$2(\frac{x}{D})^3 - 3(\frac{x}{D})^2 + \frac{R}{100} = 0$。例如，如果 R 是 50，那么显然 x 等于 D 的一半（即 $\frac{x}{D} = \frac{1}{2}$），因为有 $2(\frac{1}{8}) - 3(\frac{1}{4}) + \frac{50}{100} = 0$。

下面的三次方程

$$2x^3 - 2x^2 + 2x - 1 = 0$$

这个比值完全决定了这个直角三角形的形状。

这个方程唯一的实数解是 0.647 798 871...，这个无理数非常接近有理数 $\dfrac{103}{159}$。所以，直角边是 103 和 159 的直角三角形非常接近这个问题的答案，读者可以轻松验证[①]。海亚姆采用了一种间接的方法，求解一个略微不同的三次方程，利用两条经典的几何曲线的交点给出了这个方程的数值解。

※※※

我来简短地总结一下截止到本章的事件。

- 古巴比伦人发明了一些技术，用来求解包含一个未知量的某些线性方程和二次方程。
- 后来，古希腊人用几何方法解决了类似的方程。
- 在公元 3 世纪，丢番图将研究范围扩大到很多其他类型的方程，包括高次方程、多变量方程以及同类方程的方程组。针对代数问题，他发展了第一个字母符号体系。
- 中世纪阿拉伯学者发明了"代数"这个词语。他们开始把方程作为有价值的研究对象，同时根据已有技术求解方程的难易程度，对线性方程、二次方程和三次方程进行了分类。

---

① 根据勾股定理，直角边为 103 和 159 的直角三角形的斜边长为 $\sqrt{103^2 + 159^2}$，这个值是 189.446 562 386 33...，而垂线段的长度是 86.446 540 880 49...，所以，如果把这个数加上 103，你就能得到斜边长的近似值。

在介绍海亚姆时，我提到了可怕的曼齐刻尔特战役，随后就是东正教的大撤退，以及之后奇怪、混乱且一直存在争议的反攻。在这段时间里（即海亚姆生活的年代），西欧文化在黑暗时代之后的困境中崛起。希望之光首先在意大利燃起，同时也最为明亮。也正是在这里，我们遇到了下一批代数学家。

数学基础知识：
三次方程和四次方程（CQ）

中世纪之后，代数学的**第一次伟大进步**是给出了三次方程的一般解法，紧接着就是四次方程的一般解法。我将在第 4 章用 16 世纪的观点来讲述这段历史。我在这里只是对基础的代数内容进行简短的说明，用以阐明这个话题及其困难之处。

搞清楚我们求解的是什么很重要。对于三次方程或者任意次方程，求出达到要求精度的近似**数值**解不是一件很困难的事情，有时你甚至能猜出一个正确的解。画图通常可以得到很接近的解。古希腊人、古阿拉伯人和中国人都掌握了很多复杂的算术和几何方法。中世纪的欧洲数学家也熟悉这些方法，他们能够很准确地计算出一个三次方程的实数数值解。

他们没有得到真正的**代数**解，即求解三次方程的一般公式，就好比第 1 章的注释中给出的二次方程求解公式。近代数学家想找到这种一般形式的公式，只有找到这样的公式才能认为三次方程是可解的。

※ ※ ※

这是含有一个未知量的三次方程的一般形式[①]: $x^3 + Px^2 + Qx + R = 0$。首先，我们可以通过一个简单的代换去掉包含 x^2 的项：

$$x^3 + Px^2 + Qx + R = \left(x + \frac{P}{3}\right)^3 + \left(Q - \frac{P^2}{3}\right)\left(x + \frac{P}{3}\right) + \left(R - \frac{QP}{3} + \frac{2P^3}{27}\right)$$

换一种形式就是

$$x^3 + Px^2 + Qx + R = X^3 + \left(Q - \frac{P^2}{3}\right)X + \left(R - \frac{QP}{3} + \frac{2P^3}{27}\right)$$

其中 $X = x + \frac{P}{3}$。所以，只需要借助一个简单的代换就可以将任意的三次方程转化成不包含 x^2 项的方程，如果能求出这个较简单的方程中的 X，那么用 X 减去 $\frac{P}{3}$ 就得到 x。这种不包含 x^2 项的三次方程被称为**缺项三次方程**[②]。

综上，我们只需考虑下面的缺项三次方程：

$$x^3 + px + q = 0$$

※※※

到此为止一切顺利，但是缺项三次方程的一般求解公式是什么呢？回想一下一般的二次方程

$$x^2 + px + q = 0$$

---

① 注意，这里假设 x^3 的系数是 1。这样的假设不失一般性。更一般的形式是 $ax^3 + bx^2 + cx + d = 0$。a 可以是 0 或其他数。如果 a 是 0，这个方程就不是三次方程；如果 a 不是 0，方程的两端可以除以 a，把 x^3 的系数简化成 1。

② 现在更常见的说法是"既约三次方程"。我更喜欢这个老说法。

它有两个解

$$x = \frac{-p + \sqrt{p^2 - 4q}}{2} \text{ 和 } x = \frac{-p - \sqrt{p^2 - 4q}}{2}$$

因为负数没有实数平方根，所以如果 $p^2 - 4q$ 是负数，那么上面两个解就是复数；如果 $p^2 - 4q$ 正好等于 0，那么上面两个解相等，因此从数值的观点来看，这个方程只有一个解；当然，如果 $p^2 - 4q$ 是正数，那么这个方程就有两个实数解。

所有这些情形都可以用二次函数的图像来说明。如果我们画出 $y = x^2 + px + q$ 的图像，那么这个二次方程的解就使得 $y = 0$，即这条曲线与横轴的交点。我在上面总结的三种情况——无实数解、只有一个实数解及有两个实数解，分别如图 CQ-1、图 CQ-2 和图 CQ-3 所示。

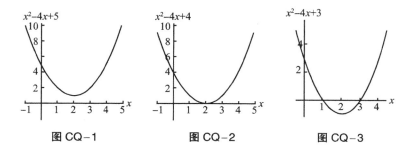

图 CQ-1   图 CQ-2   图 CQ-3

为了搞清楚求解三次方程的一般公式，我们可以从图像出发。此时有三种基本情形，如图 CQ-4、图 CQ-5 和图 CQ-6 所示。注意，图中的三次曲线都是从第三象限开始，到达第一象限。这是因为，当 x 非常大的时候（正的或者负的），$x^3 + px + q$ 中的 x^3 项"盖过"了其他项。对于"足够大"（"足够大"的尺度取决于 p 和

q 的大小）的 x 值，x^3+px+q 就像 x^3 一样。根据符号法则，负数的立方是负数，正数的立方是正数，所以三次多项式曲线总是从第三象限走向第一象限。因为这条曲线必然与横轴相交于**某个**位置，所以 $x^3+px+q=0$ **至少有一个**实数解。

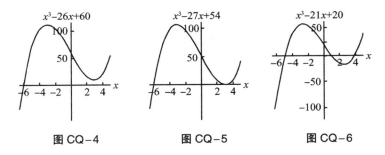

图 CQ-4　　　　　图 CQ-5　　　　　图 CQ-6

正如这些图所展示的，事实上，一个三次方程可能有一个、两个或三个实数解，但是不可能一个实数解也没有，而且实数解也不可能超过三个。我们根据处理二次方程的经验可以猜测，在大多数情形下，这个三次方程只有一个实数解，还有两个在图上看不出来的复数解。这个猜测是正确的。

※※※

事实上，下面是三次方程 $x^3+px+q=0$ 的三个解：

$$x=\sqrt[3]{\frac{-q+\sqrt{q^2+\left(4p^3/27\right)}}{2}}+\sqrt[3]{\frac{-q-\sqrt{q^2+\left(4p^3/27\right)}}{2}}$$

$$x=\left(\frac{-1+\mathrm{i}\sqrt{3}}{2}\right)\sqrt[3]{\frac{-q+\sqrt{q^2+\left(4p^3/27\right)}}{2}}+\left(\frac{-1-\mathrm{i}\sqrt{3}}{2}\right)\sqrt[3]{\frac{-q-\sqrt{q^2+\left(4p^3/27\right)}}{2}}$$

$$x = \left(\frac{-1-i\sqrt{3}}{2}\right)\sqrt[3]{\frac{-q+\sqrt{q^2+\left(4p^3/27\right)}}{2}} + \left(\frac{-1+i\sqrt{3}}{2}\right)\sqrt[3]{\frac{-q-\sqrt{q^2+\left(4p^3/27\right)}}{2}}$$

我需要对此稍微解释一下。事实上，我得对此详细解释一下。

首先，我们注意到每个解中两个立方根符号下面的项只有一处符号不同，一个是"+"，一个是"−"。如果你再仔细观察，你会发现这两项是下面这个二次方程的两个解：

$$t^2 + qt - \frac{p^3}{27} = 0$$

（在这里，我把 x 换成"哑变量" t，以避免混淆两个变量。）为方便起见，我们把这两个解记为 α 和 β。

接下来，第二个解和第三个解中出现的复数是 1 的立方根。当然，在实数范围内，1 只有一个立方根，就是它本身，因为 $1 \times 1 \times 1 = 1$；然而，在复数范围内，它还有另外两个复数立方根。你如果提前预习了第 6 章和第 7 章之间的"数学基础知识：单位根（RU）"就会知道，上面出现的第一个复数通常表示为 ω，第二个复数表示为 ω^2，每一个数都是另一个数的平方。

现在，我可以非常简洁地写出一般三次方程的解。它们是

$$x = \sqrt[3]{\alpha} + \sqrt[3]{\beta}$$

$$x = \omega\sqrt[3]{\alpha} + \omega^2\sqrt[3]{\beta}$$

$$x = \omega^2\sqrt[3]{\alpha} + \omega\sqrt[3]{\beta}$$

其中，ω 和 ω^2 是 1 的复数立方根，而 α 和 β 是二次方程 $t^2 + qt - \dfrac{p^3}{27} = 0$ 的解。

※※※

请你再仔细观察一下上面的三个解，似乎第一个解是实数，而第二个和第三个解是复数。但是我们知道三次方程可能出现三个实数解（图 CQ-6），这是怎么回事？

问题在于 α 和 β 可能都是复数。它们两个都包含 $q^2 + \dfrac{4p^3}{27}$ 的平方根，而 $q^2 + \dfrac{4p^3}{27}$ 可能是负数。如果它是负数，那么 α 和 β 就都是复数；如果它是正数，那么 α 和 β 就都是实数。它们都是复数的情况就是所谓的**不可约情形**[①]。此时，你就不得不求一个复数的立方根，这可不是一件容易的事。因此，三次方程的一般解尽管在理论上令人满意，但并不非常实用。

我将三个解的实际情况整理成下面的表格，它们与 $q^2 + \dfrac{4p^3}{27}$ 的符号有关。我把 $q^2 + \dfrac{4p^3}{27}$ 称为这个方程的**判别式**（这样说恐怕有点儿不严谨）。表中的最下面一行是不可约情形。

---

① 这是一个非常容易引起混淆的术语，所以最好限制在这个历史背景中使用。在更一般的方程理论中，一个不可约方程是指：如果不扩大数域，引入一个新的"俄罗斯套娃"，那么它就不能因式分解。（详见"数学基础知识：域论（FT）"。）对于三次方程 $x^3 - 7x + 6 = 0$ 来说，$q^3 + \dfrac{4p^3}{27}$ 等于 $-\dfrac{400}{27}$，所以这是"不可约情形"。然而多项式 $x^3 - 7x + 6$ 可以完全分解成 $(x-1)(x-2)(x+3)$，所以，确切地说，它不是不可约的，只是中间过程中出现的**二次方程**是不可约的。

	第一个解	第二个解	第三个解
判别式为正	实数	复数	复数
判别式为 0	实数	相等的实数	
判别式为负	实数	实数	实数

如果判别式为 0，那么 α 和 β 相等，所以三个解被归结为 $2\sqrt[3]{\alpha}$、$(\omega+\omega^2)\sqrt[3]{\alpha}$、$(\omega^2+\omega)\sqrt[3]{\alpha}$。显然，后两个解相等，很容易验证 $\omega+\omega^2$ 等于 -1。

※※※

我在上面未加证明地给出了一般三次方程的求解公式。证明过程用现代字母符号体系写出来并不困难。为求解 $x^3+px+q=0$，我们首先将 x 表示成两个数的和：$x=u+v$。当然，表示 x 的方法有无穷多种。此时，原来的三次方程变成 $(u+v)^3+p(u+v)+q=0$，重新整理后得

$$(u^3+v^3)+3uv(u+v)=-q-p(u+v)$$

因为 u 和 v 的选择有无穷多种，所以，如果我可以选出特殊的 u 和 v，满足

$$u^3+v^3=-q \text{ 和 } 3uv=-p$$

那么我就得到一个解。因为 $3uv=-p$，所以我可以用 u 和 p 表示 v，然后再把它代回第一个方程 $u^3+v^3=-q$ 中，就得到下面的方程：

$$u^6+qu^3-\frac{p^3}{27}=0$$

这是一个关于未知量 u^3 的二次方程。因为我还可以用 v 和 p 表示 u，用同样的方法可以得到一个以 v 为变量的与上面的方程相

同的方程，所以 u^3 和 v^3 是上面这个二次方程的解。所以 u 和 v 就是这两个解的立方根，或者是这些立方根乘以 1 的立方根。所以原方程可能的解是 $u+v$、$\omega u+\omega^2 v$ 和 $\omega^2 u+\omega v$。（注意，类似 $u+\omega v$ 这样的组合不可能是解，因为要满足条件 $3uv=-p$，这意味着加号两边的数相乘必须得到实数。当 uv 是实数时，ωu 乘以 $\omega^2 v$ 是实数，因为 $\omega^3=1$。）

※ ※ ※

一般四次方程

$$ax^4+bx^3+cx^2+fx+g=0$$

的求解方法是降次法。同之前一样，我们通常将上面的方程简化或者"去掉某些项"，变成下面的形式：

$$x^4+px^2+qx+r=0$$

通过一些简单的代换，这个方程可以被写成两个完全平方式的差。在求解过程中，你最终会得到一个三次方程：类似于将三次方程化归为二次方程的方法，可以把一个四次方程化归为一个三次方程。

这四个解是用包含 p、q 和 r 的平方根和立方根的表达式表示的。把这四个解完整地写出来会占用大量篇幅，所以我在这里只写出其中一个：

$$x=\frac{1}{2}\sqrt{-\frac{2p}{3}+\frac{\sqrt[3]{2}t}{3\sqrt[3]{u}}+\frac{\sqrt[3]{u}}{3\sqrt[3]{2}}}-\frac{1}{2}\sqrt{-\frac{4p}{3}-\frac{\sqrt[3]{2}t}{3\sqrt[3]{u}}-\frac{\sqrt[3]{u}}{3\sqrt[3]{2}}-\frac{2q}{\sqrt{-\frac{2p}{3}+\frac{\sqrt[3]{2}t}{3\sqrt[3]{u}}+\frac{\sqrt[3]{u}}{3\sqrt[3]{2}}}}}$$

其中 $t=p^2+12r$，并且

$$u=2p^3+27q^2-72pr+\sqrt{\left(2p^3+27q^2-72pr\right)^2-4t^3}$$

这个解看起来很吓人，但是它只包含算术过程：求平方根、立方根以及 p、q 和 r 的四则运算。我们已经看到，三次方程的一般解法比二次方程的一般解法复杂一些，而四次方程的一般解法又复杂了一些。

你可能由此猜测**五次**方程的一般解法可能比它更复杂，或许需要整整一页纸甚至好几页纸才能把解全部写出来，但它的解也只是由平方根、立方根，可能还有五次方根以不同的方式互相嵌套而成的。根据求解二次方程、三次方程和四次方程的经验，这个猜测完全是合情合理的。但很可惜，这个猜测是错误的。

第4章

商业与竞争

　　詹姆斯·沃尔什撰写的《十三世纪：最伟大的世纪》于1907年出版，这是一部能激起好奇心的历史著作。书中的大部分内容是罗马天主教护教学（沃尔什是美国福特汉姆大学的教授，而福特汉姆大学是纽约市天主教会建立的），但是作者提出了很好的观点，认为13世纪的社会进步、文化成就和古典学问复兴被低估了。13世纪发生了很多事情：宏伟的哥特式大教堂，早期的大学，契马布埃和乔托，圣弗朗西斯和阿奎奈，但丁和《玫瑰传奇》，路易九世、爱德华一世和腓特烈二世，《大宪章》和行会，马可·波罗和鄂多立克（他可能到过中国拉萨）等。比萨的列奥纳多（1170—1250），也就是人们熟知的斐波那契就活跃在这个世纪之初。

　　由于斐波那契数列 1, 1, 2, 3, 5, 8, 13, 21, 34, 55, 89, 144, 233, 377, …广为人知，因此斐波那契是非数学专业人士最熟悉的数学家的名字之一。

　　这个数列从第三项开始，每一项都是前两项之和，如 89 = 34 + 55。斐波那契数列在非常热门的整数序列在线百科全书中的编号是 A000045。这个数列的数学和科学内涵都非常丰富，以至于有一本专门研究它的学术期刊《斐波那契季刊》。如 2005 年 8 月的《斐波那契季刊》发表了一篇题为《通过超几何函数实现斐波那契数列的 p 进插值》的论文。

对于非数学专业人士来说，以下公式看起来有点儿令人惊讶，但实际上很容易证明 [①] 斐波那契数列的第 n 项恰好是

$$\frac{1}{\sqrt{5}}\left[\left(\frac{1+\sqrt{5}}{2}\right)^n - \left(\frac{1-\sqrt{5}}{2}\right)^n\right]$$

例如，当 n 等于 4 时，使用二项式定理 [②] 可以得到：

$$\frac{1}{\sqrt{5}}\left[\left(\frac{1+4\times\sqrt{5}+6\times5+4\times5\sqrt{5}+25}{16}\right) - \left(\frac{1-4\times\sqrt{5}+6\times5-4\times5\sqrt{5}+25}{16}\right)\right]$$

很容易就可以算出这个式子等于 3。

斐波那契数列首次出现在一本名为《计算之书》[③] 的书中，作者

---

① 为了证明这个结论，我们令斐波那契数列的第 n 项为 u_n。所以 u_1 是 1，u_2 也是 1，u_3 是 2，u_4 是 3，以此类推。现在，利用这些斐波那契数作为系数构造以下多项式：

$$S = x^{n-1} + x^{n-2} + 2x^{n-3} + 3x^{n-4} + 5x^{n-5} + 8x^{n-6} + \cdots + u_{n-2}x^2 + u_{n-1}x + u_n$$

等式两边同乘以 x，得到 xS。重复该过程得到 x^2S。从 x^2S 中减去 S 和 xS，根据斐波那契数列的性质，你会看到等式右边的很多项都抵消了。例如，x^{n-6} 的系数是 $21 - 13 - 8 = 0$。最后剩下：

$$(x^2 - x - 1)S = x^{n+1} - u_n x - u_{n-1}x - u_n$$

令 x 分别是 $x^2 - x - 1 = 0$ 的两个根，这样等式左边为 0，从而得到关于两个未知量 u_n 和 u_{n-1} 的联立方程组，消掉 u_{n-1} 之后就得到结果。

② 二项式定理给出了 $(a+b)^N$ 的展开式。在 $N=4$ 的特殊情况下，可得 $(a+b)^4 = a^4 + 4a^3b + 6a^2b^2 + 4ab^3 + b^4$，这就是我在这里使用的公式。

③ 根据《科学传记大辞典》中关于斐波那契的介绍，那本书的书名是 *Liber abbaci*，而不是通常所写的 *Liber abaci*，供严谨的读者参考。书名翻译过来是《计算之书》，而不是《算盘之书》。在意大利语中，书名同歌剧的名字一样，不必每个字母都大写。

是斐波那契。原文是一个关于兔子数量的问题：

假设最初只有一对兔子，如果每一对兔子每个月都会生一对小兔子，而小兔子出生两个月后就可以开始繁殖，假设兔子没有死亡，那么一年内能繁殖多少对兔子？

关于这个问题，我曾经能够想到的唯一办法是将这些月份标记为 A、B、C、D，等等。第一个月，即月份 A，这对兔子被记为 A。到了第二个月，即月份 B，这对兔子 A 还在，而且还有它们生下的一对兔子 AB，总共有两对兔子。在第三个月，即月份 C，兔子对 A 生出另一对兔子 AC，而兔子对 AB 已经存在，但它们还没有开始繁殖，因此共有三对兔子。在第四个月，即月份 D，兔子对 A 又生下一对兔子 AD。此时，兔子对 AB 也开始生出自己的一对兔子 ABD。兔子对 AC 现在还不能繁殖。于是，A、AD、AB、ABD 和 AC 是第四个月时的兔子对，一共有五对兔子，以此类推。

※※※

在《计算之书》的前言中，作者简要介绍了他当时的生活。那时，"名字加姓氏"的现代姓名在西欧还没有流行起来，所以人们只知道作者是比萨的列奥纳多，有时也称其意大利名列奥纳多·比萨诺。他的家族有自己的名字——波那契（Bonacci），所以他就有了"斐波那契"（fi'Bonacci，波那契之子）的名字，一直沿用到今天。

斐波那契在 1170 年左右出生于比萨[①]，这是波那契家族的故乡。

---

① 也就是说，斐波那契出生于著名的比萨斜塔开建前的一两年内。比萨斜塔始建于 1173 年，耗时 180 年建成，它在刚建到第三层时就已经倾斜得很明显了。

尽管比萨四周都是日耳曼人建立的帝国（即神圣罗马帝国）的领土，但当时它是一个独立共和国。斐波那契的父亲是这个共和国的一名官员，大约 1192 年，他奉命代表比萨商人与当时位于北非海岸的布吉亚①进行贸易往来。不久后他就召来斐波那契与他同行，想把这个年轻人锻炼成一名商人。

布吉亚包括北非的一部分和西班牙南部三分之一的领土，当时正处于穆瓦希德王朝（也称为阿尔摩哈德王朝）的统治之下，这个王朝建都于马拉喀什。因此，年轻的斐波那契在一个大型阿拉伯城市里受到各种知识的熏陶，可能接触过中世纪阿拉伯数学家如花拉子密和海亚姆等人的著作。不久，斐波那契的父亲派他踏上商业旅途，其足迹遍布地中海沿岸，包括埃及、叙利亚、西西里（在1194 年以前一直是诺曼王朝，之后德国的霍亨斯陶芬王朝继承了它）、法国和拜占庭等。

很多来自意大利贸易城市的其他年轻人肯定也加入了这种旅途。然而，斐波那契天生就是一名数学家，在旅途中，他从拜占庭的希腊人和阿拉伯人那里汲取了他们的知识精华，并且通过阿拉伯人学习了很多波斯、印度和中国的知识。1200 年左右，当他返回比萨准备永久定居时，他可能比西欧的任何人——甚至是世界上的任何人——都更了解当时的算术和代数。

※ ※ ※

按照当时的标准，《计算之书》包含了极为创新的思想，并产生了深远的影响。在此后的 300 年间，它一直是自古代世界结束以

---

① 这座城市是现在阿尔及利亚的贝贾亚市，在阿尔及尔以东约 120 英里。

来最好的一本数学教材。人们通常认为，包括 0 在内的阿拉伯数字（即印度数字）是通过那本书传到西方的。事实上，该书的开篇是这样写的：

印度数字一共有 9 个：9、8、7、6、5、4、3、2、1。使用这 9 个数字和阿拉伯语中称为"zephirum"的符号 0 可以表示任何数字，下面将展示这一点。

该书共有 15 章，前 7 章的内容是使用这些"新"数字符号说明计算的入门知识，同时附有大量实例；其余部分是算术、代数和几何问题集，其中有商人和工匠感兴趣的问题，还有一些轻松愉快的游戏问题，类似前面我们讲过的兔子数量问题，该问题出现在书中的第 12 章。

尽管《计算之书》在算术和历史方面都很引人注目，但它不是斐波那契最具**代数**意义的著作。他的后来的两本著作充分展示了他的代数才华，这两本书可能都写于 1225 年。我只挑选第一本来讲，因为它引出了本章讨论的主题：三次方程。

※ ※ ※

1225 年左右，神圣罗马帝国皇帝把宫廷设在比萨。这位皇帝就是腓特烈二世，他是那个时代最具魅力的人物之一，有时也被称为欧洲王座上的第一个近代人。史蒂文·朗西曼在其著作中很好地简述了腓特烈二世的性格。腓特烈二世很享受被教皇两次逐出教会的独特经历（人们不得不认为他确实很享受），这是当时教皇与皇帝之间权力博弈的一部分。从那时起，他就一直不受罗马天主教徒的欢迎。在上文中提到的沃尔什教授对 13 世纪的赞歌中，那个世纪最聪明、最有教养的统治者之一腓特烈二世只被提及了一次。

到了这个时候，斐波那契的数学才华在比萨很有名，他还与腓特烈二世宫廷里的一些学者保持着友好的关系。所以，当腓特烈二世来到比萨时，斐波那契得到了他的接见。

腓特烈二世的宫廷里有一个叫巴勒莫的约翰内斯的人，我没有找到太多关于这个人的介绍。某一份文献说他是一位马拉诺人，也就是说，他是一位改信基督教的西班牙犹太人。不管怎样，约翰内斯似乎对数学很了解，所以腓特烈二世要他给斐波那契出一些问题，来测试一下斐波那契的才华。

其中一个问题是求解三次方程 $x^3 + 2x^2 + 10x = 20$。我不知道斐波那契是否当场解决了这个问题。无论如何，他确实把这个问题写进了在 1225 年出版的一本书中，那本书有一个很长的拉丁文书名，通常被简称为《花》（*Flos*）[①]。这个方程的实数解是 1.368 808 107 821 372 6...。斐波那契给出的解非常接近这个数，只是小数点后第 11 位错了。

我们不知道斐波那契是如何得到这个结果的，他没有告诉我们所使用的方法。也许他使用了几何方法，类似于海亚姆为了达到相同的目的而使用的相交曲线的几何方法。关于他对这个三次方程的处理，值得注意的并不是他得到的解，而是他的分析过程。通过严谨、细致的推理，他首先表明这个解不可能是一个整数，然后他又发现这个解也不可能是一个有理数。之后他证明这个解不可能是某个数的平方根，也不可能是有理数和平方根的任何组合。这种对三次方程的分析是中世纪代数的**杰作**。该分析过程关注解的**性质**而不

---

① "Flos"在拉丁文中的意思是"花"，比喻杰出的作品。

是解的实际值，可以说它预见了 600 年后在思考方程解的过程中将发生的一场伟大变革，我将在适当的时候介绍那场变革。

※※※

斐波那契没有用我们熟悉的十进制数来表示那个三次方程的解，而是类似古巴比伦人那样用六十进制数来表示，如 $1°22'7''42'''33^{IV}4^V40^{VI}$，这表示

$$1+(22+(7+(42+(33+(4+40\div60)\div60)\div60)\div60)\div60)\div60$$

计算结果是 1.368 808 107 853 223 5…。前面说过，这个数到小数点后前 10 位都是正确的。事实上，中世纪后期代数学发展的最大障碍是缺少书写数字、未知量和算术运算的好方法。斐波那契在欧洲普及印度 – 阿拉伯数字是一个伟大的进步，但是只有将十进制应用于数字的小数部分时才算是真正的进步，所以说第一次"数字变革"是不彻底的。

对于表示未知量及其幂，情况更为糟糕。抛开纯几何表示，正如我之前说的，阿拉伯代数学家用文字说明一切，通常用阿拉伯文单词"shai"（事物）或"jizr"（根）来表示未知量，而用"mal"（财产或财富）表示未知量的平方，用"kab"（立方体）表示未知量的立方，用组合的形式表示更高次幂，如"mal-kab-shai"表示五次幂，等等。丢番图的更快捷的记法保存在君士坦丁堡的希腊图书馆里[1]，但是阿拉伯世界和西方基督教世界的数学家们似乎不了解这些，或者觉得没有了解的必要。

---

[1] 学术政治家米海尔·普塞洛斯曾经服务于拜占庭帝国，他是米海尔七世在位时（1071—1078）的大臣。他肯定知晓丢番图的字母符号体系。

像斐波那契这样的早期意大利代数学家向阿拉伯人学习，把他们的文字翻译成拉丁文或意大利文："radix"表示根，"res""causa"或"cosa"表示事物，"census"表示财产，"cubus"表示立方。到了14世纪末，后三个词分别简写成"co""ce"和"cu"，这种写法上的进步是一位名叫卢卡·帕乔利（1445—1517）的意大利人在1494年出版的一部著作中系统提出的，这部著作通常被称为帕乔利的《数学大全》①。帕乔利的记法比丢番图的 ς、Δ^Y 和 K^Y 的使用范围更为广泛，但是缺乏想象力。尽管《数学大全》中原创的东西很少，但事实证明，它对从事商业计算的人来说非常方便，并且一直深受欢迎。帕乔利被认为是复式簿记之父 ②。

※※※

我在前面很快跳过了 269 年，没有介绍其间发生的故事。一方面，从某种程度上说，这是我作为作者的特权：我想讲讲一般三次方程的解法，然后介绍卡尔达诺，他是本书中第一位有血有肉的人物。另一方面，在斐波那契与帕乔利中间这段时间里**的确**没有发生什么值得注意的事。

在 13 世纪、14 世纪和 15 世纪早期，确实有几位专业的代数学家。很多更专业的代数学历史中列出了他们的一些贡献。例如，

---

① 该书的全名是《算术、几何、比及比例概要》。顺便提一下，我们已经来到了欧洲的印刷时代。帕乔利的著作在威尼斯印刷出版，是首批在欧洲印刷的数学著作。

② 帕乔利后来的一本著作因为达·芬奇为其插图而赢得了相当高的声誉。达·芬奇和帕乔利是好朋友。帕乔利的另一个出名之处是他创造了单词"million"（百万）。

范德瓦尔登用了近 6 页篇幅介绍比萨的马埃斯特罗·达尔迪，他在 14 世纪中期研究了二次方程、三次方程和四次方程，把它们分成 198 种类型，并用巧妙的方法解决了某些特殊类型的方程的求解。

　　尽管这位专家值得关注，但一些次要人物对我们关于代数学的理解帮助不大。直到 15 世纪后半叶，印刷书籍的普及才加快了代数学的发展。

　　这些进展并非只发生在意大利。1484 年，法国人尼古拉斯·许凯（1445—1488）写出了《算术三编》手稿（但直到 1880 年才得以出版），他引入了未知量的幂的上标记法（不过他的记法不完全是现代形式：他使用 12^3 表示 $12x^3$），并把负数看作实体。1486 年，德国人约翰内斯·威德曼（1462—1498）在德国莱比锡大学开设了第一门代数课，他在 1489 年出版的一本书中首次使用了现代加号和减号[①]。

　　许凯的上标记号很少被注意到，除此之外，其他著作仍然使用中世纪末对未知量及其幂的记法，在法文中未知量写成"chose"，在德文中写成"coss"[②]。在 1540 年前后发现一般三次方程的解之前，没有什么值得一提的重要发现。下面我就介绍 1540 年前后那段引人入胜的往事。

※※※

---

① 在意大利文中，"加"和"减"分别为"piu"和"meno"。后来就像未知量的幂一样，这些符号都经过了简写，一般写成"p."和"m."。

② 事实上，15 世纪和 16 世纪的德国代数学家被称为"Cossists"，而代数被称为"the Cossick art"。1577 年，英国数学家罗伯特·雷科德出版了一本书，书名是《砺智石：算术第二部分，包括开方及方程法则的代数应用》。这是最早的使用现代等号的印刷著作。

这段故事的核心人物是吉罗拉莫·卡尔达诺（1501—1576）。他1501年出生于帕维亚，1576年在罗马去世，一生中的大部分时间是在米兰和米兰附近度过的，他把米兰当作自己的故乡。

卡尔达诺是一位传奇人物，我们现在可能会说他"惹人厌"。他的传记有好几部，第一部是他自己写的《我的一生》（De Propria Vita），那本书是他在临终前所著。这本自传里有一份他的著作列表，长达好几页。他总计有131本印刷出版的著作，还有111本未出版的手稿，以及170份据他称因为自己不满意而销毁的手稿。

他的许多著作都是全欧洲的畅销书。例如，他写的《安慰》在1573年首次被翻译成英文，这是一本劝慰悲伤的著作，莎士比亚曾经读过那本书。哈姆雷特著名的"生存还是毁灭"的独白表达的情绪与《安慰》中关于睡眠的评述非常类似。当哈姆雷特在舞台上说独白时，通常拿的可能就是那本书。

医学是卡尔达诺的首要和主要兴趣，也是他谋生的手段。他最早出版的著作也是医学著作，主要介绍了一些治疗常识，并嘲讽了当时奇怪而有害的医疗行为（卡尔达诺声称自己花了不到两周就写完了那本书）。50岁时，他已成为继安德烈·维萨里（1514—1564）之后欧洲第二知名的医生。当时的上流社会，无论是普通人还是牧师，都求他看病。然而，他似乎不愿意远行，只有一次远赴苏格兰（1552年），去治疗苏格兰罗马天主教的最后一位大主教约翰·汉密尔顿的哮喘。卡尔达诺被支付的酬金是2000金克朗[①]。这次治疗应该非常成功，因为汉密尔顿一直活到1571年，他因为参

[①] 根据卡尔达诺的自传，他去苏格兰为大主教约翰·汉密尔顿治疗哮喘，大主教最初给了卡尔达诺200金克朗作为旅费，治疗后给了卡尔达诺1800金克朗，卡尔达诺收到了其中的1400金克朗。——译者注

与谋杀苏格兰玛丽女王的丈夫达恩利勋爵而被吊死在斯特灵的露天绞刑架上，死时身穿主教祭服。

在版权法出现之前，写书，哪怕是写畅销书也不是致富之道，最多算是以间接方式宣传自己的手段。卡尔达诺的次要收入来源是赌博和占卜。在从苏格兰出发经伦敦回家的途中，卡尔达诺给少年国王爱德华六世（亨利八世的儿子）占卜，预言他只要躲过 23 岁、34 岁和 55 岁的病魔即可长寿。但不幸的是，爱德华在不到一年后就夭亡了，年仅 16 岁。卡尔达诺还关注其他形式的预言。他甚至声称自己发明了一种"相面术"，能根据面部缺陷读出人的性格和命运。他在关于这个话题的一本书中写道："如果一个女人的左脸颊的酒窝左边一点长有疣，那么她最终会被丈夫毒死。"

卡尔达诺对赌博的痴迷可能到了上瘾的程度，这种上瘾本会毁了他，然而事实上，他是一个善于分析的敏锐棋手（那时候下国际象棋一般都是为了赚钱），而且是熟知数学概率的高手。他写了一本关于赌博的书——《机遇博弈》(*Liber de ludo aleae*)[①]，其中就有对骰子和纸牌游戏的详细数学分析。

卡尔达诺秉承真正的文艺复兴精神，在实践科学和理论科学方面取得了卓越的成就。他的著作中包含丰富的仪器、机械装置的设计图以及打捞沉船和测量距离的方法。1548 年，当神圣罗马帝国皇帝查理五世来到米兰时，卡尔达诺为皇帝的马车设计了一个减震的悬架装置，因此他在皇帝游行的队伍中得到了一个特别的位置。（这位皇帝患有严重的痛风，不喜欢旅行，这对一个把欧洲领土从

[①]　那本书在卡尔达诺去世后才出版。该书的英文版作为附录包含在厄于斯泰因·奥雷（1899—1968）为卡尔达诺写的传记中。

大西洋扩展到波罗的海的男人来说真是一件不幸的事。^①）如今汽车上使用的万向节在法语和德语中仍然以卡尔达诺的名字命名，分别是"le cardan"（法语）和"das Kardangelenk"（德语）。

卡尔达诺一生中的最低谷是在他的儿子詹巴蒂斯塔被处死时。卡尔达诺非常喜欢这个儿子，并对他寄予厚望。这个男孩爱上了一个不值得被爱的女人，并与她结了婚。这个女人生了三个孩子后，嘲讽詹巴蒂斯塔说这三个孩子都不是他的。于是詹巴蒂斯塔用砒霜将其毒死，他很快就被捕了，而且在处死之前被折磨致残，死时还不到26岁。在卡尔达诺余生的16年里，这件可怕的事一直折磨着他。后来，在他生命的最后阶段，他自己被反宗教改革权威以异端邪说的罪名抓进监狱。我们不知道这些人对卡尔达诺的指控是什么，他没有在自传中写下这些内容，很可能他被要求发誓保持沉默。被关押在监狱中几个月后，他被释放出来，软禁在家，并被禁止再公开演讲或出版著作。

尽管他的一生经历了种种奇遇和不幸，但卡尔达诺还是在床上安详地离开了人世，那一天是1576年9月20日，卡尔达诺享年75岁。这个日期与他几年前为自己占星预测出的去世日期完全吻合。有人说他是服毒自杀或者绝食而死的，只是为了保证去世日期与他自己的预言吻合。根据他的性格，这是有可能的。

※※※

---

① 查理五世是威尔第的歌剧《唐·卡洛》中的幽灵僧侣。顺便提一下，神圣罗马帝国皇帝的头衔是选举产生的。为了顺利得到它，查理五世花费了近一百万达克特去贿赂选民。他是由罗马教皇加冕（1530年2月在意大利博洛尼亚）的最后一位皇帝。大部分同时代的人认为他是西班牙国王（他是第一位名叫查理的罗马国王，因此有时人们会将他与西班牙的查理一世混淆），尽管他在受制于西班牙的佛兰德斯长大，但他的西班牙语说得很差。

卡尔达诺在代数学的历史上留下的伟大成就是他的著作《大术，或论代数法则》（ *Artis magnae sive de regulis algebraicis liber unus* ）。该书包含了三次方程和四次方程的一般解法，它也是数学文献中第一次严肃地提出了复数。该书通常被称为《大术》，1545年在德国纽伦堡首次出版。

卢卡·帕乔利在《数学大全》中曾经列出两类可能没有解的三次方程：

$$(1)\ n = ax + bx^3$$

$$(2)\ n = ax^2 + bx^3$$

这两类方程分别是"未知量与一个立方之和等于一个数"和"未知量的一个平方与一个立方之和等于一个数"。帕乔利未列出的第三类可能没有解（我不知道他为什么没有列出）的方程是"未知量加上一个数等于一个立方"：

$$(3)\ ax + n = bx^3$$

对于现代的我们来说，第三类方程与第一类方程是一样的，这是因为我们使用了负数。在卡尔达诺的时代，人们刚刚知道负数是独立存在的。

在 16 世纪初的某个时刻，一个名叫希皮奥内·德尔·费罗（约 1465—1526）的人发现了上面第一类三次方程的一般解法。费罗是意大利博洛尼亚大学的数学教授，生活在大约 1465 ～ 1526 年。我们不清楚他得到这个解法的确切时间，也不知道他是否还解出了第二类三次方程。他从未发表过他的解法。

在费罗去世之前，他把求解"未知量加上一个立方等于一个数"的秘密告诉了他的学生，一个名叫安东尼奥·马里亚·菲奥雷的威尼斯人。于是这个卑鄙的家伙就作为一个平庸的数学家出现在所有的历史书中。我并不怀疑历史学家们的判断，但是在如此重大的关键代数事件中，把他这个传播者混在数学家之列，对菲奥雷来说似乎是一件不幸的事，以至于他给后世留下的印象就是其数学才能非常平庸。总之，在得到"未知量加上一个立方等于一个数"的解法这个秘密之后，菲奥雷决定利用它赚些钱。在当时知识竞技非常活跃的意大利北部地区，做到这一点并不困难。那时的学者面临的境况是很难得到资助，大学职位的薪水不太理想，而且也没有终身教职制度。一个学者为了谋生必须宣传自己，比如与其他学者公开进行数学竞赛。如果竞赛获胜的奖金越多，宣传效果就越好。

有一位数学家在这样的公开竞赛中赢得了声誉，他就是尼科洛·塔尔塔利亚（1499—1557），威尼斯的一名教师。塔尔塔利亚来自威尼斯以西 100 英里的布雷西亚。当他 13 岁时，一支法国军队洗劫了布雷西亚。虽然塔尔塔利亚得以幸存，但是他的下颌却受了重伤，遗留下口吃的毛病。他的姓"塔尔塔利亚"的意思就是"口吃的人"。在那个时代，一个人的姓氏取决于居住地、父亲的姓名或绰号。塔尔塔利亚是有一定建树的数学家，他著有一本书，讲述了有关火炮的数学，他也是第一个把欧几里得《几何原本》翻译成意大利文的人。

1530 年，塔尔塔利亚和布雷西亚的一个当地人交流了一些关于三次方程的看法，这个人叫祖安尼·托尼尼·达科伊，他在镇子上教数学。在交流过程中，塔尔塔利亚声称自己已经发现了第二类三次方程的一般解法，不过他承认自己还不会解第一类三次方程。

数学庸才菲奥雷不知从哪里听说了他们之间的交流和塔尔塔利亚的声言。他可能觉得塔尔塔利亚是在虚张声势，也可能认为自己是唯一一个知道如何求解第一类三次方程（这个秘密是费罗告诉他的）的人，所以他向塔尔塔利亚发出了挑战。竞赛中每个人都要向对方提出 30 个问题，并在 1535 年 2 月 22 日将对方提出的 30 个问题的答案递交给公证人。输家要宴请赢家 30 次。

　　由于没有重视菲奥雷的数学才华，因此塔尔塔利亚最初没有费心去准备这次竞赛。但是有传言说，尽管菲奥雷不是伟大的数学家，但他在 10 年前从一位已故数学大师那里学到了求解"未知量加上一个立方等于一个数"的秘密。这时塔尔塔利亚才开始上心，他倾注了全部才能去寻找第一类三次方程的一般解法。1535 年 2 月 13 日星期六凌晨，塔尔塔利亚得到了解法。正如他推测的那样，菲奥雷提出的全都是第一类三次方程的问题，这就是菲奥雷的全部能力。

　　塔尔塔利亚提出的问题（我们只知道其中的前 4 个问题）似乎是第二类方程和第三类方程的混合。很明显，此时塔尔塔利亚已经掌握了只有一个实数解的任意类型的三次方程，也就是那些判别式为正的三次方程。判别式为负的三次方程（从而有 3 个实数解）只能用复数来求解，当时人们还没有发现复数。

　　总之，塔尔塔利亚能够解出菲奥雷提出的所有问题，但菲奥雷却解不出塔尔塔利亚提出的任何一个问题。塔尔塔利亚接受了荣誉，但放弃了赢得的赌金。一本关于卡尔达诺的传记[1]中评论道：

---

① 指厄于斯泰因·奥雷为卡尔达诺写的传记《卡尔达诺：赌博学者》（*Cardano, the Gambling Scholar*，1953 年出版）。顺便提一下，奥雷写的传记是我看过的关于卡尔达诺的传记中可读性最好的长篇记述，但不幸的是那本书早已绝版了。如果想了解卡尔达诺的占星术，可以参阅安东尼·格拉夫顿所著的《卡尔达诺的宇宙》（*Cardano's Cosmos*，1999 年出版）。关于卡尔达诺的书很多，传记就至少有三本。

"要在 30 次宴会上与一个可怜的失败者面对面进餐对他来说没有任何吸引力。"

※ ※ ※

　　卡尔达诺从达科伊那里听到了塔尔塔利亚获胜的消息，达科伊就是塔尔塔利亚在 1530 年交流过三次方程的那个同乡。在与塔尔塔利亚交流之后，达科伊搬到了米兰。在意大利北部，数学教师不是很多，于是卡尔达诺聘请达科伊来教他的部分学生。卡尔达诺似乎正是从达科伊那里得知了菲奥雷与塔尔塔利亚竞赛的完整细节，以及塔尔塔利亚与达科伊在五年前的交流情况。当时，卡尔达诺正在写一本书，他预想的书名是《算术、几何和代数之实践》。他也许在想，如果他能得到塔尔塔利亚的关于三次方程的解法，那么它非常适合放进自己的书里。于是他准备从塔尔塔利亚那里套出这个秘密。

　　两个人之间接下来的交往读起来非常有趣[①]。他们之间的书信往来从 1539 年的一月持续到三月，卡尔达诺就像垂钓大师钓鱼一样戏弄着塔尔塔利亚，从傲慢的讽刺到甜蜜的诱惑，不断变着花样耍他。卡尔达诺抛出的最吸引人的诱饵是把塔尔塔利亚介绍给意大利

[①] 奥雷的书中有详细的记载。对于他们之间发生的事情，奥雷用了超过 55 页篇幅来描述，我在这里把这些记述浓缩成几段。奥雷的书值得一读。除此之外，还有一份完整的叙述，不过事件和日期与奥雷的记载（也是我这里使用的）略有不同，请参见马丁·努德高发表于《国家数学杂志》第 13 期（1937~1938）的文章"卡尔达诺 – 塔尔塔利亚之争侧记"（"Sidelights on the Cardan - Tartaglia Controversy"）。该文被美国数学协会在 2004 年出版的著作《福尔摩斯在巴比伦》（*Sherlock Holmes in Babylon*）转载。

最有权势的人之一阿方索·达瓦洛斯，他是整个伦巴第大区的长官（仅次于皇帝查理五世），也是驻扎在米兰附近的帝国军队的长官。塔尔塔利亚关于火炮的著作在此之前刚刚出版，卡尔达诺声称自己买了两本，一本留给自己，另外一本送给自己的朋友，也就是这位长官。他的这位长官朋友非常想见那本书的作者（卡尔达诺是这样说的，我们并不知道事情的真相）。

　　塔尔塔利亚立即赶到米兰，在卡尔达诺家里住了几天。塔尔塔利亚的举动就如苍蝇直奔蜘蛛网一样。不巧的是，这位长官当时没在米兰。卡尔达诺热情款待了他的客人，在 1539 年 3 月 25 日，塔尔塔利亚最终说出了求解"未知量加上一个立方等于一个数"的秘密。但塔尔塔利亚坚持让卡尔达诺发誓绝不泄露这个秘密。卡尔达诺按照约定起誓，塔尔塔利亚就用 25 行诗的形式写下了三次方程的解法。这首诗的开头是这样的：

Quando che'l cubo con le cose appresso

Se agguaglia a qualche numero discreto…

（当一个立方和一个未知量加在一起

等于某个整数时……）

　　根据塔尔塔利亚的自述，他刚离开卡尔达诺家就后悔了。之后他回到威尼斯的家中反思。卡尔达诺写信给塔尔塔利亚询问这首诗中某些地方的解释，但是塔尔塔利亚的回复非常无礼。卡尔达诺的算术书在 1539 年 5 月出版，其中并没有介绍三次方程的解法，此时塔尔塔利亚的怒气有所缓和。但是，那年夏天，他听说卡尔达诺又开始写另外一本专门研究代数的书。之后一直到 1540 年，二人的交锋演变成一边是塔尔塔利亚对卡尔达诺的怀疑和愤怒，一边是卡尔达诺对塔尔塔利亚的奉承和安慰。

《大术》在 1545 年出版。从 1540 年初两人的最后一次通信到 1545 年《大术》出版，之间的这五年在代数学历史上是至关重要的。卡尔达诺在得到"未知量加上一个立方等于一个数"的秘密之后，进一步给出了三次方程的一般解法。

通过研究不可约情形，他发现三次方程总存在三个解。为了解决这个问题，他必须使用复数。卡尔达诺带着疑惑和犹豫这样做了，对此我们不应感到惊讶。在当时，人们甚至觉得负数都有点儿神秘，虚数和复数就显得更加不可思议了（直到今天，许多人仍会这样认为）。

下面是《大术》第 37 章中的内容，考虑的是二次方程而不是三次方程：把 10 分成两部分，使其乘积等于 40。

无须考虑太多，将 $5+\sqrt{-15}$ 乘以 $5-\sqrt{-15}$，得到 $25-(-15)$，后面一项实际上就是 $+15$。因此乘积是 40……这实在是太神奇了……

这的确非常神奇。为了取得这样的突破，卡尔达诺一定花费了很多功夫。他也想到了其他方向。他找到了求近似解的数值方法，并对根与系数之间的关系形成了一些想法，在这方面瞥见了数学家们在此 150 年后才开始探索的领域。

卡尔达诺有一位助手。回到 1536 年，他雇用了一个名叫洛多维科·费拉里（1522—1565）的十四岁男孩作为他的仆人。他发现这个男孩非常聪明，会阅读和书写，因此就把这个男孩提拔为自己的私人秘书。费拉里通过校对 1540 年的算术书手稿来学习数学。我们可以认为，卡尔达诺在研究三次方程时一定与这位年轻的秘书分享过自己的探索过程。

我们可以这样认为的一个原因，就是费拉里在 1540 年发现了一般四次方程的解法，正如我在"数学基础知识：三次方程和四次方程（CQ）"中提到的那样，这一过程中包含求解三次方程。因此，只有先会解三次方程，费拉里才能得出四次方程的解。三次方程的解法是他从卡尔达诺那里学会的，而卡尔达诺之前曾向塔尔塔利亚发誓绝不会泄露这个秘密。

另外，在 1526 年费罗去世以及 1535 年菲奥雷与塔尔塔利亚竞赛之后的那些年里，一直有传言说菲奥雷从已故的费罗那里得到了"未知量加上一个立方等于一个数"的解法。1543 年，卡尔达诺和他的秘书费拉里发现了一个可以脱离道德困境的办法，他们前往博洛尼亚，与费罗在大学的继任者交谈，费罗的继任者也是费罗的女婿和论文保管人。卡尔达诺和费拉里在仔细翻阅这些论文之后，了解到塔尔塔利亚并不是第一个解决"未知量加上一个立方等于一个数"问题的人。这为他们提供了道义上的可乘之机，接下来，卡尔达诺在《大术》里给出了三次方程和四次方程的完整解法。他认为费罗首次发现了"未知量加上一个立方等于一个数"的一个解，而塔尔塔利亚只是重新发现了它而已。

塔尔塔利亚当然非常愤怒，他在 1540~1545 年花了五年的时间静静地翻译欧几里得和阿基米德的著作，随后开始了持续三年的指责与争执，虽然卡尔达诺没有参与，但费拉里一直在维护卡尔达诺。直到 1548 年 8 月 10 日，塔尔塔利亚与费拉里在米兰进行了一场学术挑战赛，这场骂战才结束。我们只有一份简要记录，疑为塔尔塔利亚的笔述，从中可以看出塔尔塔利亚在这场竞赛中输得很惨。

　　塔尔塔利亚死于 1557 年，带着愤怒和痛苦离开人世。他从未发表过自己得到的三次方程的解法，人们也没有在他的论文中找到未发表的版本。当然，毫无疑问，他独立解决了"未知量加上一个立方等于一个数"问题，但是这个荣誉却被首先解出某一种三次方程的费罗和掌握了全部三次方程解法且成为四次方程求解公式之父的卡尔达诺平分了。

第5章

放飞想象力

现代欧洲早期在代数学方面有两个伟大的进步：一是得到了一般三次方程和四次方程的解法，二是发明了现代字母符号体系，系统地使用字母代表数。这里所说的"现代欧洲早期"指的是从君士坦丁堡的失陷（1453年）到威斯特伐利亚和约（1648年）之间的两个世纪。

第一个进步是由意大利北部的数学家们在大约1520年到1540年间完成的，而卡尔达诺与费拉里在1539年到1540年的合作研究是其中最富有创造力的时期。我已经在第4章讲述了他们的故事。

第二个进步主要是由两位法国人〔弗朗索瓦·韦达[①]和勒内·笛卡儿（1596—1650）〕完成的。与之并行的另一个发展是复数的缓慢发现，复数逐渐被人们接受，成为标准的数学工具。复数的发现更多属于算术进展（关于数），而不是代数进展（主要研究多项式和方程）。不过，我们已经介绍过，复数的发现是从代数中获得了灵感。如果画出一个"不可约"三次多项式的图像（图CQ-6），那

---

① 说英语的数学家们一般把韦达（Viète）的名字读作"Vee-et"，母语是英语且比较顽固的人更喜欢用这个像一种著名的蔬菜汁饮料一样的名字。有时候这个名字也被写成拉丁文形式"Vieta"。

么它显然有 3 个实零点；然而如果你使用代数公式求解相应的方程，且不允许使用复数，那么它根本不会出现实数解！

复数能成为"代数学历史聚会"的嘉宾还有其他原因。例如，复数为关键的代数概念**"线性无关"**提供了第一个线索，我随后会讨论这个概念，而且这个概念将引出向量和张量的理论，使现代物理学成为可能。如果你把 3 和 5 相加，就会得到 8：3 的性态与 5 的性态相融得到 8 的性态，好比两滴水珠的融合。但是，如果你把 3 与 5i 加起来就会得到复数 3+5i，就好比一滴油与一滴水不相融，这就是线性无关。

因此，关于复数的发现，我要讲一些必要和有趣的东西。正如我们之前所看到的，第一个严肃对待这些"怪物"的数学家是卡尔达诺。然而，第一个有信心应对复数的数学家是拉斐尔·邦贝利（1526—1572）。

※※※

邦贝利来自意大利博洛尼亚，费罗就在那里教书。他出生于 1526 年，恰好是费罗去世的那一年。因此，他是卡尔达诺的下一代人。情况常常是这样：一代人拼命去理解的事物对下一代人来说可能就容易得多。在邦贝利大约 19 岁时，《大术》出版，所以说当时他正处于受该书影响的最佳年龄。

邦贝利是一名土木工程师。他接手的第一个大项目是土地开垦工作，需要排干意大利中部佩鲁贾附近的沼泽地。这个项目从 1549 年开始，一直持续到 1560 年，获得了巨大成功，让邦贝利在其职业领域一举成名。

邦贝利非常欣赏《大术》，但他觉得卡尔达诺的解释不够清晰。

就在邦贝利二十多岁时，他萌生了写一部代数学著作的雄心，这部著作要能够让一个什么都不会的初学者也能掌握这门学科。这部著作的书名是《代数》，出版于 1572 年，是在邦贝利去世前几个月才出版的，他从二十岁出头到四十多岁，在这部著作上投入了大约 25 年的时光。这部著作一定经过了多次修改和校订，不过我们知道其中有一次修订特别值得注意。

1560 年左右，邦贝利在罗马遇到了在当地大学教代数的安东尼奥·马里亚·帕齐，并与他一起讨论数学。帕齐说，他曾在梵蒂冈的图书馆里发现了一份关于算术和代数的手稿，是古希腊"某个叫丢番图"的作者写的。随后，两人仔细查阅了这份手稿，并决定翻译它。翻译最终没有完成，但毫无疑问，邦贝利在研究丢番图的手稿的过程中受到了很多启发。他把丢番图的 143 个问题收录在自己的《代数》一书中。正是由于邦贝利的这部著作，那个时代的欧洲数学家才首次了解到丢番图的工作。

回想一下，虽然丢番图没有把负数当作一个数学对象，而且也不认为它们是问题的解，但他还是允许它们忽隐忽现地出现在计算过程中，并为此制定了符号法则。卡尔达诺似乎也用类似的方式对待复数，他认为虽然复数本身没有意义，但它们是得出实数解的有用工具。

邦贝利处理负数和复数的方法更成熟。他根据外观判断负数，比丢番图更清楚地重述了符号法则：

> più via più fa più
>
> meno via più fa meno
>
> più via meno fa meno
>
> meno via meno fa più

在这里，"più" 的意思是 "正"，"meno" 的意思是 "负"，"via" 的意思是 "乘"，"fa" 的意思是 "得到"。这段话翻译过来就是 "正正得正，负正得负，正负得负，负负得正"。

在《代数》中，邦贝利处理了不可约三次方程，得到方程 $x^3 = 15x + 4$ 的一个解。他使用了卡尔达诺的方法，得到

$$x = \sqrt[3]{2 + \sqrt{-121}} + \sqrt[3]{2 - \sqrt{-121}}$$

利用一些算术技巧，他算出这两个立方根式分别是 $2 + \sqrt{-1}$ 和 $2 - \sqrt{-1}$，将两者加起来就得到方程的解 $x = 4$。（还有另一对解是 $-2 - \sqrt{3}$ 和 $-2 + \sqrt{3}$，但是邦贝利没有算出来。）

这里的复数就像丢番图的负数一样，只是在从一个 "实数" 问题得到一个 "实数" 解的过程中使用的一个内部技巧而已。复数可以说起到了催化的作用。实际上，邦贝利称它们是 "诡辩的"。不过，他认可它们是一种合理的工具，甚至还给出了它们相乘的 "符号法则"：

> può di meno via più di meno fa meno
> più di meno via meno di meno fa più
> meno di meno via più di meno fa più
> meno di meni via meno di meno fa meno

这里的 "più di meno"（来自负数的正根）指 $+\sqrt{-N}$，而 "meno di meno"（来自负数的负根）指 $-\sqrt{-N}$，其中 N 是某个正数，"via" 和 "fa" 分别是 "乘" 和 "得到" 的意思。所以上面的法则中第三行的意思是，如果将 $-\sqrt{-N}$ 乘以 $+\sqrt{-N}$，那么我们将得

到一个正数。这个结论是正确的，其结果是 N。通常的符号法则（负数乘以正数）得出负数，把平方根平方后得到 $-N$，$-N$ 的相反数是 N。

邦贝利的《代数》对数学的理解向前迈出了一大步，但是他仍然受到缺少好的字母符号体系的阻碍。对于表达式

$$\sqrt[3]{2+\sqrt{-3}} \times \sqrt[3]{2-\sqrt{-3}}$$

他写成：

Moltiplichisi, R.c. ⌊2 più di meno R.q.3⌋ per

R.c. ⌊2 meno di meno R.q.3⌋

在这里，"R.q." 的意思是开平方，"R.c." 的意思是开立方。注意，他还使用了括号。随着字母符号体系的发展，卡尔达诺那一代人的表述有了一些改进，但是进展并不大。

※※※

对法国人而言，16 世纪不是一段幸福的时光。弗朗索瓦一世（1515~1547 年在位）统治的大部分时间以及大部分国家财富消耗在了与神圣罗马帝国皇帝查理五世的战争中。1559 年，卡托－康布雷齐和约缔结，战争告一段落。然而，这个军队几乎消耗殆尽的国家还来不及喘息，法国天主教徒和后来通常被称为胡格诺派 ① 的

---

① 通常是这样称呼的，但不完全准确。胡格诺派是加尔文宗。法国新教徒不全是胡格诺派，也许有很多人不喜欢被称作胡格诺教徒。然而这个名字一直沿用至今，在这类书中，"胡格诺教徒" 可以被看作 "早期法国新教徒" 的同义词。这个词的词源不太清楚。

新教徒就开始互相残杀。

直到 1598 年南特敕令颁布之后，他们才停止战争，或者从某种程度上说，法国暂停战争达 87 年。在此之前的 36 年里 [①]，法国爆发了 8 次内战，经历了一次朝代更迭（波旁王朝取代了瓦卢瓦王朝）。这些战争并非纯粹的宗教战争，地域情结、社会阶层以及国际政治等诸多因素都是这些战争的诱因。西班牙国王腓力二世，历史上最大的滋事者之一，竭尽全力把时局搅乱。至于社会阶层，胡格诺教徒在城市中产阶级中势力强大，而且有大概一半的贵族也是新教徒。相比之下，在大部分地区，农民仍然是天主教徒。

1540 年，韦达出生在一个胡格诺教徒家庭，他的父亲是一名律师。1560 年，他从普瓦捷大学毕业，获得法学学位。在他毕业后不到两年，法国宗教战争就开始了，其标志事件是香槟地区瓦西镇的胡格诺教徒遭到屠杀。

韦达后来的职业生涯受到了战争的影响。他放弃了律师工作，成为一个贵族家庭的家庭教师。随后他在 1570 年搬到巴黎，很明显他希望得到政府的雇用。当时年轻的查理九世在位，但是他的母亲凯瑟琳·德·美第奇（她也是西班牙国王腓力二世的岳母）才是真正的掌权者。为了保持王权强大且不受制于各种势力，她挑拨胡格诺教徒与天主教徒之间的关系。这决定了整个 16 世纪 60 年代到 80 年代法国的历史进程，而且其间经常发生荒谬的事情。韦达在巴黎时，正是查理九世批准于圣巴托罗缪之夜（1572 年 8 月 24 日）开始屠杀胡格诺教徒之时。然而在第二年，韦达这个胡格诺教

---

① 尽管英国在这个时期与法国保持着良好的外交关系，然而在莎士比亚的《亨利六世上篇》中有很多反对法国人的笑话和侮辱语句。

徒却被国王任命为布列塔尼地区的政府官员。

　　查理九世在 1574 年去世，凯瑟琳的第三个儿子亨利三世继位。六年后，韦达回到巴黎担任这位国王的顾问。然而，凯瑟琳最小的儿子死于 1584 年，这导致瓦卢瓦王朝没有了继承人。虽然亨利三世已经结婚，而且只有 33 岁，但是他常常穿戴奢华，爱在宫廷里穿女装。人们认为他不太可能生儿子。因此，他的远亲——波旁家族纳瓦拉王国的亨利就成了王位的合法继承人。但是，亨利是一个新教徒，这让法国内外的天主教徒感到恐慌。宫廷内的明争暗斗变得更加激烈。韦达被迫离开，不得不在布尔讷夫湾的滨海博瓦尔小镇上的家里休了五年的长假。1584 年到 1589 年的这段时间是韦达数学创造力的鼎盛时期，当时他已经快 50 岁，能在数学上有这样的创造力真是奇迹。当时，法国宫廷的政治斗争错综复杂，以至于数学史学家很难知道该感谢谁。

　　就在韦达返回宫廷的四个月后，亨利三世被暗杀，他是在马桶上被刺死的。纳瓦拉王国的亨利成为亨利四世，成为波旁王朝的第一位国王。这位新国王是一名新教徒，这对韦达很有利，韦达很高兴成为新国王的随从。然而，即便天主教徒们无法就王位的竞争候选人达成一致，他们也不会让亨利四世顺利继位。西班牙国王腓力二世非常喜欢自己的女儿，为了她的利益同法国宫廷中的派系暗中勾结。这些密谋都是用密码写在信件上的。亨利发现身边有韦达这位数学家，便派他去破译西班牙人的密码。经过几个月的努力，韦达破译了这些密码。当腓力二世得知他自认为不可破解的密码已被破译时，他向罗马教皇抱怨说亨利使用了魔法。

※ ※ ※

韦达一直辅佐亨利四世，直到 1602 年 12 月他被宫廷免职。然后他回到家乡，在此一年后就去世了。

除了成功破译密码，韦达在为宫廷服务期间在数学上取得的辉煌成就发生在 1593 年。那一年，佛兰德斯数学家阿德里安·范·罗门（1561—1615）出版了一部名为《理想的数学》的著作，书中有一篇关于当时所有杰出数学家的调查。荷兰驻亨利四世宫廷大使向亨利指出，该书中一个法国人也没有列出。为了说明这一点，他给国王展示了罗门的书里的一个问题，作者为这个问题的解答设立了奖励。这个问题是求解一个数 x，使其满足一个一元 45 次方程：$x^{45} - 45x^{43} + 945x^{41} - 12\,300x^{39} + \cdots = 0$。显然，这位外交官（他似乎不善于外交）是在嘲笑没有一个法国数学家会解这个问题。亨利派人找来韦达，韦达当场就求出一个解，并且在第二天又给出了 22 个解。

当然，韦达知道罗门不是随意给出这个方程的，它一定是一个罗门自己知道如何求解的方程。在那个时代，韦达有着丰富的三角学知识，而三角学正是当时发展迅猛的一个数学分支[1]。他的前两本书就是三角函数表大全。三角学是研究圆的弧长和弦长之间的数量关系的学问，其中全都是正弦、余弦及其幂的长公式。韦达根据这个方程前几项的系数快速心算后，得出他面前的式子就是将 $2\sin45\alpha$ 表示成 $x = 2\sin\alpha$ 的多项式。于是，三角学帮他求出了解。（至少帮他求出了 23 个正数解。还有 22 个负数解，韦达忽略了它们，显然是因为他认为负数没有意义。）

---

[1] 《科学传记大辞典》中说"韦达的所有数学研究都与他的天文学和宇宙学研究有关"。天文学和三角学的联系起源于对天体的研究以及对恒星高度的计算和预测等。

※※※

　　韦达 40 多岁时，在海边流放的五年里写成了一部名为《分析引论》（*In artem analyticem isagoge*）的著作。该书表明了代数学向前迈进了一大步，同时也向后倒退了一小步。向前的一步是指他第一次系统地使用字母来代表数。这个想法的萌芽可以追溯到丢番图，但是韦达是第一个有效地分配字母、使一套字母可以代表许多不同的量的数学家。这就是现代字母符号体系的开端。

　　韦达的字母符号体系不同于以往的所有方案，它不仅仅局限于表示未知量。他把量分成两大类：一类是未知量，也就是"要求的量"（quaesita）；另一类是已知量，也就是"给定的量"（data）。他用大写元音字母 A、E、I、O、U 和 Y 表示未知量，用大写辅音字母 B、C、D 等表示已知量。例如，方程 $bx^2+dx=z$ 用韦达的字母符号体系表示为：

　　B in A Quadratum, plus D plano in A, aequari Z solido.

这里的 A 是未知量，就是我们现在的 x。其他符号都是已知量。

　　方程中出现的 "plano" 和 "solido" 就是我上面提到的倒退的一步。韦达深受古代几何学的影响，他希望代数能够严格地建立在几何概念之上。在他看来，这迫使他遵循**齐次性原则**，也就是说，方程中的每一项必须具有相同的维度。除非另外说明，否则每个符号都代表一条适当长度的线段。在上面给出的方程中，b 和 x（韦达的 B 和 A）都是一维的。于是 bx^2 就是三维的。因此 dx 必须也是三维的，同理，z 也是三维的。因为 x 是一维线段，所以 d 必须是二维的，因此是 "D plano"。类似地，z 必须是三维的，因此是 "Z solido"。

　　你能明白韦达的意思，但是这个齐次性原则限制了他的手脚，导致他的代数的某些部分难以理解。这似乎有点儿奇怪，一个能巧妙求解 45 次多项式方程的人居然被古典几何和三个维度牢牢地束缚住了。

※※※

韦达对方程的处理在某些方面不如邦贝利"时髦"。如上文所述，他反对负数，不承认负数是方程的解。他对复数的态度甚至更落后。他仅在一本关于几何学的书中处理过三次方程，在那里，他基于用 $\sin\alpha$ 表示 $\sin 3\alpha$ 的公式提出了一种三角学解法。

不过，从某个方面上讲，韦达是研究方程的先驱，他点燃的蜡烛在 200 年后成为一座巨大的灯塔。在他的有生之年，这个特别的发现没有被发表。在他去世 12 年后，他的苏格兰朋友亚历山大·安德森（1582—1619）发表了他的两篇关于方程理论的论文。在题为《论方程的整理和修正》的第二篇论文中，韦达开创了一条研究方程的解的对称性的道路，也为伽罗瓦理论、群论和近世代数的诞生开辟了道路。

考虑二次方程 $x^2+px+q=0$。假设方程的两个根是 α 和 β，也就是使这个方程成立的两个数。如果 x 是 α，或者 x 是 β，并且 x 不是其他数，那么下面的等式一定成立

$$(x-\alpha)(x-\beta)=0$$

因为 α 和 β 是使得这个方程成立的所有 x 的值，所以上面的等式一定是原始方程的另一种形式。现在，如果你用通常的办法把括号乘开，那么这个方程变为

$$x^2-(\alpha+\beta)x+\alpha\beta=0$$

把这个方程与原来的方程进行比较，一定有

$$\alpha + \beta = -p$$

$$\alpha\beta = q$$

于是，我们得到了方程的**根**与**系数**之间的关系。我们也可以用同样的方法处理三次方程 $x^3 + px^2 + qx + r = 0$。如果这个方程的根是 α、β 和 γ，那么

$$\alpha + \beta + \gamma = -p$$

$$\beta\gamma + \gamma\alpha + \alpha\beta = q$$

$$\alpha\beta\gamma = -r$$

对于四次方程 $x^4 + px^3 + qx^2 + rx + s = 0$，有

$$\alpha + \beta + \gamma + \delta = -p$$

$$\alpha\beta + \beta\gamma + \gamma\delta + \alpha\gamma + \beta\delta + \alpha\delta = q$$

$$\beta\gamma\delta + \gamma\delta\alpha + \delta\alpha\beta + \alpha\beta\gamma = -r$$

$$\alpha\beta\gamma\delta = s$$

对于五次方程 $x^5 + px^4 + qx^3 + rx^2 + sx + t = 0$，有

$$\alpha + \beta + \gamma + \delta + \varepsilon = -p$$

$$\alpha\beta + \beta\gamma + \gamma\delta + \delta\varepsilon + \varepsilon\alpha + \alpha\gamma + \beta\delta + \gamma\varepsilon + \delta\alpha + \varepsilon\beta = q$$

$$\gamma\delta\varepsilon + \alpha\delta\varepsilon + \alpha\beta\varepsilon + \alpha\beta\gamma + \beta\gamma\delta + \beta\delta\varepsilon + \alpha\gamma\varepsilon + \alpha\beta\delta + \beta\gamma\varepsilon + \alpha\gamma\delta = -r$$

$$\beta\gamma\delta\varepsilon + \gamma\delta\varepsilon\alpha + \delta\varepsilon\alpha\beta + \varepsilon\alpha\beta\gamma + \alpha\beta\gamma\delta = s$$

$$\alpha\beta\gamma\delta\varepsilon = -t$$

正确的阅读方式是

$$\text{所有根之和} = -p$$

$$所有根两两相乘再求和 = q$$
$$所有根三三相乘再求和 = -r$$

以此类推。

包含一个未知量的五次以下方程的这些公式是韦达首先记下来的。韦达下一代的法国数学家阿尔伯特·吉拉德（1595—1632）在《代数新发现》一书中把这些公式推广到任意次方程。《代数新发现》出版于 1629 年，是在安德森发表韦达的论文的 14 年后。艾萨克·牛顿爵士继承并发扬了……我讲得有点儿快了。

※※※

借用主持人的口吻：勒内·笛卡儿无须多做介绍。他从过军，做过官（他在战场上幸存了下来，却没能逃脱政治），他是哲学家、数学家，是波旁王朝前三任国王统治之下的法国国民。在笛卡儿成年后，发生了三十年战争、英国内战和"五月花"号移民。那是法国红衣主教黎塞留的时代、瑞典国王古斯塔夫·阿道弗斯的时代，也是弥尔顿和伽利略生活的时代。尽管笛卡儿更喜欢生活在荷兰，但他仍是法兰西的民族英雄。他的出生地当时叫拉艾，法国大革命之后为了纪念他，这个地方被重新命名为笛卡儿（普瓦捷以北 30 英里处）。同 56 年前的韦达一样，笛卡儿在普瓦捷大学获得法学学位后步入社会。

笛卡儿因两件事而闻名于世：一是写下了名言"我思故我在"（Cogito ergo sum），二是发明了以他的名字命名的坐标系，即用数对表示平面上的点的一种方式。在笛卡儿几何中（"笛卡儿几何"的英文是"Cartesian geometry"，其中"Cartesian"来源于笛卡儿

的拉丁文名字"Cartesius"），标记一个点的数对是该点到两条固定
坐标轴的垂直距离，这两条坐标轴是平面内互相垂直的两条直线。
按照惯例，水平距离称为 x，竖直距离称为 y。图 5–1 是一个点的
笛卡儿坐标。

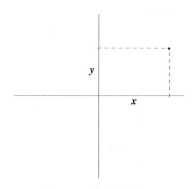

图 5–1　笛卡儿坐标系

事实上，"**我思故我在**"这句话确实是笛卡儿写的，但是准确
地说，他并没有发明直角坐标系。笛卡儿的著作《几何学》（1637
年出版）包含了关于坐标系的基本想法，但是笛卡儿使用的坐标轴
并不是互相垂直的。

不过，《几何学》中包含的思想确实足以引发几何学和代数学
的革新——实际上是使几何学代数化。回想一下韦达的齐次性原
则，它就是以数是几何对象的思维映像这个观点为基础的。甚至当
韦达遇到 45 次幂时，他的思维也立刻转变为几何思考：把一段圆
弧 45 等分。笛卡儿把这种方式倒过来了，他认为几何对象正是数
的一个方便表示。笛卡儿给出了一个例子：两条线段长度的乘积不
一定非要被看作一个矩形的面积，它也可以用另一条线段来表示。

这并不是一个原创想法，但是笛卡儿在这个基础上建立了他的几何框架，切断了连接代数与古典几何的最后绳索，让他的新"解析几何"展翅高飞。笛卡儿采用了一种更清晰、更易于处理的代数记法，进一步促成了这一点。他从 16 世纪德国代数学家那里借鉴了加号、减号和平方根符号（他在原来的平方根符号上面加了一条横线，把"$\sqrt{}$"变成"$\sqrt{}$"）。他用上标来表示幂，但是平方却没用上标形式表示，仍然写成"aa"而不是"a^2"，直到 19 世纪末，仍有数学家使用这种记法。

笛卡儿最重要的贡献大概是他给我们带来了现代字母符号体系。在该体系中，字母表开头的几个小写字母表示已知数，字母表末尾的几个小写字母表示未知数。在阿特·约翰逊的著作《古典数学》（*Classic Math*）中，有关于此的一个故事。

常常使用字母 x 来表示未知量源于一件有趣的事。在印刷《几何学》的过程中，排版人员遇到一件棘手的事情。在给文本排版时，排版人员发现字母表的最后几个字母不够用了。他询问笛卡儿，在书中的诸多方程中，使用字母 x、y 还是 z 是否很重要。笛卡儿回答说，用这三个字母中的任何一个表示未知量都没有区别。于是排版人员就选择用 x 表示大多数未知量，因为字母 y 和 z 在法语中的使用频率高于 x。

事实上，当你在阅读《几何学》时，你会觉得是在看一本现代数学书。我认为它是最早的一本现代数学书。唯一奇怪的是书中没有现代的等号：笛卡儿使用了一个类似于去掉左端的无穷符号作为等号。

　　引入一个好用的字母符号体系是数学上的重大进步。这样做的人不只有笛卡儿，韦达也曾系统地使用字母表示数，而表示未知量的最初灵感可以追溯到丢番图。

　　在这里，如果不提一下英国人托马斯·哈里奥特（1560—1621）或许是不公平的。哈里奥特是韦达和笛卡儿中间的一代人。他为沃尔特·雷利爵士（1552—1618）工作过许多年，曾陪同雷利爵士去弗吉尼亚探险。他是一位热情的数学家，很有可能是受到了韦达的启发，他使用字母表中的字母表示**已知数**和**未知数**。由于通晓方程理论，哈里奥特考虑了负数解和复数解。遗憾的是，直到他去世[①]几年后，这些成果才得见天日，他在世期间没有发表过任何数学作品。数学史学家们喜欢争论笛卡儿从哈里奥特那里借鉴了多少东西——《几何学》是在哈里奥特的代数著作（排版很糟糕）出版六年后才出现的。然而，据我所知，还没有任何确凿的证据可以证明笛卡儿借鉴了哈里奥特的成果。

　　总之，笛卡儿是第一个让字母符号体系广为人知且使之方便易用的人。他的字母符号体系相当稳健，在接下来的 4 个世纪中都无须本质上的改动。这个体系不仅让数学家受益，而且还激发了莱布尼茨之梦——创立人类思维的字母符号体系，从而所有关于真或假的争论都可以通过计算解决。莱布尼茨说，这样的体系将会"放飞想象力"。当我们把笛卡儿的数学论证与之前的代数学家的冗长论述相比较时，我们可以看到，一种好的字母符号体系确实能够放飞想象力，把复杂而高级的思维过程简化成容易掌握的符号操作。

---

① 哈里奥特死时非常恐怖。他患了鼻咽癌，这可能是他在弗吉尼亚染上的烟瘾造成的恶果。在生命的最后八年里，哈里奥特的脸逐渐被侵蚀掉了。

1649 年，古斯塔夫·阿道弗斯的女儿——瑞典女王克里斯蒂娜邀请笛卡儿教她哲学。她派出一艘船把笛卡儿接到斯德哥尔摩，与法国大使居住在一起。这位女王习惯早起，而笛卡儿却从童年起就养成了睡到中午 11 点才起床的习惯。1649 年到 1650 年的那个冬天极其寒冷，笛卡儿不得不每天清晨 5 点就在寒风呼啸中赶到宫殿教女王哲学。笛卡儿因此得了肺炎，于 1650 年 2 月 11 日去世。那一年，牛顿只有 7 岁。

第二部分

普遍算术

第6章
狮子的爪子

从 16 世纪末到 18 世纪初，尽管不列颠群岛经历了内战（1642~1651 年）、军事独裁（1651~1660 年）、光荣革命（1688 年）以及两个朝代的更迭（1603 年，斯图亚特王朝推翻都铎王朝；1714 年，汉诺威王朝推翻斯图亚特王朝），但这里仍然出现了一些优秀的数学家。

我之前提到过哈里奥特，他的精巧的字母符号体系在很大程度上被忽视了（也许笛卡儿曾关注过）。苏格兰人约翰·纳皮尔（1550—1617）虽然作为代数学家不出名，但他发现了对数并于 1614 年将其公布于世，还普及了小数点。威廉·奥特雷德（1574—1660）是英国的一位乡村牧师，他写了一部关于代数和三角学的著作，并发明了乘号"×"。约翰·沃利斯（1616—1703）是第一个使用笛卡儿的解析几何技术和符号的人（他是早已不在人世的哈里奥特的拥护者，他坚持认为笛卡儿从哈里奥特那里知道了这些记号）。

然而，所有这些人物都不过是牛顿出场的前奏。这位杰出的天才被公认为科学史上最伟大的人物。他出生于 1642 年的圣诞节[①]，

---

① 牛顿的出生日期是旧历日期，1752 年旧历已被废除。如果按照我们今天使用的历法，他的出生日期是 1643 年 1 月 4 日。这就是他的出生日期有两个版本的原因。

是英国林肯郡一个比较富裕的农场主的遗腹子。介绍他的人生经历和性格特点的作品已经很多了。下面是我自己以前写过的一段话。

> 牛顿的人生故事并不吸引人。他从未离开过英格兰东部，也没有从商或从军经历。尽管当时英国宪政史上发生了一些重大事件，但是他似乎对公共事务毫无兴趣。他代表剑桥大学短暂担任国会议员的经历并没有在政治舞台上激起涟漪。牛顿与其他人没有任何亲密关系。据他自述，他终生未娶，这一点似乎毋庸置疑。他同样对友谊也漠不关心，出版著作也是迫于无奈，因此他常常使用假名，因为他担心"公众的持续关注也许会提升我的知名度，但这会影响我最主要的研究工作"。当他不那么无所谓的时候，他与同事总是为一些小事而争吵，他带着令人恼怒的一丝不苟的态度与人交往，从来没有出现过让人愉快的情况。正如英国人常说的一句俗语，他是一个"冷漠的人"（cold fish）。①

此时此刻，我忍不住要讲一个我最喜欢的关于牛顿的故事，尽管我知道这个故事广为人知。1696 年，瑞士数学家约翰·伯努利（1667—1748）向欧洲数学家提出了两道难题。牛顿在看到这两道题目的当天就解决了它们，并把解答交给英国皇家学会会长。会长

---

① 这是我给帕特丽夏·法拉的书《牛顿：天才的诞生》（*Newton: The Making of Genius*）写的书评。我说牛顿对"公共事务不感兴趣"，这里的公共事务指的是他那个时代的重大政治事件。从 1696 年开始，他担任英国皇家铸币厂厂长，他在这个岗位上尽职尽责，而且很有创造力。他还活跃于英国皇家学会，从 1703 年开始到他去世，他一直连任会长。在反抗国王詹姆斯二世的宗派威胁时，他勇敢地站出来为他的大学发声。尽管如此，我还是怀疑牛顿哪怕是短暂地也没有认真考虑过政治、国家或国际事务。

把解答寄给伯努利，但是没有告诉伯努利是谁解出来的。伯努利一看到这个匿名解答就知道这是牛顿写的，他说："我从爪子就能认出这头狮子。"

这只锋利的爪子在代数学历史上留下了重要的痕迹。

※ ※ ※

牛顿[①]因对科学的贡献和发明微积分而闻名，但是他的代数学家身份不是很有名。事实上，从1673年到1683年，他在剑桥大学讲授过代数，他把讲稿存放在大学的图书馆里。很多年后，当他离开学术界去担任皇家铸币厂厂长时，他的剑桥继任者威廉·惠斯顿（1667—1752）把这些讲稿集结成书出版了，书名是《普遍算术》。牛顿非常不情愿地同意出版此书，他似乎从未喜欢过该书。他拒绝署名，甚至打算把所有出版的书都买下来以便销毁。牛顿的名字既没有出现在1720年出版的该书的英文版本上，也没有出现在1722年出版的拉丁文版本上。[②]

然而，让代数历史学家感兴趣的不是《普遍算术》本身，而是年轻的牛顿在1665年或1666年写下的一些简短笔记，这些笔记可以在他的《数学全集》第一卷中找到。它们是用英文而不是拉丁文写的，开头是这样的：

---

① 如果你喜欢，也可以称他为"牛顿爵士"。1705年，他被英国安妮女王授予爵位，是第一位获此殊荣的科学家。严格地说，在1705年之前，他应该被称为"牛顿"，1705年之后的他才能被称为"牛顿爵士"。没有人会如此拘泥于这些细节，我也不想成为这样的先例。

② 无论是拉丁文原版还是英文翻译版都很难找到。然而，该书的内容收录在《艾萨克·牛顿数学论文》（D. T. 怀特赛德主编，1967年出版）的第2卷中。

每一个形如 $x^8 + px^7 + qx^6 + rx^5 + sx^4 + tx^3 + vxx + yx + z = 0$ 的方程的根的个数都等于其次数，所有根之和是 $-p$，每两个根之积的和是 $+q$，每三个根之积的和是 $-r$，每四个根之积的和是 $+s$，等等。

这些笔记没有陈述任何定理。但是，其中隐含了一个定理，这个定理太令人震撼了，数学家们（实际上和《数学全集》的编辑一样）就把这个隐含的定理称作牛顿定理。

在给出这个定理之前，我需要解释**对称多项式**的概念。为了方便处理，下面考虑 3 个未知量，分别记为 α、β 和 γ。下面是一些包含这 3 个未知量的对称多项式：

$$\alpha\beta + \beta\gamma + \gamma\alpha$$
$$\alpha^2\beta\gamma + \alpha\beta^2\gamma + \alpha\beta\gamma^2$$
$$5\alpha^3 + 5\beta^3 + 5\gamma^3 - 15\alpha\beta\gamma$$

下面是 α、β 和 γ 的非对称多项式：

$$\alpha\beta + 2\beta\gamma + 3\gamma\alpha$$
$$\alpha\beta^2 - \alpha^2\beta + \beta\gamma^2 - \beta^2\gamma + \gamma\alpha^2 - \gamma^2\alpha$$
$$\alpha^3 - \beta^3 - \gamma^3 + 2\alpha\beta\gamma$$

第一组多项式与第二组多项式之间的区别是什么？从表面上看，它们之间的差异是这样的：在第一组中，对 α 做的操作也作用在 β 和 γ 上，对 β 做的操作也作用在 γ 和 α 上，对 γ 做的操作也作用在 α 和 β 上；这些操作就是加法、乘法和组合，它们都以同等的方式作用在所有未知量上；而第二组多项式就没有这些性质。

我在这里已经说得很清楚了，不过我们还可以用更精确的数学语言来描述对称多项式：**如果以任意方式置换 α、β 和 γ，表达式都**

不变。

实际上，有 5 种置换 α、β 和 γ 的方式：

- 交换 β 和 γ，保持 α 不变；
- 交换 γ 和 α，保持 β 不变；
- 交换 α 和 β，保持 γ 不变；
- 用 β 取代 α，γ 取代 β，α 取代 γ；
- 用 γ 取代 α，α 取代 β，β 取代 γ。

（注意：数学家可能会试图说服你一共有 6 种置换，第六种置换是"恒等置换"，即什么都不动的置换。我将在第 7 章中采用这种观点。）

如果你对第一组多项式中的任一个多项式进行上述任意置换，最后得到的多项式都与原来的多项式一样，只是可能需要重新排列。比如，如果对 $\alpha\beta+\beta\gamma+\gamma\alpha$ 进行第五种置换，最终得到的是 $\gamma\alpha+\alpha\beta+\beta\gamma$。它与原来的多项式一样，只是写法不同。

从另一个角度来看，当多项式很大而且很难处理时，一个有用（尽管不总是正确）的办法是给 α、β 和 γ 随机赋值，于是多项式可以算出一个数。如果你把这些值用所有可能的顺序赋给 α、β 和 γ 后算出的数都一样，那么这个多项式就是对称的。如果我用 6 种可能的方式给 α、β 和 γ 赋值 0.550 34、0.812 17 和 0.161 10，计算得出 $\alpha\beta^2-\alpha^2\beta+\beta\gamma^2-\beta^2\gamma+\gamma\alpha^2-\gamma^2\alpha$ 的 6 个对应值，其中 3 个值为 0.066 353 6，3 个值为 $-0.066\ 353\ 6$。这就**不是**一个对称多项式：置换未知量将得出两个不同的值。（这件事本身很有意思，为什么是两个值？我稍后会详细说明。）

所有这些想法可以推广到任意多个未知量和任何复杂的表达式上。下面是一个包含两个未知量的 11 次对称多项式：

$$\alpha^8\beta^3+\alpha^3\beta^8-12\alpha-12\beta$$

下面还有一个包含 11 个未知量的二次对称多项式：

$$\alpha^2+\beta^2+\gamma^2+\delta^2+\varepsilon^2+\zeta^2+\eta^2+\theta^2+\iota^2+\kappa^2+\lambda^2$$

并非所有对称多项式都同等重要。有一类多项式被称为**初等**对称多项式。比如，包含三个未知量的初等对称多项式是

1 次：$\alpha+\beta+\gamma$

2 次：$\beta\gamma+\gamma\alpha+\alpha\beta$

3 次：$\alpha\beta\gamma$

在我之前给出的对称多项式的 3 个例子中，第一个是初等对称多项式，其他两个都不是初等对称多项式。

对于任意多个未知量，初等对称多项式有

1 次：所有未知量相加（"所有单项"）。

2 次：所有可能的两个未知量之积相加（"所有对"）。

3 次：所有可能的三个未知量之积相加（"所有三元组"）。

以此类推。

如果考虑 n 元多项式[①]，那么这个列表有 n 行，因为 n 个未知量不可能构造出 $(n+1)$ 个未知量之积。

现在我可以陈述牛顿定理了。

牛顿定理

任意 n 元对称多项式都可以用 n 元**初等**对称多项式来表示。

因此，尽管我之前给出的另外两个对称多项式不是初等对称多

---

① 　n 元多项式即包含 n 个未知量的多项式，下同。——译者注

项式，但是它们可以用刚才给出的三个初等对称多项式来表示。用初等对称多项式表示第二个对称多项式很容易：

$$\alpha^2\beta\gamma + \alpha\beta^2\gamma + \alpha\beta\gamma^2 = \alpha\beta\gamma(\alpha + \beta + \gamma)$$

第三个对称多项式写起来有点儿麻烦，但是很容易验证：

$$5\alpha^3 + 5\beta^3 + 5\gamma^3 - 15\alpha\beta\gamma = 5(\alpha + \beta + \gamma)^3 - 15(\alpha + \beta + \gamma)(\beta\gamma + \gamma\alpha + \alpha\beta)$$

按照习惯，同时为了方便理解，我们研究未知量个数固定的多项式（上面是三元多项式），初等对称多项式通常用小写希腊字母表示，用下标表明次数。对于上面的情况，三元一次、三元二次和三元三次初等对称多项式分别记为 σ_1、σ_2 和 σ_3，所以第三个对称多项式可以写成：

$$5\alpha^3 + 5\beta^3 + 5\gamma^3 - 15\alpha\beta\gamma = 5\sigma_1^3 - 15\sigma_1\sigma_2$$

这就是牛顿定理：包含任意多个未知量的任意对称多项式都可以用**初等对称多项式**来表示。

※※※

这些与解方程有什么关系呢？回顾一下第 5 章中韦达写下的那些 α、β 和 γ 的多项式。它们都是初等对称多项式！对于一般五次方程 $x^5 + px^4 + qx^3 + rx^2 + sx + t = 0$，如果它的解是 α、β、γ、δ 和 ε，那么有 $\sigma_1 = -p$，$\sigma_2 = q$，$\sigma_3 = -r$，$\sigma_4 = s$，$\sigma_5 = -t$，其中这些 σ 是包含 5 个未知量的初等对称多项式，这些多项式已经在第 5 章中写出来了。对于 x 的任意次一般方程也是如此。

正如我之前提到的，牛顿的这些笔记让我们知道了牛顿定理，它们是牛顿在其数学生涯早期（1665 年或 1666 年）写下的。当时他 21 岁，刚刚获得学士学位。由于瘟疫暴发，剑桥大学被迫停课，牛顿不得不回到乡下他母亲的家中。两年后，学校复课，为了获得奖学金和硕士学位，牛顿回到了学校。在乡下的那两年时间里，牛顿提出了奠定他后来在数学和科学上的发现的所有基本想法。人们常说，数学家在 30 岁之后就做不出任何原创性的工作了。这种说法难免有些苛刻，但是，人们的确可以通过一名数学家的早期工作发现其思维方式和他最感兴趣的主题。

实际上，在做这些笔记的时候，牛顿心里有一个特殊的问题，这个问题是确定两个三次方程何时有一个公共解。然而，以下研究对方程理论的进一步发展和所有源于它的全新代数领域都至关重要：

（1）一般的对称多项式；

（2）方程的**系数**与这个方程的**解**表示的对称多项式之间的关系。

17 世纪末，在解决了三次方程和四次方程问题的 120 年后，诸如对称、方程的系数、解的多项式等都是解决多项式方程理论中一个最著名的问题的关键，这个问题就是寻找一般五次方程的代数解。

※※※

总的来说，与 17 世纪和 19 世纪相比，18 世纪是代数发展比较缓慢的时期。牛顿和莱布尼茨在 17 世纪六七十年代发明的微积分开辟了大量新的数学领域，但不包括本书中我所指的代数，而是如今被我们称为"分析"的领域——研究极限、无穷序列、级数、函数、微分和积分等，分析在当时是一个具有魅力的崭新领域，数学家们投入了极大的热情。

还有一门更普遍的数学分支开始觉醒。这就是韦达和笛卡儿为研究代数发展起来的现代字母符号体系，依靠"放飞想象力"使数学研究更容易。另外，对复数的进一步接纳也拓宽了数学的充满想象力的边界。棣莫弗定理可以被视为 18 世纪初期纯数学的代表，这个定理的完整形式最早出现于 1722 年，即

$$(\cos\theta + i\sin\theta)^n = \cos n\theta + i\sin n\theta$$

这个定理在三角学和分析学之间架起了一座桥梁，使得复数对分析学是不可或缺的。

这里讲的只是纯数学。随着科学的崛起、第一次工业革命的兴起以及宗教战争之后欧洲国家体制的逐步确立，数学家也越来越受到君主和军队的青睐。比如，欧拉为腓特烈二世的无忧宫设计了管道系统，傅里叶是拿破仑在远征埃及时的科学顾问。

18 世纪中叶，达朗贝尔（1717—1783）在微分方程领域所做的开创性工作是非常具有代表性的，拉普拉斯（1749—1827）方程 $\nabla^2\phi = 0$ 描述了一个量（密度、温度或电势）在某个平面区域或空间范围上光滑分布的众多物理系统，这可以被视为 18 世纪末期应用数学的代表。

从某种程度上说，代数学是所有这些迷人的进展的旁观者。一般三次方程和四次方程已经被解决，但是还没有人知道在这个方向上如何进一步发展。韦达、牛顿和其他一两位最具想象力的数学家已经开始注意到多项式方程的解的奇妙对称性，但是他们还不知道如何从这些观察中获得有益的数学结论。

但是，数学家们在整个 18 世纪还在努力解决另一个问题，所以我应该在这里讨论一下这个问题。这个问题就是寻找所谓的代数基本定理的证明，我之所以使用"所谓"一词，是因为人们总是这样称呼这个定理，但是"基本定理"这个名称所代表的地位还是有

争议的。有些数学家甚至会用伏尔泰嘲讽神圣罗马帝国的口吻说，代数基本定理既不基本，也不是定理，也不属于代数的范畴。我希望我可以马上澄清这一切。

代数基本定理的陈述很简单，如果用多项式方程粗略地描述就是**每一个方程都有一个解**。更精确的陈述如下。

代数基本定理

设 $x^n + px^{n-1} + qx^{n-2} + \cdots = 0$ 是关于未知量 x 的多项式方程，该多项式的系数 p, q, $\cdots$ 都是复数，n 大于 0，那么存在某个复数满足这个多项式方程。

在这里，通常的实数被看成复数的特殊情况，即实数 a 被当作复数 $a+0i$。所以，我在前文中列出的所有实系数方程都属于代数基本定理讨论的范围。每一个这样的方程都有一个解，当然，这个解可能是复数，如在方程 $x^2+1=0$ 中，复数 i 满足这个方程（而且复数 $-i$ 也满足这个方程）。

代数基本定理最早是在笛卡儿的《几何学》（1637 年）中出现的，当时笛卡儿是以一种假设的形式陈述的，因为他不习惯于复数。所有 18 世纪的伟大数学家都尝试证明这一定理。1702 年，莱布尼茨认为他**证否**了这个定理，但是他的论证中有一处错误，这处错误在 40 年后被欧拉指出。1799 年，伟大的高斯把代数基本定理作为他博士论文的主题。然而，直到 1816 年才出现一个完全无懈可击的证明，这也是高斯给出的。

为了澄清代数基本定理的数学地位，我们需要仔细研究一个证明。这个证明并不难，只要熟悉复平面（图 NP–4）即可，这个证明可以在任何一本好的高等代数教材[①]中找到。下面仅仅是证明梗概。

※ ※ ※

复数同实数的情况一样，方程中的高次幂可以很轻松地"盖过"低次幂，我曾在"数学基础知识：三次方程和四次方程（CQ）"中介绍过这一点。立方增大的速度比平方快，四次方比立方更快，等等。（注意：对于复数的情况，"大"的意思是"远离原点"或等价于"有较大的模"。）因此，对于较大的 x，定理中的多项式方程看起来更接近 x^n，而其他项只起到微调的作用。

另外，如果 x 是 0，那么除去最后一项"常数项"之外，这个多项式中的每一项都等于 0。因此，对于较小的 x，这个多项式更接近它的常数项（例如在 $x^2 + 7x - 12$ 中，常数项是 -12）。

如果 x 的值光滑而均匀地变化，那么 x^2、x^3、x^4 以及所有更高次幂也都光滑而均匀地变化，只是变化的速度不同。它们不会突然从一个值"跳"到另一个值。

有了这三个事实之后，考虑**所有**给定较大模 M 的复数 x。如果在复平面上标出它们，这些数会形成一个以 M 为半径的圆。这个多项式的对应取值近似形成一个大得多的半径为 M^n 的圆（如果一个复数的模为 M，那么它的平方的模为 M^2，等等，这很容易证明）。这是因为 x^n 盖过了这个多项式中的所有更低次幂。

逐渐光滑地将 M 缩小到 0，模为 M 的所有复数形成的圆也收缩到原点。多项式的相应取值也缩小，就像一根拉紧的绳圈，从一个较大的以原点为圆心的近似圆，收缩到这个多项式常数项的那个

[①] 我特别推荐迈克尔·阿廷于 1991 年出版的教材《代数》（第 527~530 页），此书的讲解清晰明了。

复数。在这个收缩过程中，这根拉紧的多项式绳圈一定在某刻跨过原点。否则这些点怎么会收缩到那个复数呢？

这样就证明了这个定理！那个拉紧的绳圈上的点对应于多项式在某个复数 x 处的值。如果这个绳圈跨过原点，那么这个多项式在某个 x 处取值为 0。证毕。（你可能需要花一点时间考虑这个多项式的常数项等于 0 的情形。）

※ ※ ※

从代数的角度看，不如意的事情在于这个证明取决于**连续性**。我要说的是，当 x 逐渐缓慢地变化时，这个多项式的对应取值也在逐渐缓慢地变化。这是完全正确的，但仅仅是因为复数系的性质，在复数系中，你可以不加跳跃地从一个数滑动到另一个数，跨过中间无数个稠密的数。

并非所有数系都如此合适。近世代数中有各种各样的数系，我们可以在所有这些数系中构造多项式。像复数系这样友好的数系并不多，代数基本定理并不能在所有这些数系中成立。

因此，从近世代数的观点来看，代数基本定理是关于复数系的一个性质的描述，用现代术语说，这个性质被称为**代数闭**。复数系是代数闭的，也就是说，任何一个系数在该数系中的多项式方程在该数系中都有一个解。代数基本定理通常不是关于多项式、方程或数系的陈述，这就是为什么有些数学家会傲慢地告诉你它不是基本的。虽然它可能是一个定理，但是它不是一个真正的代数学中的定理，而是分析学中的一个定理，连续性概念属于分析学的范畴。[1]

---

[1]　正如高斯以及后来的克罗内克所指出的，代数基本定理涉及一些深层次的哲学问题。如果你想全面地了解，请参阅哈罗德·爱德华兹的书《伽罗瓦理论》第 49~61 节。

数学基础知识：
单位根（RU）

在介绍求解一般三次方程时，我提到了 1 的立方根。1 有 3 个立方根，因为 $1 \times 1 \times 1 = 1$，所以 1 本身是 1 的立方根。1 的另外两个立方根是

$$\frac{-1+i\sqrt{3}}{2} \text{ 和 } \frac{-1-i\sqrt{3}}{2}$$

这两个立方根通常分别被称为 ω 和 ω^2。请你记住 $i^2 = -1$，因此这两个数的立方都是 1。此外，第二个数是第一个数的平方，第一个数也是第二个数的平方。显然，ω^2 是 ω 的平方；通过简单计算可知，ω 也是 ω^2 的平方——因为 ω^2 的平方是 ω^4，而 $\omega^4 = \omega^3 \times \omega$，根据定义 $\omega^3 = 1$，所以 $(\omega^2)^2 = \omega$。

※※※

关于通常被我们称为"n 次单位根"的研究非常有趣，而且涉及了几个不同的数学领域，包括古典几何和数论。只有当数学家们能自如地处理复数时，这项研究才有可能得以开展，也就是说，这项研究直到 18 世纪中叶才真正开始。1751 年，伟大的瑞士数学家莱昂哈德·欧拉（1707—1783）在一篇题为《论开方和无理数》

（"On the Extraction of Roots and Irrational Quantities"）的论文中开创了这项研究。

显然，1 的平方根是 1 和 −1。1 的立方根是 1 和前面给出的两个数 ω 和 ω^2。1 的四次方根是 1、−1、i、−i，这几个数的四次方都是 1。欧拉给出了 1 的五次方根：

$$1, \quad \frac{(-1+\sqrt{5})+\mathrm{i}\sqrt{10+2\sqrt{5}}}{4}, \quad \frac{(-1-\sqrt{5})+\mathrm{i}\sqrt{10-2\sqrt{5}}}{4},$$

$$\frac{(-1-\sqrt{5})-\mathrm{i}\sqrt{10-2\sqrt{5}}}{4}, \quad \frac{(-1+\sqrt{5})-\mathrm{i}\sqrt{10+2\sqrt{5}}}{4}.$$

用数值表示这些数，分别是 1、0.309 017+0.951 057i、−0.809 017+0.587 785i、−0.809 017−0.587 785i 和 0.309 017−0.951 057i。在复平面内标出这些数如图 RU−1 所示，实数部分是横坐标，虚数部分是纵坐标。

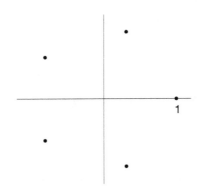

图 RU−1　五次单位根

事实上，它们是以原点为中心的正五边形的五个顶点。换句话说，它们位于半径为 1 的单位圆上，并且把圆周五等分。表示

"分割一个圆"的英文术语是"cyclotomic"，这个词源自希腊文。这些复数，或者说复平面上的这些点被称为**分圆点**（cyclotomic points）[①]。

※※※

这些数都是从哪里来的？我们如何知道 1 的复立方根是上面给出的 ω 和 ω^2 呢？实际上，我们是通过解方程知道的。

如果 x 是 1 的立方根，那么当然有 $x^3=1$，即 $x^3-1=0$，而这恰好是一个可以求解的三次方程。事实上，因为我们知道 $x=1$ 一定是 3 个解之一，所以我们立即就能将这个方程分解为这样的形式：

$$(x-1)(x^2+x+1)=0$$

所以，为了得到另外两个根，我们只需要求解二次方程 $x^2+x+1=0$。根据二次方程求根公式可知，这个方程的解就是 ω 和 ω^2。

事实上，解为 n 次单位根的方程 $x^n-1=0$ 也可以被分解成如下形式：

$$(x-1)(x^{n-1}+x^{n-2}+x^{n-3}+\cdots+x+1)=0$$

而且除了 1 本身之外的其他 n 次单位根都可以通过解下面这个方程得到：

$$x^{n-1}+x^{n-2}+x^{n-3}+\cdots+x+1=0$$

18 世纪和 19 世纪的很多数学家求解这个一般的 n 次方程。1801 年，卡尔·弗里德里希·高斯（1777—1855）在经典著作《算术研究》中用了整整一章的篇幅研究这个方程，英文译本中的

[①] 西尔维斯特似乎在 1879 年首次使用"分圆"一词表示这里的含义。

这一章有 54 页。我们有时把这个方程称为 n 次分圆方程，但大多数现代数学家所说的"分圆方程"有更严格的含义。

※※※

高斯的至高荣誉是证明了正十七边形可以用经典方式构造出来，即可以用尺规作图。

用前面的术语表述就是，当且仅当在复平面内可构成正多边形的顶点的分圆点可以用整数和平方根符号表示时，这个正多边形才可以用尺规作出来。我在前文中给出的当 $n=5$ 时的五次单位根就属于这种情况，所以正五边形可以用尺规作图。高斯证明了正十七边形也是如此。事实上，他写出了十七次单位根的实数部分：

$$\frac{-1+\sqrt{17}+\sqrt{34-2\sqrt{17}}+2\sqrt{17+3\sqrt{17}-\sqrt{34-2\sqrt{17}}-2\sqrt{34+2\sqrt{17}}}}{16}$$

虽然嵌套了三层根号，但这里面只有整数和平方根，因此正十七边形可以用尺规作图。这是青年高斯的第一个伟大的数学成就。这个成就太了不起了，在他的出生地德国不伦瑞克的墓碑上就刻有一个正十七边形。

高斯证明，对于形如 $2^{2^k}+1$ 的素数（不能错误地说成这种形式的**任意数**）也是如此。当 $k=0$、1、2、3 和 4 时，我们分别得到 3、5、17、257 和 65 537，这些数全是素数。然而，当 $k=5$ 时，我们得到 4 294 967 297，"正如伟大的欧拉首先指出的那样"（我引用了高斯的原话），这个数不是素数。

※※※

单位根有很多有趣的性质，它不仅与古典几何有关，而且还与研究素数、因数和余数的数论有着密切的联系。

我们一起来看看六次单位根。它们是 1、$-\omega^2$、ω、-1、ω^2、$-\omega$，其中 ω 和 ω^2 是我们熟悉的 1 的立方根（我希望到目前为止大家应该很熟悉它们了）。如果你依次取这六个根，然后求出它的一次、二次、三次、四次、五次和六次幂，结果就如下表所示。这些根位于表头标有 a 的最左列，每个根的各次幂排在一行。（任何数的一次幂都是这个数本身。六次单位根的六次幂当然是 1。）

a	a^1	a^2	a^3	a^4	a^5	a^6
1	1	1	1	1	1	1
$-\omega^2$	$-\omega^2$	ω	-1	ω^2	$-\omega$	1
ω	ω	ω^2	1	ω	ω^2	1
-1	-1	1	-1	1	-1	1
ω^2	ω^2	ω	1	ω^2	ω	1
$-\omega$	$-\omega$	ω^2	-1	ω	$-\omega^2$	1

在这个过程中，六个根中只有两个根 $-\omega^2$ 和 $-\omega$ 能够生成**所有**这六个根。其他根只能生成这六个根组成的集合的某个子集。这与直觉是一致的，因为 $-\omega^2$ 和 $-\omega$ 只是六次单位根，而其他根还是 1 的平方根（此时为 -1）或 1 的立方根（此时为 ω 和 ω^2）。

在 $n=6$ 时，像 $-\omega^2$ 和 $-\omega$ 这样的 n 次单位根的各次幂可以生

成**所有**的 n 次单位根，这些根称为 n 次本原单位根 [①]。"第一个" n 次单位根（从复平面内单位圆上的 1 之后沿逆时针方向数起）总是本原单位根。下一个 n 次本原单位根是第 k 个，其中 k 与 n 互素（即 k 与 n 的最大公因子是 1）。例如，九次本原单位根是第一个、第二个、第四个、第五个、第七个和第八个九次单位根。如果 n 是一个素数，那么除了 1 之外，所有 n 次单位根都是 n 次本原单位根。正如我之前说过的，现在我们来到了研究素数和因数的数论领域。

[①] 不要把" n 次本原单位根"与数论中的术语"素数的原根"混淆。如果 g, g^2, g^3, g^4, $\cdots$, g^{p-1} 除以 p 之后，余数是 $1, 2, 3, \cdots, p-1$ 的某个排列，那么数 g 是一个素数 p 的原根。例如，8 是 11 的原根。如果取 8 的从 1 到 10 次幂，会得到 8、64、512、4096、32 768、262 144、2 097 152、16 777 216、134 217 728 和 1 073 741 824。这些数除以 11 的余数分别是 8、9、6、4、10、3、2、5、7 和 1。所以 8 是 11 的原根。另外，3 不是 11 的原根：3 的前 10 次幂是 3、9、27、81、243、729、2187、6561、19 683 和 59 049。这些数除以 11 的余数分别是 3、9、5、4、1、3、9、5、4、1。所以 3 不是 11 的原根。事实上，原根的概念与我正文中讲的这个概念**有关**，但并不相同。因为 11 是一个素数，每一个 11 次单位根都是 11 次本原单位根，但在数论的意义下，11 的原根只有 2、6、7、8。

顺便提一下，现在我可以解释术语"分圆方程"的"更严格的含义"。它是解为所有 n 次**本原**单位根的方程。所以在 $n=6$ 时，分圆方程是 $(x+\omega)(x+\omega^2)=0$，解是 $x=-\omega$ 和 $x=-\omega^2$。这个方程展开后是 $x^2-x+1=0$。

第 7 章
攻克五次方程

我在前面已经介绍了 16 世纪上半叶的意大利数学家是如何发现一般三次方程和四次方程的解法的。下一个挑战显然是一般五次方程：

$$x^5 + px^4 + qx^3 + rx^2 + sx + t = 0$$

我提醒一下诸位，这里要寻求什么。对于任意一个特定的五次方程，使用 10 世纪和 11 世纪阿拉伯数学家熟悉的技术就能得到一个可以达到所要求精度的数值解。我们不知道的是它的**代数**解，即一个如下形式的解：

$$x = [用 p、q、r、s、t 表示的某个代数表达式]$$

其中括号里的"代数"的意思是"只包含加、减、乘、除运算和开方运算（开平方、开立方、开四次方、开五次方，等等）"。为了完整起见，我还是指定括号里的表达式只包含**有限**次运算。像"数学基础知识：三次方程和四次方程（CQ）"中给出的一般四次方程的解的表达式，正是此处要找的解的表达式。

我们现在知道，这样的解并不存在。据我所知，第一位相信这个事实，也就是相信一般五次方程没有代数解的人是一个意大利人——保罗·鲁菲尼（1765—1822）。大约在 18 世纪末，可能是 1798 年，他得到了这个结论。此后第二年，他发表了一份证明。（高斯在 1799 年的博士论文中也记录了相同的观点，但是没有给出证明。）接着，鲁菲尼分别在 1803 年、1808 年和 1813 年发表了第二个、第三个和第四个证明。这些证明没有一个能让当时的数学家同行感到满意，他们甚至没有注意到这些证明。公认的真正证明了"一般五次方程没有代数解"这个结论的人是挪威数学家尼尔斯·亨里克·阿贝尔（1802—1829），他在 1824 年发表了他的证明。

因此，在整个 18 世纪里，人们一直相信一般五次方程有代数解。寻找这个解成为那个时代最困难的问题。到了 1700 年，关于五次方程的研究没有取得丝毫进展，这距离费拉里攻克四次方程已经过去 160 年。在解决三次方程和四次方程时使用的技术都不能解决五次方程。解决这个问题显然需要一种全新的想法。

而在此之前的 17 世纪和 18 世纪初，这个问题被忽视了。随着强有力的全新字母符号体系的出现、微积分的发现、对复数的接纳以及理论科学的快速发展，数学家们有大量唾手可得的成果。在这种情况下，需要深入研究但又没有明显实际应用的难题往往失去了吸引力。这是一类典型的（请允许我在这里使用这个说法）纯数学问题。对于实际的五次方程，任何人都很容易求得它的一个数值解。

※ ※ ※

伟大的瑞士数学家欧拉在 1732 年首次研究了一般五次方程的求解问题。当时他居住在俄国圣彼得堡，在这个问题上没有得到深入的结果。但是 30 年后，他在柏林为腓特烈大帝（即腓特烈二世）工作时，他又进行了一次尝试。在论文《论任意次方程的解》中，

欧拉提出任意 n 次方程的解的表达式也许是这样的形式

$$A + B\sqrt[n]{\alpha} + C\left(\sqrt[n]{\alpha}\right)^2 + D\left(\sqrt[n]{\alpha}\right)^3 + \cdots$$

其中，α 是某个 $n-1$ 次"辅助方程"的解，而 A、B、C……是原方程系数的一些代数表达式。这非常好，但是我们又如何找到这个 $n-1$ 次辅助方程的解呢？

有了这位 18 世纪最伟大的数学天才[①]（高斯一般被算作 19 世纪的人），事情就不会一成不变。欧拉的研究并非徒劳，1824 年，阿贝尔给出的五次方程不可解的证明就是从类似上面给出的解的形式开始的。

※※※

有些时候，事情很出人意料，这个关键的发现居然不是 18 世纪最伟大的数学家提出来的，而是一位无名小卒提出来的。

亚历山大－泰奥菲勒·范德蒙德（1735—1796）是一个法国人（尽管从他的名字上看不太出来这一点）。1770 年 11 月，35 岁的范德蒙德在巴黎的法国科学院[②]宣读了一篇论文，随后他又在这里宣读了三篇文章（1771 年他入选成为法国科学院院士）。这四篇论文就是他的全部数学成果。他的主要兴趣似乎是音乐，《科学传记大辞典》中称："据说，当时的音乐家们认为范德蒙德是一名数学家，

[①] 威廉·邓纳姆在《欧拉——我们所有人的大师》（1999 年出版）中对这位伟人和他的数学研究做出了公正的评价。

[②] 更准确地说，法国科学院于 1666 年由让－巴蒂斯特·科尔贝在巴黎创建，是 17 世纪后期欧洲科学伟大复兴的产物，可与 1660 年创建的英国皇家学会相媲美。法国科学院过去常在卢浮宫举办集会。

而数学家们又认为他是一名音乐家。"

范德蒙德因以他的名字命名的范德蒙德行列式而广为人知（我将在后面介绍它）；然而，接下来要讨论的判别式实际上并没有真正出现在他的论文中，把这归功于他似乎是一个误会。总之，范德蒙德是一个古怪而神秘的人，就像弗拉基米尔·纳博科夫作品中的人物。后来，他成为一名雅各宾党人，是狂热的法国革命支持者，直到 1796 年因病去世。

范德蒙德的重要见解是用包含**所有**解的表达式表示方程的**每个**解。例如，考虑二次方程 $x^2+px+q=0$。假设它的解是 α 和 β，下面两个式子显然成立：

$$\alpha = \frac{1}{2}\Big[(\alpha+\beta)+(\alpha-\beta)\Big]$$

$$\beta = \frac{1}{2}\Big[(\alpha+\beta)-(\alpha-\beta)\Big]$$

稍微换个说法，考虑到根号说明有两个可能值，一正一负，下面的表达式的两个可能值就是这个二次方程的解：

$$\frac{1}{2}\Big[(\alpha+\beta)+\sqrt{(\alpha-\beta)^2}\Big]$$

这有什么意义呢？$(\alpha-\beta)^2$ 等于 $\alpha^2-2\alpha\beta+\beta^2$，也等于 $(\alpha+\beta)^2-4\alpha\beta$，这是关于 α 和 β 的**对称多项式**。回想一下，用根表示的对称多项式总可以转化为用系数表示的多项式，在该情况中就是 p^2-4q。

我们由此就可以得到熟悉的一般二次方程的解法。当然，这不是重点。重点在于这种方法似乎可以推广到任意次方程上，而前面解二次方程、三次方程和四次方程的方法都是专门的方法，不能推广。

让我们把这种方法推广到三次方程 $x^3+px+q=0$ 上。如通常一样，用 ω 和 ω^2 表示 1 的两个复立方根，回想介绍单位根时所讲的内容，它们满足二次方程 $1+\omega+\omega^2=0$，由此得到一般解：

$$\frac{1}{3}\left[(\alpha+\beta+\gamma)+\sqrt[3]{\left(\alpha+\omega\beta+\omega^2\gamma\right)^3}+\sqrt[3]{\left(\alpha+\omega^2\beta+\omega\gamma\right)^3}\right]$$

因为 $x^3+px+q=0$ 是一个缺项三次方程，$\alpha+\beta+\gamma$ 等于 0（见第 5 章），所以我们只需考虑两个立方根项。但这里似乎有一个缺点：与处理二次方程的情况不同，二次方程的解的根号表达式里的 α 和 β 是对称的，而上式立方根号下的表达式里的 α、β、γ 是不对称的。

继续深入研究一下，设 $U=(\alpha+\omega\beta+\omega^2\gamma)^3$，$V=(\alpha+\omega^2\beta+\omega\gamma)^3$。在所有可能的 α、β、γ 的 6 种置换下，U 和 V 会如何变化呢？我希望用一种更清晰的方式来表示这些置换：

置换	U	V
$\alpha\to\alpha,\beta\to\beta,\gamma\to\gamma$	$(\alpha+\omega\beta+\omega^2\gamma)^3$	$(\alpha+\omega^2\beta+\omega\gamma)^3$
$\alpha\to\alpha,\beta\to\gamma,\gamma\to\beta$	$(\alpha+\omega^2\beta+\omega\gamma)^3$	$(\alpha+\omega\beta+\omega^2\gamma)^3$
$\alpha\to\gamma,\beta\to\beta,\gamma\to\alpha$	$(\omega^2\alpha+\omega\beta+\gamma)^3$	$(\omega\alpha+\omega^2\beta+\gamma)^3$
$\alpha\to\beta,\beta\to\alpha,\gamma\to\gamma$	$(\omega\alpha+\beta+\omega^2\gamma)^3$	$(\omega^2\alpha+\beta+\omega\gamma)^3$
$\alpha\to\beta,\beta\to\gamma,\gamma\to\alpha$	$(\omega^2\alpha+\omega\beta+\gamma)^3$	$(\omega\alpha+\beta+\omega^2\gamma)^3$
$\alpha\to\gamma,\beta\to\alpha,\gamma\to\beta$	$(\omega\alpha+\omega^2\beta+\gamma)^3$	$(\omega^2\alpha+\omega\beta+\gamma)^3$

（第一个置换没有发生任何变化，叫作"恒等置换"。）

这张表格看起来没有给出更多有用的信息。然而，由于 ω 是 1 的立方根，我们可以利用这个事实把 α 项前面的 ω 和 ω^2 "提出来"。例如，第五行的第一项：

$$(\omega^2\alpha+\beta+\omega\gamma)^3=[\omega^2(\alpha+\omega\beta+\omega^2\gamma)]^3=\omega^6(\alpha+\omega\beta+\omega^2\gamma)^3$$

结果正好是 U。事实上，每一个置换的结果要么是 U，要么是 V，正好有一半变成 U，一半变成 V。解的任意一种可能置换要么令 U

和 V 保持不变，要么将 U 与 V 对换。

为了让读者的印象更深刻，我再用略微不同的方式重述一次。我尝试了所有可能的解的置换，发现其中一半置换保持 U 和 V 不变，而另一半置换把 U 变成 V，同时把 V 变成 U。

这里最关键的概念是**对称**。用解 α、β 和 γ 表示的多项式可能是完全对称的，就像韦达和牛顿曾经研究过的：用所有 6 种可能的方式置换解，多项式的值不变，只会取同一个值。或者，一个多项式也可能是完全不对称的：用所有 6 种可能的方式置换解，多项式会取 6 个不同的值。或者，如上面的例子所示，多项式可能是**部分**对称的：用所有 6 种可能的方式置换解，多项式的不同取值的个数大于 1 但小于 6。

现在，从所有这些事实可知，解 α、β 和 γ 的任意可能置换都将保持 $U+V$ 和 UV（或者 U 和 V 的任意其他对称多项式）不变。所以，$U+V$ 和 UV 本身一定是解 α、β 和 γ 的对称多项式，因此它们可以用这个三次方程的系数 p 和 q 表示。事实上，如果仔细观察这个代数式（还要记住，在一个缺项三次方程中，x^2 的系数为 $\alpha+\beta+\gamma=0$），你会得到：

$$U+V=-27q, \quad UV=-27p^3$$

所以，如果求解下面这个关于未知量 t 的二次方程：

$$t^2+27qt-27p^3=0$$

你就会得到 U 和 V。于是，这个三次方程就可以求解了。（你可以将这个解法与"数学基础知识：三次方程和四次方程（CQ）"中的解法对比。）

这种方法还有一个缺点。与以前一样，通解表达式中的根号意味着包括了所有可能的根。对于我们讨论的三次方程来说，就是这个立方根的所有 3 种可能：一个数、ω 乘以这个数、ω^2 乘以这个数。因为方括号里出现了两个立方根，所以这个表达式总共表示 9 个数：三次方程的 3 个解和其他 6 个不是解的数。如何知道哪个数是解，哪个数不是解呢？

范德蒙德实际上没有完全解决这个问题。不过，他提出了一个非常重要的见解。对于三次方程来说：

把通解写成**所有**解的对称多项式或部分对称多项式的形式。

问：在 α、β 和 γ 的所有 6 种可能置换下，这个多项式有多少个不同的取值？

答案是两个，我们称它们为 U 和 V，于是我们得到了一个二次方程。

以上就是通过观察解的置换及保持某个表达式不变的那些置换组成的**子集**来求解方程的第一次尝试。在上述例子中，$\alpha+\omega\beta+\omega^2\gamma$ 就是这样的一个表达式。以上内容就是攻克一般五次方程问题的关键想法。

※※※

可怜的范德蒙德，他的成就与另一位更伟大的天才相比就完全暗淡无光了。爱德华兹教授说："范德蒙德是法国人，但他的名字不像法国人；而拉格朗日的名字像法国人，但他不是法国人。"[1]

1736 年，朱塞佩·洛多维科·拉格朗日（1736—1813）出生于意大利西北部的都灵，距法国边境只有 30 英里。虽然他不是法

---

[1] 见《伽罗瓦理论》第 19 页。

国人，但是他有一部分法国血统，而且似乎更喜欢用法语写作，他很早就开始使用法语姓氏 "Lagrange"（不过他讲法语时带有很重的意大利口音）。1787 年，拉格朗日成为法国科学院院士，此后一直生活在巴黎，于 1813 年逝世。他经历了法国大革命，并为制定度量衡标准做了大量重要工作，因此他以法语名字约瑟夫 – 路易·拉格朗日闻名于世不无道理。巴黎的一个小公园就是以他的名字命名的，那里有这座城市最古老的一棵树。①

拉格朗日的职业生涯早期是在都灵度过的，他 16 岁就成为那里的数学教授。当 1770 年范德蒙德向法国科学院递交他的论文时，拉格朗日已经搬到了德国柏林，来到腓特烈大帝的宫廷。事实上，他是欧拉的继任者，在欧拉离开后的 1766 年进入宫廷。腓特烈大帝发现了拉格朗日，因为拉格朗日对当时的政治和哲学非常了解，而且头脑灵活、机智，比朴实的欧拉更**平易近人**，所以腓特烈大帝对他能接替欧拉在自己身边工作非常高兴。

1771 年，在范德蒙德向巴黎的科学院递交论文的几个月之后，拉格朗日对代数学做出了伟大贡献。拉格朗日的结果是在腓特烈大帝掌管的柏林科学院发表的，论文题目是《对方程的代数解的思考》。正是这篇由已经声名显赫的数学家发表的文章，把通过方程解的置换来求解方程的想法呈现给广大数学家。

这的确非常不公平，范德蒙德首先想到了这一点，而且这个想

---

① 拉格朗日是一位伟人，按照查尔斯·默里的评分，他的得分是 30 分（见《文明的解析：人类的艺术与科学成就》）。欧拉是这个领域的带头人，得分是 100 分。牛顿是 89 分，欧几里得是 83 分，高斯是 81 分，柯西是 34 分。可怜的范德蒙德的得分是 1 分，这个分数可能是根据 "他的" 行列式得出的。

法已经得到了现代教材的认可。然而，他的论文在当时没有得到关注，根据巴什马科娃和斯米尔诺娃的著作《代数学的起源与演变》所述，他的论文"对代数学的发展没有产生影响"。范德蒙德的这篇论文直到 1774 年才发表，那时拉格朗日的论文已经广为人知。没有证据表明拉格朗日知道范德蒙德的工作。总之，拉格朗日是一个诚实的人，如果他知道范德蒙德的工作的话，他会承认这一点。这是两个数学天才所见略同的典范，更准确地说，这是一个伟大的数学天才与一个优秀的数学天才所见略同的典范。

拉格朗日与范德蒙德遵循着相同的思路，但是拉格朗日的数学功底更深厚，对问题的分析更透彻。我还是以一般的缺项三次方程 $x^3+px+q=0$ 为例进行说明。

拉格朗日一开始使用与范德蒙德相同的表达式 $\alpha+\omega\beta+\omega^2\gamma$（术语为**拉格朗日预解式**），但他注意到：当置换解 α、β 和 γ 时，上面的表达式取六个不同的值，尽管它的立方只取两个值（前文已说明），这些值是

$$t_1=\alpha+\omega\beta+\omega^2\gamma, \ t_2=\alpha+\omega^2\beta+\omega\gamma, \ t_3=\omega^2\alpha+\omega\beta+\gamma,$$
$$t_4=\omega\alpha+\beta+\omega^2\gamma, \ t_5=\omega^2\alpha+\beta+\omega\gamma, \ t_6=\omega\alpha+\omega^2\beta+\gamma$$

同前文一样，因为 ω 是 1 的立方根，我们可以把它从式中提出来，于是 $t_3=\omega^2t_2$, $t_4=\omega t_2$, $t_5=\omega^2t_1$, $t_6=\omega t_1$。

现在构造一个六次多项式方程，使得这些 t 是它的解。这个多项式方程是

$$(X-t_1)(X-t_2)(X-\omega^2t_2)(X-\omega t_2)(X-\omega^2t_1)(X-\omega t_1)=0$$

拉格朗日称之为**预解方程**。很容易把它化成

$$(X^3-t_1^3)(X^3-t_2^3)=0$$

这就是我们前面得到的二次方程，它的解是 $U=t_1^3$ 和 $V=t_2^3$。

拉格朗日对一般四次方程进行了同样的处理，这次他得到了一个 24 次预解方程。与三次方程的六次预解方程"降次"成一个二次方程一样，这个四次方程的 24 次预解方程降次成一个六次方程。这似乎不太好解，但是这个关于 X 的六次方程实际上是一个关于 X^2 的三次方程，所以它还是可解的。

五个对象的所有可能置换共有 $1 \times 2 \times 3 \times 4 \times 5=120$ 个。因此，五次方程的拉格朗日预解方程是 120 次方程。拉格朗日通过一些技巧可以把这个预解方程降次成一个 24 次方程。然而就在这里，拉格朗日陷入了困境。但是，同范德蒙德一样，他也抓住了重点：为了知晓方程的可解性，必须研究它们的解的置换，以及在这些置换的作用下特定的关键表达式——预解方程——发生了怎样的变化。

他还证明了一个重要的定理，这个定理就是我们今天教给学习代数的学生的拉格朗日定理。我用拉格朗日自己对此的理解方式来陈述这个定理。这个定理的现代表述形式与之大相径庭，而且更一般化。

假设有一个多项式包含 n 个未知量[①]，那么就有 $1 \times 2 \times 3 \times \cdots \times n$ 种置换这些未知量的方法。你也许知道这个数被称为"n 的阶乘"，写成 $n!$。所以，$2!=2$，$3!=6$，$4!=24$，$5!=120$，以此类推。（习惯上，$1!=1$，出于更全面而深刻的考虑，$0!$ 也取 1。）假设同前文处理 α、β 和 γ 一样，用 $n!$ 种方式置换这 n 个未知量，那么这个多项

---

① 这里用"多项式"是为了简单起见，实际上是有误的，我应该称之为"有理函数"。在后面介绍域论时，我再解释其中的原因。这里用"多项式"暂时没有问题。

式有多少个不同的取值？在前文中，答案是 2，分别为 U 和 V。但是**一般**来说，这个答案是多少呢？如果某个多项式取 A 个不同的值，那么我们能确定 A 的某些特征吗？

拉格朗日定理说，A 总是一个可以整除 $n!$ 的数。使用 α、β 和 γ 构造任意的多项式，用所有 6 种可能方式置换 3 个未知量，并计算多项式有多少个不同的取值。如果多项式是对称的，那么不同取值的个数是 1；如果多项式是上面给出的例子，那么不同取值的个数是 2；如果多项式是 $\alpha+\beta-\gamma$，那么不同取值的个数是 3；如果多项式是 $\alpha+2\beta+3\gamma$，那么不同取值的个数是 6。但是，不同取值的个数不可能是 4 或 5，这就是拉格朗日证明的事情。当然，他对任意数 n 进行了证明，而不只是 $n=3$ 的情形。

（拉格朗日定理给出了 A 的一个性质：它可以整除 $n!$，但是这不能保证每一个整除 $n!$ 的数一定是一个可能的 A，其中 A 是某个多项式在 $n!$ 个置换下的不同取值的个数。例如，假设 $n=5$，那么 $n!=120$，由于 4 可以整除 120，因此你也许认为存在某个五元多项式，在经过所有 120 种可能的置换之后，这个多项式取 4 个值。但事实并非如此，这一点是柯西发现的，它对寻找一般五次方程的代数解这个问题至关重要，我将在第 8 章详细介绍柯西。）

拉格朗日定理是现代群论的基石之一，群论在拉格朗日生活的时代还不存在。

※※※

本章出现的第一个名字是保罗·鲁菲尼，他多次试图证明一般五次方程没有代数解。鲁菲尼遵循拉格朗日的想法。对于一般三次方程，我们可以得到它的一个可求解的二次预解方程。对于四次方程，我们可以得到一个三次预解方程，还知道如何求解这个三次预解方程。拉格朗日已经证明：为了得到一般五次方程的代数解，我们需要找到一个三次或四次预解方程。鲁菲尼仔细观察了置换未知量时多项式的可能取值，然后证明了对于一般五次方程，我们不可能得到一个三次或四次预解方程。

为鲁菲尼写传记的一位作家[①]说："我们应该对鲁菲尼深表同情。"的确应该如此，他的第一个证明存在缺陷，但是他继续研究，至少发表了 3 个证明。他把这些证明寄给他那个时代的资深数学家，其中就包括拉格朗日，但是这些证明不是被忽视，就是被用傲慢的态度说不了解而拒绝接受，来自拉格朗日的回复一定令他感到尤为痛苦，因为他认为拉格朗日是他的意大利同胞。鲁菲尼还把他的证明提交给各个学术团体，比如法兰西学院（替代因法国大革命而被暂时废弃的法国科学院）和英国皇家学会，但结局都一样。

几乎直到 1822 年他去世前，可怜的鲁菲尼一直试图让大家认可他的证明，但都没有成功。只有在 1821 年，他确实得到了一份实实在在的认可。那一年，伟大的法国数学家奥古斯丁－路易·柯西（1789—1857）给他寄来一封信，鲁菲尼在他生命的最后几个月里一定很珍惜这封信。柯西在信中赞扬了鲁菲尼的工作，并声明以柯西自己的观点来看，鲁菲尼已经证明了一般五次方程没有代数解。事实上，柯西在 1815 年发表了一篇论文，很明显就是以鲁菲

---

① 奥康纳和罗伯逊在苏格兰圣安德鲁斯大学的数学网站上发表了关于鲁菲尼的文章。

尼的论文为基础的 [①]。

既然柯西的名字再次出现在这个故事里，我就停下来多说几句关于柯西的事情。在数学史上，他是一个名人。"以柯西的名字命名的概念和定理比任何其他数学家都多（仅仅在弹性力学领域，就有 16 个概念和定理是以柯西命名的）。"这段话摘自《科学传记大辞典》中弗赖登塔尔（1905—1990）为柯西所写的词条，该词条长达 17 页，与高斯的词条一样长。

然而，柯西的研究风格与高斯大不相同。高斯发表文章非常谨慎，只发表那些他已经弄清楚且非常完美的结果（这就是为什么他发表的文章几乎不可读的原因）。150 年来，数学家们一直在开这样一个玩笑：当某人得出一个绝妙并且近乎原创的结果时，他的首要任务是要核实一下这个结果是否在高斯的某篇未发表的论文中出现过。相比之下，柯西则是把脑海中闪现的一切想法都发表出来，而且是在几天之内就发表。实际上，他为此还创办了一份私人杂志。

柯西的个性也引发了很多评论。不同的传记作家对他的描述也

---

① 鲁菲尼是一位执业医师，也是一位数学家。因此请允许我介绍一下另外一位同样有双重职业的 18 世纪代数学家，这个人就是爱德华·华林（1736—1798）。1760 年，华林继艾萨克·牛顿之后成为剑桥大学卢卡斯数学教授。七年后，就在他还在担任该职位时，他获得了医学博士学位，不过他似乎没怎么行过医。他在 1762 年的著作《分析杂说》中论述了方程解的对称函数与这个方程的系数之间的关系，我已经在介绍牛顿的笔记时讨论过有关的话题（令人困惑的是，华林的这部著作的第二版标题是《代数沉思录》）。请原谅我再多说几句，我还要介绍一下瑞典数学家埃兰·布林（1736—1798）的成就。他在 1786 年发现任意一个五次方程都可以化成一个不含未知量的二次幂、三次幂和四次幂的方程，换句话说，可以化成一个形如 $x^5+px+q=0$ 的方程。我喜欢称这个方程为"严重缺项五次方程"。

不同，有人把他描绘成一个虔诚、正直和仁慈的典范，也有人把他描绘成一个追求权力和威望的冷血阴谋家，还有人把他描绘成一个低能的专才，精神上状态混乱、生活上冒失莽撞。柯西是一位虔诚的天主教徒，也是一位坚定的保皇党人，当欧洲的知识分子阶层开始以极大的热情投入世俗的进步政治时，他却对此极力反对。[1]

在许多曾经被认为对柯西不利的问题上，现代评论倾向于认为柯西是无辜的（见第 8 章）。甚至贝尔（1883—1960）也公平地对待柯西："他的性情很温和，除了数学和宗教之外，他在其他任何事上都表现得很温和。"弗赖登塔尔倾向于认为他是一个低能专才："他的堂吉诃德式的举止让人很难以置信，人们容易觉得他太过夸张……柯西看起来像孩子般天真。"无论这个人的个性如何，他都是一位非常伟大的数学家，这一点毋庸置疑。

※※※

在这种情况下，我们也许会同情可怜的鲁菲尼，蔑视阿贝尔，对他获得证明一般五次方程没有代数解的荣誉有些不屑。

事实上，没有人会这么想。首先，尽管柯西认为鲁菲尼证明了这个结论，但是他那个时代的数学家们都认为他的证明有缺陷。（现代观点对鲁菲尼更友善，一般五次方程没有代数解这个结论有时也被称为阿贝尔–鲁菲尼定理。）其次，鲁菲尼书写证明的风格令人难以理解，这正是拉格朗日否认他的原因。最后，尽管阿贝尔

---

[1] 柯西似乎非常相信中世纪的君权神授说。君权神授说经常被误认为是新教的教义，但实际上这可以追溯到中世纪，它在 17 世纪的法国很流行。如果这是真的，那么柯西一定是坚信这个理论的最后一个声名显赫的知识分子。

看起来是一个乐观开朗、善于交际的人，但他的人生境遇比鲁菲尼更可怜。

　　阿贝尔是 19 世纪挪威三大代数学家中的第一位。后面我将介绍另外两位数学家。阿贝尔出生在欧洲北部海风肆虐的边缘地带，靠近挪威斯塔万格，位于挪威版图的"鼻子"上。当年，这个地方本身就很贫穷，时局不稳让这里更加贫穷、不幸。阿贝尔出身于一个有教养的贫穷家庭，他的父亲和祖父都是当地的牧师。阿贝尔的父亲在政治上遭遇不幸，开始酗酒，最后"因酗酒而亡，留下九个孩子和一个寡妇。阿贝尔的母亲也为了寻求安慰而酗酒"。[①]

　　阿贝尔死于他 27 岁生日的几周之前。在他短暂的余生中，过得最好的日子也捉襟见肘，最差的日子更是债台高筑。他的祖国的情况也与他的人生类似。在阿贝尔十几岁的时候，挪威是一个半独立国家，是瑞典和挪威联合王国的一部分，首都是奥斯陆，当时叫克里斯蒂安尼亚（Christiania）[②]，有自己的议会，但挪威处于相对富裕、人口更多的瑞典的经济和军事的阴影之下。在这种情况下，挪威政府仍然在 1825 年到 1827 年筹集足够的资金送这位不知名的年轻数学家去德国和法国，这件事非常值得赞扬，不过赞助资金比较匮乏，而且支出还受到监督，这些引起了为阿贝尔写传记的作者的不满，甚至后来的挪威政府也为此感到内疚。

　　阿贝尔很早就接触到了数学，非常幸运地得到了老师伯恩

---

① 　这段摘自彼得·佩希奇的《阿贝尔的证明》（2003 年出版）。但贝尔说阿贝尔的父亲有七个子女。另外，贝尔在《数学大师》中关于阿贝尔的章节是 20 世纪 30 年代的美国风格，绝对值得一读。这部著作是贝尔最好的作品，不过根据你对作家行文的夸张程度的容忍度，也可能说它是他最差的作品。

② 　后来，"Christiania"变成了一个更地道的挪威拼法："Kristiania"。

特·霍尔姆伯（1795—1850）的指导，霍尔姆伯非常欣赏他的才华。尽管霍尔姆伯自己不是富有创造力的数学家，但是他熟悉当时数学界的主流文献。在霍尔姆伯的鼓励和经济帮助下，阿贝尔于1821 年到 1822 年在新成立的克里斯蒂安尼亚大学求学。

从 1820 年开始，阿贝尔就着手研究一般五次方程，并且已经证明了不可解定理。1824 年，他自己出钱印刷发表了这个证明。为了节省开支，他把这个证明压缩到只有 6 页纸，因此牺牲了证明过程中的连贯性。尽管如此，他坚信这 6 页纸能为他敲开欧洲最伟大的那些数学家的大门。

当然，事情并不像他想象的那样。阿贝尔在准备拜访高斯之前，给高斯送上了一份自己的证明，但是伟大的高斯看都没看就把证明扔到一边。这件事倒没有听起来那么差劲，因为高斯当时已经很有声望了，就像今天一样，著名的数学家经常遭受一些声称自己证明了某某著名问题的怪人的骚扰。[①] 在其声望鼎盛时期，高斯是一个不能容忍被愚弄的人，而且他似乎对寻找多项式方程代数解的问题没什么兴趣。所以阿贝尔放弃了拜访高斯的计划。

阿贝尔在柏林交了好运，这弥补了他的失望。他遇见了奥古斯特·克雷尔（1780—1855），一位数学史上独一无二的人物。克雷

---

① 不是数学家的人也会受到骚扰。在我写的关于黎曼假设的书出版之后，我不断收到信件和电子邮件，都是那些声称自己已经解决了这个深奥的难题的人寄来的。我既不想审阅他们的文章，又不愿意伤害他们，所以就准备了回复的套话：“我不是一位职业数学家，只是一个拥有数学学位的作家。事实上，我写了一本关于黎曼假设的书并不能说明我有资格评判这个领域的工作。我还曾经写过一本关于歌剧的书，但是我不会唱歌。我建议你联系当地大学的数学系。”

尔不是一位数学家，而是一位数学经纪人。他善于发现数学天才和优秀英才，当他发现人才时，他会尽其所能去培养他们。克雷尔出身卑微，全靠自力更生，基本上自学成才。他在普鲁士政府里找到一份土木工程师的工作，而且升到了这个职位的最高级别。1838年，他在一定程度上负责了从柏林到波茨坦的德国第一条铁路的施工。克雷尔善于交际、慷慨大方、精力充沛，他充当了伟大数学天才的"助产师"，间接对19世纪的数学做出了巨大的贡献。

就在1825年阿贝尔来到柏林时，克雷尔下定决心要创办自己的数学期刊。克雷尔发现了这位年轻的挪威数学天才（显然，他们用法语交流），把他介绍给柏林的每一个人，在他刚创办的《纯粹数学与应用数学杂志》第一期发表了阿贝尔的不可解定理的证明。他还发表了阿贝尔的更多论文。五次方程不可解的证明仅仅是阿贝尔的广泛的数学兴趣中的一个方面，他主要研究的是分析学中的函数论。

1827年春天，身无分文的阿贝尔回到了克里斯蒂安尼亚，从此再也没有离开挪威。1829年，他因肺结核去世，肺结核是那个时代的不治之症。阿贝尔去世两天后，克雷尔写信告诉他，德国柏林大学已聘请他为教授，当然那时克雷尔还不知道阿贝尔已经离世了。

阿贝尔的证明结合了他从欧拉、拉格朗日、鲁菲尼和柯西等人那里学到的想法，并用其独创的方法和见解将这些想法结合在一起。他用的是**反证法**：从假设欲证的结论不成立开始，然后论证这将导致逻辑矛盾。

阿贝尔想要证明的是一般五次方程没有代数解，因此，他首先假设存在一个代数解。他将一般五次方程写成

$$y^5 - ay^4 + by^3 - cy^2 + dy - e = 0$$

　　他接下来说，现在假设存在一个代数解，所有这样的解 y 都可以用 a、b、c、d 和 e 的表达式来表示，而这些表达式只包含有限次加、减、乘、除和开方运算。当然，这些开方可以"嵌套"，就像在一般三次方程的解中，立方根之下还有平方根一样。所以，我们用某个一般而有效的方式表示这些解，其中可以出现开方的嵌套，即开方里可以出现开方。

　　阿贝尔给出通解的一个表达式，这个表达式与第 7 章中欧拉给出的表达式非常相似。借用拉格朗日的做法（和范德蒙德的做法，不过阿贝尔不知道范德蒙德的做法），他断言这个通解一定能表示为**所有**解和五次单位根的多项式。然后，阿贝尔利用我在第 7 章中介绍的柯西的结果：对一个包含 5 个未知量的多项式，当你置换这些未知量时，它有 2 个不同的取值，或者 5 个不同的取值，但不会出现 3 个或者 4 个不同的取值。把这个结果应用到他的通解表达式中，阿贝尔得到了矛盾。[①]

※※※

　　阿贝尔的关于一般五次方程没有代数解的证明（更严格地说，是阿贝尔 – 鲁菲尼的证明）结束了代数学历史上第一个伟大的时代。

　　在结束对这个时代的介绍前，我将对这件事发表一些事后看法。在 1826 年，人们对阿贝尔的结果置若罔闻。事实上，阿贝尔

---

① 详细的证明超出了本书的深度。我建议好奇的读者阅读彼得·佩希奇的《阿贝尔的证明》。该书尽可能地使用初等的方法给出了证明，从三个不同的层次进行了介绍：概述（比这里的介绍详细）、阿贝尔 1824 年的论文原文，以及对此论文中没有写出的逻辑步骤的解释。范德瓦尔登的《代数学的历史》从更高的层次用两页半的篇幅给出了一个简明扼要的总结。

的证明经历了很长时间才广为人知。1835 年，在这篇论文发表 9 年后，在都柏林举行的英国科学促进会的会议上，数学家杰拉德（1804—1863）递交了一篇论文，在这篇论文中，他声称自己找到了一般五次方程的代数解。20 年后，杰拉德仍然坚持自己的说法。

阿贝尔的证明也没有终结一元多项式方程的一般理论。尽管**一般**五次方程没有代数解，但我们知道**特殊**的五次方程有根式解。例如，在前面介绍单位根时，我给出了方程 $x^5-1=0$ 的解，它毫无疑问是五次方程。所以这样的问题就出现了：**哪些**五次方程可以代数求解，即解可以仅仅用方程系数的多项式和"＋""－""×""÷"及根号来表示？给出这个问题完整解答的人是另一位法国数学天才埃瓦里斯特·伽罗瓦（1811—1832），我将在第 11 章介绍他的故事。

但是，在 19 世纪的前几十年里，人们对代数学的认识发生了巨大而缓慢的转变。在阿贝尔印刷发表他的 6 页证明很久之前，这样的转变就已经开始了。我把这种新的思维方式定义为"新数学对象的发现"。整个 18 世纪到 19 世纪初期，代数还仅仅被认为是牛顿著作的标题所称的"普遍算术"，是利用符号对数进行运算的算术。

在那些年里，欧洲数学家们一直在吸收 17 世纪的大师们留给他们的美妙的新字母符号体系。渐渐地，符号对数的世界的依恋越来越弱了，符号可以自由漂泊，开始了自己的生活。就像两个数加起来得到一个新数那样，难道就没有别的事物可以合在一起，使得两个这样的事物结合在一起得到另一个相同类型的事物吗？当然有。高斯在 1801 年的经典著作《算术研究》中就讨论了**二次型**，即包含两个未知量的多项式，如下所示：

$$AX^2 + 2BXY + CY^2$$

高斯在研究中产生了**合成**二次型的想法，即把两个二次型融合起来得到一个新的二次型，这比对表达式进行简单的加法和乘法要精妙得多。按高斯的说法，这是一个还没有人考虑过的课题。

接下来是 1815 年柯西关于置换多项式的未知量时多项式的取值个数的论文。这就是阿贝尔在其证明中引用的论文。在这篇论文中，柯西引入了**合成置换**的想法。

举一个简单的例子：假设有 3 个未知量 α、β 和 γ，并且假设置换 X 将 β 和 γ 对换、置换 Y 将 α 和 β 对换。现在，如果我首先进行置换 X，再进行置换 Y，会发生什么事情？置换 X 把 (α, β, γ) 变成 (α, γ, β)，然后置换 Y 把 (α, γ, β) 变成 (β, γ, α)。所以合起来的效果是把 (α, β, γ) 变成 (β, γ, α)，得到另一个置换。我们可以称之为置换 Z，置换 X 和置换 Y 合成得到置换 Z。事实上，这正是柯西描述的运算方式，因此柯西本质上发明了群论（不过他没有使用"群"这个术语）。

这样一来，柯西就进入了一个奇妙的新世界。请注意，置换合成与数字相加的相似性是如何在某个重要的方面被打破的。如果先进行置换 Y，然后再进行置换 X，结果就是 (γ, α, β)。所以，合成的顺序是很重要的。但数字相加不会出现这样的情况，7+5 等于 5+7。数的这个特性的专有术语是**交换性**。柯西的置换合成是非交换的。

在 19 世纪早期，所有这一切才刚开始流传。经过几代人对韦达和笛卡儿的字母符号体系的研究，数学家们开始认识到把两个数相加或相乘得到一个新数的合成只是一类运算的一种特殊情况，而这类运算还有更广泛的应用，可以运用到根本不是数的对象上。他们习以为常的那些符号可以代表**任何事物**：数、置换、数组、集合、旋转、变换、命题，等等。当人们意识到这一点时，近世代数诞生了。

※ ※ ※

在接下来的几章里，我将不再严格按照年代顺序展开叙述。现在我们已经来到一个新代数思想繁荣发展的时期，也就是 19 世纪中间的五十年。在这段时期，人们不仅发现了群，还发现了其他新的数学对象。"代数"已经不再是一个单数名词，而变成了一个复数名词。"域""环""向量空间""矩阵"等现代概念开始形成。乔治·布尔（1815—1864）将逻辑置于代数字母符号体系中，而几何学家们发现，多亏了代数学，他们能够去探索超过三维的空间。

研究这段快速发展时期的历史学家有两种选择：或者严格按照年代顺序，试图揭示新思想是如何产生的，同时展示新思想之间逐年来的相互作用；或者沿着这段时期中的一条线索展开，然后再回过头来选择其他线索。我将采用第二种叙述方式，把代数学的飞速发展和代数思维的根本变革分成几条路线。首先，让我们进入第四维。

数学基础知识：
向量空间和代数（VS）

向量这个概念的历史相当混乱，我将在下文尽量把它厘清。本部分介绍的知识完全采用现代处理方式，事后看来，这里使用的想法和术语是在 1920 年左右开始流行起来的。

※※※

向量空间是一个数学对象的名称。这个对象有两类要素：**向量**和**标量**。标量属于我们熟悉的某个数系，其中有加法、减法、乘法和除法，比如实数系 $\mathbb{R}$。向量稍微有点儿复杂。

我们一起来看向量空间的一个简单例子：一个无限平面。我选择这个平面上的一个特定点，并称之为**原点**。一个向量是从原点到另一个点的有向线段。图 VS-1 给出了一些向量。可见，向量的两个特点是它的**长度**和**方向**。

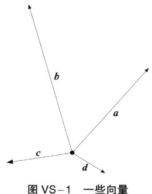

图 VS-1　一些向量

向量空间中的每一个向量都有一个相反向量。这个相反向量是与这个向量长度相同，但**方向相反**的有向线段（图 VS-2）。原点自身可以被看作一个向量，称为**零向量**。

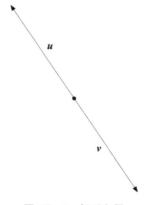

图 VS-2　相反向量

任意两个向量可以相加。为了将两个向量相加，我们把它们看成一个平行四边形的两条邻边，然后画出这个平行四边形的另外两条边，这个平行四边形的从原点出发的对角线就是这两个向量的和（图 VS-3）。

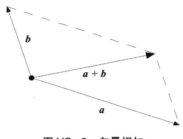

图 VS-3　向量相加

如果把一个向量和零向量相加，结果还是原来的向量；如果把一个向量和它的相反向量相加，结果是零向量。

任意向量都可以与一个标量相乘，这使得向量的长度发生相应的变化（例如，如果标量是 2，那么相乘之后的向量的长度加倍），但是它的方向不变；如果所乘的标量是一个负数，那么得到的向量的方向与原来恰好相反。

※※※

关于向量空间的内容差不多就这些。当然，这里给出的平面向量空间只是一个例子。向量空间中还有更多东西，我稍后会介绍。不过，我暂时还是先用前面的例子。

向量空间理论中的一个重要思想是**线性相关**。在向量空间中任意取出一组向量，比如说 u、v、w……如果能找到一组不全为零的标量 p、q、r……使得

$$pu+qv+rw+\cdots=0 \text{（即零向量）}$$

那么就称向量 u, v, $w\cdots$ 是**线性相关**的。例如图 VS-4 中的两个向量 u 和 v，v 的方向与 u 相反，v 的长度是 u 的 $\dfrac{2}{3}$，于是 $2u+3v=0$，所以 u 和 v 是线性相关的。还有另一种表示线性相关的方法：你可以用其他向量表示其中的一个向量，如 $v=-\dfrac{2}{3}u$。

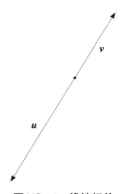

图 VS-4　线性相关

现在我们观察图 VS-5 中的向量 u 和 v。这时，这两个向量不是线性相关的。我们不可能找到不全为零的标量 a 和 b，使得 $au+bv=0$。（有一个说服你自己的好办法：因为 a 和 b 不能全为零，所以你可以用其中一个不为 0 的数去除这个表达式，比如用非零数 b 去除，于是这个表达式可以变成 $cu+v$。现在想象一下向量 u 和 v 相加的图形，正如图 VS-3 中的平行四边形和对角线。保持 v 不变，通过变动 c 的可能值，我们可以任意改变向量 u 的大小，既可以把它变大或变小，也可以把它变成零或负的——当 c 是负数时，得到的向量方向是相反的——然后观察对角线的变化，**它永远不等于零**。）

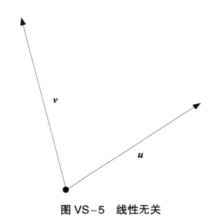

图 VS–5　线性无关

因此，图 VS–5 中的向量 u 和 v 不是线性相关的，它们是线性**无关**的，我们不能用其中一个向量表示另一个向量。而在图 VS–4 中，我们**可以**用其中某个向量表示另一个向量：$v=-\dfrac{2}{3}u$。有了线性无关向量组的概念，我们就可以定义向量空间的**维数**。它就是在这个空间中能找到的线性无关向量的最大个数。在上面的向量空间的例子中，我们可以找到很多组线性无关的两个向量的例子，如图 VS–5 中的两个向量；但是我们找不到三个线性无关的向量。图 VS–6 中的向量 w 可以用向量 u 和 v 表示，事实上是 $w=2u-v$。换一种方式就是 $2u-v-w=0$。向量 u、v、w 是线性相关的。

因为在上面的例子中，能够找到的线性无关向量的最大个数是 2，所以这个空间的维数是 2。我想你不会对这个结果感到惊讶。

在类似这样的二维向量空间中，如果两个向量是线性无关的，那么它们就不会共线。在一个三维空间中，如果三个向量是线性无关的，那么它们就不会共面。反之，共面（在同一个**二维**空间中）的**三个**向量一定是线性相关的，共线的**两个**向量（即一维空间的两个向量）一定是线性相关的。同一个**三维**空间中的任意**四个**向量是线性相关的……以此类推。

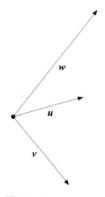

图 VS-6　*w=2u-v*

给定两个线性无关的向量，如图 VS-5 和图 VS-6 中的向量 *u* 和 *v*，例子中的向量空间中的任意其他向量都可以用它们表示，就像前面用 *u* 和 *v* 表示 *w* 那样。这说明这两个向量是该空间的一组**基**。任意两个线性无关的向量都可以作为一组基，这个空间中的任意其他向量都可以用它们来表示。

维数和**基**是向量空间理论的基本术语。

※ ※ ※

向量空间这个概念是纯代数的，不需要任何几何表示。

考虑未知量 x 的次数不大于 5 且系数取自 $\mathbb{R}$ 的所有多项式。下面是一些例子：

$$2x^5 - 8x^4 - x^3 + 11x^2 - 9x + 15$$

$$44x^5 + 19x^3 + 4x + 1$$

$$x^2 - 2x + 1$$

这些多项式就是向量，标量是 $\mathbb{R}$，这是一个向量空间，我可以把两个向量加起来得到另一个向量：

$$(2x^5 - 8x^4 - x^3 + 11x^2 - 9x + 15) + (44x^5 + 19x^3 + 4x + 1)$$

$$= 46x^5 - 8x^4 + 18x^3 + 11x^2 - 5x + 16$$

每一个向量都有相反向量（即改变系数的符号）。实数 0 可被看作零向量。当然，我还能把一个向量与一个标量相乘：

$$7 \times (44x^5 + 19x^3 + 4x + 1) = 308x^5 + 133x^3 + 28x + 7$$

这些做法都成立。很显然，x^5、x^4、x^3、x^2、x 和 1 这六个向量是这个空间的一组基。这些向量是线性无关的，因为只有当 a、b、c、f、g、h 全都是 0 时，对于未知量 x 的**任意值**，以下等式（等号右边为零多项式）才成立：

$$ax^5 + bx^4 + cx^3 + fx^2 + gx + h = 0$$

因为这个空间中的其他任意向量都可以用这六个向量来表示，而且不存在 7 个或更多的线性无关的向量，所以这个空间的维数是 6。

你也许会抱怨，说我没有对这些多项式进行任何重要的操作，比方说我没有做因式分解，x 的幂只是用来占位而已。在这里，我的操作对象就是其系数组成的六元组。于是，我不就可以忽略 x，把例子中的三个多项式写成下面的六元组吗？

$$(2, -8, -1, 11, -9, 15)$$
$$(44, 0, 19, 0, 4, 1)$$
$$(0, 0, 0, 1, -2, 1)$$

接下来，如果用显明的方式定义六元组的加法：

$$(a, b, c, d, e, f) + (p, q, r, s, t, u) = (a+p, b+q, c+r, d+s, e+t, f+u)$$

以及标量乘法：

$$n \times (a, b, c, d, e, f) = (na, nb, nc, nd, ne, nf)$$

那么在某种意义上，这不就是与多项式向量空间相同的向量空间吗？

是的。数学对象"向量空间"只是一种工具和一种抽象。我们可以选择不同的方式来表示它，例如用几何方式或多项式形式，以便让我们对用它处理的特定任务有更深刻的见解。但事实上，$\mathbb{R}$ 上的**每一个**六维向量空间本质上都与上面给出的带有向量加法和标量乘法的实数六元组组成的向量空间相同（数学家们称之为"同构"）。

※ ※ ※

尽管向量空间本身并不那么令人兴奋，但是当我们**研究它们之间的关系**或者在基本模型上**添加一些新特性**来增强它们时，它们会产生更强大、更迷人的结果。

其中第一个主题就是**线性变换**——从一个向量空间到另一个向量空间的可能映射，根据某些确定的规则，把第二个向量空间的一个向量指定给第一个向量空间中的一个向量。术语"线性"的意思就是这些映射有很好的特性，例如，如果向量 u 映射到向量 f，向量 v 映射到向量 g，那么这就能保证向量 $u+v$ 映射到向量 $f+g$。

如果你想象把一个高维向量空间映射到一个低维向量空间，那么你就能明白我所说的意思，这叫作"投影"。反之，低维向量空间也可以映射到高维向量空间，这叫作"嵌入"。我们还能把一个向量空间映射到它自身，或者其自身的一个较低维的子空间。

像 $\mathbb{Q}$ 或者 $\mathbb{R}$ 这样的数域就是其自身的一维向量空间（你可以暂停片刻，说服自己这是对的），你甚至可以把一个向量空间映射到它自己的标量域，这种映射被称为**线性函数**。使用之前的多项式向量空间可以得到一个例子，具体做法是在每一个多项式中用某个固定的数替换 x，例如 x 等于 3。这样做就把每一个多项式线性地变成一个数。令人惊讶的是（我总是感到惊讶），一个空间上的所有线性函数组成的集合形成一个向量空间，其中的向量是线性函数。这个向量空间是原来向量空间的**对偶**空间，与原来的空间具有相同的维数。为什么要止步于此呢？为什么不把向量**对**映射到基域上，使得任意向量对 (u, v) 映射到一个标量呢？这样，我们就得到了力学专业和量子物理专业的学生们熟悉的概念：**内积**（或**标量积**）。我们甚至能把向量三元组、四元组、n 元组映射到标量，这样就进入了张量、格拉斯曼代数以及行列式理论的领域。虽然向量空间本身是一个简单的东西，但它为我们打开了数学奇迹的宝库。

※ ※ ※

我对于向量空间之间的关系就讲这么多。添加新特性又是什么呢？如果向这个基本模型添加一些新特性，让向量空间略微增强，那么我们能得出什么理论呢？

最常见的附加性质是**将向量相乘的某种方式**。回想一下，在向量空间的基本定义中，标量形成一个包含加、减、乘、除四则运算的域。然而，向量只能进行加法和减法运算。标量可以与向量相乘，但向量之间不能进行乘法运算。一个增强向量空间的显而易见的方式就是添加某种一致且有用的向量乘法：两个向量相乘，得到另一个向量。

具有这种附加特性的向量空间称为**一个代数**，即在这个向量空间中，两个向量不仅可以相加，而且还可以相乘得到另一个向量。

我承认这不是一个很好的叫法。"代数"一词已经有了一个完美的含义，这就是本书所讨论的主题。为什么要把一个不定冠词放在"代数"一词的前面，并用它给这个新数学对象命名，混淆我们所讨论的主题呢？然而，抱怨是没有用的，如今，这种叫法已经被广泛接受了。如果你听到某个数学对象被称为"一个代数"，那么你几乎可以肯定这是一个向量空间，其中的向量可以进行某种乘法运算。

"代数"的最简单的例子就是复数空间 $\mathbb{C}$，它并不平凡。回想一下，我们可以这样形象地描述复数：把它们放置在一个无限平面上，实数部分就是横坐标，虚数部分就是纵坐标（图 NP–4）。这意味着复数 $\mathbb{C}$ 可以被看成一个二维向量空间。一个复数就是一个向量，标量域就是 $\mathbb{R}$；0 是零向量（即 $0+0i$），一个复数 z 的相反数就是 $-z$，数 1 和 i 完美地组成这个空间的一组基。这是一个向量空间，并且有这样的**附加特性**：两个向量，也就是两个复数可以相乘得到另一个复数。所以，$\mathbb{C}$ 不只是一个向量空间，它还是一个代数。

把一个向量空间转变成一个代数不是一件容易的事，就像第 8 章的主角威廉·哈密顿爵士（1805—1865）所研究的那样。例如，我在前文中介绍的六维多项式空间在通常的多项式乘法之下不能构成一个代数。这就是为什么有用的代数往往都有名字：它们很稀有。为了构造一个代数，人们必须放弃某些法则，在大多数情况下需要放弃交换律，即 $a \times b = b \times a$；有时还会放弃结合律，即 $a \times (b \times c) = (a \times b) \times c$。

除了乘法运算以外，如果你还想对向量进行**除法**运算，那么你就必须继续限制你的选择。除非你放弃结合律，或者允许向量空间的维数**无限**，或者允许标量是比普通数奇怪得多的东西，否则这些选项就只剩下 $\mathbb{R}$、$\mathbb{C}$ 以及四元数体。

我终于说到四元数了！威廉·哈密顿爵士马上登场！

第8章

飞跃到第四维

委婉一点儿说，数学小说并不是一个很大或者很突出的文学门类。埃德温·艾勃特（1838—1926）的《平面国：多维空间传奇往事》（*Flatland: A Romance of Many Dimensions*）是其中极少数持续畅销的作品之一，该书于1884年首次出版，至今仍在重印。

《平面国》是以一个自称为"正方形"的生物的口吻讲述的。事实上，他是一个生活在二维世界"平面国"里的正方形。平面国里居住着各种其他生物，他们是拥有不同程度正规性的平面图形：等腰三角形（两条边相等）、等边三角形（三条边全相等）、正方形、五边形和六边形，等等。这里的社会等级制度如下：拥有的边越多，生物的等级就越高，圆的等级最高；女性只是线段，会受到各种社会限制和歧视。

《平面国》的前半部分描述了平面国及其社会的各个阶层。作者用大量篇幅介绍了如何确定一个陌生人在社会中的等级，这是个棘手的问题。因为平面国人的视线是一维的（就像你的视线是二维的一样），他们在视野中看到的对象只有线段，只能通过触摸来确定陌生人的实际形状，然后才能知道其等级。因此，在这个国度，常见的介绍方式是："请你摸一摸某某阁下。"

　　在那本书的后半部分，正方形探索了其他世界。在梦里，他参观了直线国，这是一个一维的地方，作者用了 11 页来介绍这个国家。因为直线国人永远无法越过其两端的邻居，所以这个物种的繁衍就成了问题，艾勃特用极大的智慧解决了这个问题。

　　正方形醒来后，回到了自己的世界——平面国。不久之后，来自三维世界的一个生物——球——造访了这里，球以一种不稳定的方式或多或少地进入平面国。在正方形看来，球是一个神秘的会伸缩的圆。球与正方形进行了一场哲学对话，球向正方形介绍了单点国——一个零维空间，那里只有一个居民："他自己就是这个世界的全部，除此之外别无其他。然而，你要留意他那自满十足的样子，从中吸取教训，他的这种沾沾自喜既可恨又无知，他所追求的就是盲目无知的幸福。"我想我们都遇到过这个生物。

　　《平面国》出版时，艾勃特还不到 46 岁。在 1911 年的《大英百科全书》中，介绍他的词条共有 240 个单词，把他描述成一位"英国校长和神学家"，但没有提及《平面国》。受到基督教的个人观点和对维多利亚时代的社会习俗的怀疑的影响，艾勃特实际上是一位怀有改革和进步思想的男校校长。《平面国》间接而温和地讽刺了当时的社会。

　　自《平面国》出版以来的 100 多年来，该书吸引了无数读者的关注，激发了他们的想象力。事实上，这部作品还有一系列著作和故事作为续集。迪奥尼斯·布格尔的《球国：关于弯曲空间和膨胀宇宙的幻想》(*Sphereland: A Fantasy About Curved Spaces and an Expanding Universe*)和伊恩·斯图尔特的《二维国内外：数字漫游奇历记》(*Flatterland: Like Flatland, Only More So*)都是以艾勃特的原创思想为基础的优秀作品。1984 年，杜德尼在《平面世界：

与二维世界的一次亲密接触》（*The Planiverse: Computer Contact with a Two-Dimensional World*）[1] 中深入、透彻地研究了二维世界中物理学、化学和生物学的存在性，而在艾勃特的作品中，这类内容很少，而且也不令人信服。虽然文学价值稍低，但也给人留下印象的作品还有鲁迪·拉克（1946— ）的小说《平面国里的消息》（*Message Found in a Copy of Flatland*），书中的主人公在伦敦的一家巴基斯坦餐厅的地下室中偶然发现了平面国，他最后吃掉了平面国人，这些生物"尝起来有些像水分很多的烟熏鲑鱼"。[2]

零维空间、一维空间、二维空间和三维空间，为什么到此就停止了呢？也许，大多数非数学专业人士是从韦尔斯出版于 1895 年的小说《时间机器》（*The Time Machine*）中第一次听说第四维的，这本小说的主人公是这样说的：

> 据说，数学家们研究的空间有三个维度，分别是长度、宽度和厚度，这些维度可以由三个平面来决定，每个平面都与其他两个平面成直角。但是一些哲学人士一直在问为什么要特别考虑三个维度？为什么没有另一个与这三个平面都成直角的方向呢？他们甚至去尝试构造一种四维几何。

---

① 这是我非常喜欢的一本书。它妙趣横生，富有想象力，值得一读。例如，二维生物会锁门吗？如果它有一条从身体一端到另一端的消化系统，那么是什么让它没有被分成两部分呢？

② 这个故事取自《数学航行：数学奇闻大观》（*Mathenauts: Tales of Mathematical Wonder*）——1987 年由拉克编写的数学科幻故事集。这部合集有 23 个故事，我认为其中一半以上的故事都与四维思想有关，根据我的经验，这大约是数学科幻小说的平均水平。

一种深奥的理论出现后，需要一段时间才能渗入通俗文学作品中，今天也是如此。[①] 如果 19 世纪八九十年代的文学家们在写关于空间的可能或不可能出现的维数的流行作品，那么我们可以肯定，当时的职业数学家们已经对这样的问题思考几十年了。

事实确实如此。在 19 世纪的第二个 25 年里，各地的数学家们开始产生关于空间维数的想法。在 19 世纪的第三个 25 年里，这些零散的想法被汇集到一起，伟大的德国数学家菲利克斯·克莱因（1849—1925）得出了下面的后见之明："1870 年左右，n 维空间的概念成为年轻一代优秀数学家的必备知识。"

这些想法从何而来？在 19 世纪初，它们还不见踪影；但到了 19 世纪末，它们已经广为人知，甚至出现在通俗小说中。谁第一个想到了它们？为什么它们会在这个特殊的时间出现？

※※※

在 19 世纪初，成熟的复数概念已经成为基本知识，扎根于数学家们的大脑中。正如本书开头描述的那样，数的现代概念或多或少已经在数学家们的大脑中建立起来了（不过我在前面用到的镂空字母记号是 20 世纪后期才使用的）。

特别是，实数和复数的常见图形表示，即分别用直线上的点和平面上的点来表示，也成为常识。复数的巨大威力，以及它们在解决不同领域的数学问题时的作用也得到了广泛的认可。一旦这一切被人们接受，下面的问题就自然而然地产生了。

---

① 不确定性原理于 1927 年首次提出。对 20 世纪 90 年代的有责任心的小说家来说，如果不提到海森堡的不确定性原理，那么他的小说就是不完整的。

如果说从一维实数到二维复数的变化给我们带来了如此巨大的威力和深刻的见解，那为什么要止步于此呢？难道没有其他类型的数正等待着被发现吗？比如**超复数**，它们的自然表示是三维的吗？还有，难道那些数就不能让我们对数学的理解更加深入吗？

从 18 世纪末最后几年开始，这个问题就已经萦绕在好几位数学家的脑海之中了，这其中当然包括高斯，尽管他没有得出任何值得注意的结果。大约在 1830 年，哈密顿也开始考虑这个问题。

※※※

哈密顿的人生 [①] 故事读起来令人沮丧。这倒不是说他的生活境遇有外在的不幸，比如受到战争、贫穷或者疾病等带来的困扰；也不是说他患有什么实质性的精神疾病，比如慢性抑郁症；更不是说他在事业上受到忽视或遭受挫败，他在十几岁时就已经出名了。更确切地说，哈密顿的人生走的是下坡路。事实上，他小时候是一个神童，但年轻时的他勉强算是一个天才，中年的他只能算一个才华横溢的人，进入晚年，他成了一个令人讨厌的酒鬼。

哈密顿的数学才华是毋庸置疑的。他拥有深刻的数学见解，而且工作得非常努力，将其洞察力发挥到极致来攻克他那个时代最难的问题。直到今天，数学家们还是很尊重他，怀着崇敬之心纪念他。

哈密顿出生于爱尔兰都柏林，父母都是苏格兰人，所以爱尔兰和苏格兰都说他是本地人，但是他自称是爱尔兰人。他是一个神童，少年时一直在学习各种语言，他在 13 岁时宣称自己每年都掌

---

① 关于哈密顿的文学作品有很多，全面的传记就至少有 3 本。我主要依据 1980 年由托马斯·汉金斯写的传记，同时参考了一些数学杂志、教材和网站。

握一门新的语言 ①。1823 年秋天，他进入都柏林三一学院，不久之后就脱颖而出，成为著名的学者。大学第一年结束时，他遇到了凯瑟琳·迪士尼 ②，并爱上了她。但是凯瑟琳的家人马上就把她嫁给了一个更合适的人。这次失恋毁了哈密顿的人生，可能也毁了凯瑟琳的人生。在 1833 年，哈密顿草率地与一个体弱多病且不善持家的女人结了婚，余生都生活在这样一个凌乱的家庭中。

　　哈密顿在十几岁时就开始接触数学，很快就掌握了这门学科，并以科学和古典文学课上的最高荣誉从三一学院毕业，这是一项前所未有的成就。在他毕业那年，他提出了"特征函数"，这是哈密顿算子最原始的出处，是现代量子理论的基础。

---

① 在 19 世纪初的英国和美国，这样的说法好像很普遍。《〈圣经〉在西班牙》的作者乔治·博罗比哈密顿大两岁，他同样被认为掌握了很多种语言。安·里德勒博士对博罗的语言技能做了研究，认为他有 51 种语言和方言的阅读能力。在这项研究中，里德勒博士提到了出生于 1793 年的美国作家约翰·尼尔，他是《乔纳森兄弟》的作者。尼尔声称："我在两三年内熟悉了法语、西班牙语、意大利语、葡萄牙语、德语、瑞典语、丹麦语，除此之外还全面复习了希伯来语、拉丁语、希腊语和撒克逊语等。"诗人朗费罗比哈密顿小一岁半，在 19 岁时就被任命为鲍登学院的现代语教授，这证明他的确掌握了很多现代语言。他在 1826 年到 1829 年间，分别用 9 个月、9 个月、12 个月和 6 个月自学了法语、西班牙语、意大利语和德语，达到了熟练阅读的水平。尽管经过了个人的奋斗和几位优秀教师的不懈努力，但我一门外语也没学会，我对这一切感到困惑。19 世纪初的这种现象一定事出有因。

② 人们很自然地会想到凯瑟琳是否与华特·迪士尼有关系。也许他们之间有关系吧，但是我没有找到两者间的任何联系。迪士尼家族是一个有庞大的爱尔兰分支的古老家族。华特是阿伦德尔·伊莱亚斯·迪士尼的后代，阿伦德尔于大约 1803 年出生于爱尔兰。华特是西班牙人的私生子并被迪士尼家族收养的故事只是民间传说。

1827 年，哈密顿被聘为三一学院天文学教授。与那个时代的其他年轻数学家一样，哈密顿被复数的精妙和威力所打动。1833年，他发表了一篇论文，用纯代数的方法看待复数系，也就是我们如今所说的"一个代数"。哈密顿把复数 $a+bi$ 写成 (a, b)。复数的乘法法则变成：

$$(a, b) \times (c, d) = (ac - bd, ad + bc)$$

而且，"i 是 -1 的平方根"可以表示成：

$$(0, 1) \times (0, 1) = (-1, 0)$$

这看起来没什么了不起，但那是因为从哈密顿时代到今天，数学已经发展了大约 200 年。事实上，它改变了人们对复数的理解，19 世纪初的大多数数学家认为复数属于算术和分析的领域，此后复数被认为属于代数领域。简而言之，这是迈向更高层次的抽象化和一般化的又一步。

从 1835 年开始，哈密顿开始了长达 8 年的创造一种与复数类似的**三元组**代数的探索。从一维实数到二维复数的跨越就让数学如此丰富，再增加一个维数难道不会带来更多新成果吗？

不过，事实证明，从数的三元组中得到一个合适的代数是非常困难的。当然，如果你的条件足够宽松，那么你也能取得一些成果。然而，哈密顿知道他要找的三元组与复数一样有用，它们的加法和乘法必须满足一些相当严格的条件。例如，它们需要满足**分配律**：如果 T_1、T_2、T_3 是任意三元组，那么下面的等式成立：

$$T_1 \times (T_2 + T_3) = T_1 \times T_2 + T_1 \times T_3$$

和复数一样，三元组还需要满足**模长法则**。三元组 (a, b, c) 的

模长是 $\sqrt{a^2+b^2+c^2}$ 。这个法则是说：如果两个三元组相乘，那么其结果的模长等于它们各自的模长之积。

　　哈密顿一直在思索如何把他的三元组变成一个可行的代数，这个问题大概持续困扰了他 8 年。在此期间，他有了 3 个孩子，而且还获得了爵位。

　　这个数学难题的解决得益于哈密顿的灵光一闪。他在晚年给次子阿奇博尔德·亨利·哈密顿（1835—1914）的一封信里讲述了这样一个故事：

　　1843 年 10 月初的每天早晨，当我下楼吃早餐的时候，你的哥哥威廉·埃德温·哈密顿和你总会问我："爸爸，你能把三元组乘起来吗？" 我总是不得不悲伤地摇摇头回答："还不能，我只能将它们相加减。"

　　但是在 10 月 16 日，碰巧是星期一，也是爱尔兰皇家科学院的一个会议日，我要去参加并主持会议，你的母亲和我一起沿着皇家运河步行，虽然她时不时地和我交谈，但我一直在下意识思考，这最终产生了一个结果，我立刻觉察到它的重要性。好似电路通了一般，一个火花闪了出来，预示着我在许多年后有了明确的思想和研究方向（正如我立即预见到的那样），如果能在所有事件中幸免，我甚至应该被允许活得足够久来清楚地传达我的发现。当我们经过布鲁姆桥的时候，我无法抗拒自己的冲动（尽管可能不是哲学意义中的冲动），很不理智地立即拿出刀来，用刀子在桥上的一块石头上刻下了符号 i、j、k 的基本公式：

$$i^2 = j^2 = k^2 = ijk = -1$$

这个公式包含了我思考的问题的解答，当然，我刻下的字早已被侵蚀掉了。

哈密顿于那个星期一在布鲁姆桥[①]上突现的灵感是，三元组不能构成一个有用的代数，**但四元组**可以。从一维实数 a 到二维复数 $a+bi$ 之后的下一步不是三维超复数 $a+bi+cj$，而是**四维超复数** $a+bi+cj+dk$。借助一些简单的 i、j、k 相乘的法则，就是哈密顿刻在布鲁姆桥上的那些法则，这些四元组就能构成一个代数。范德瓦尔登在他的著作《代数学的历史》中称这个灵感为"飞跃到第四维"。

※※※

为了使这个新代数合理，哈密顿必须违反一个基本算术法则——$a \times b = b \times a$。在第 7 章介绍柯西的置换合成时，我们已经提到，这就是交换性。这个法则 $a \times b = b \times a$ 就是交换律。大家在普通算术中非常熟悉：7 乘以 3 的结果与 3 乘以 7 的结果相同。同样，交换律也适用于复数：$2-5i$ 与 $-1+8i$ 相乘的结果和 $-1+8i$ 与 $2-5i$ 相乘的结果相同，二者都等于 $38+21i$。

然而，只有放弃交换律，四元数才能成为一个代数，在四维向量空间中，有一种办法可以将两个向量相乘。例如，在四元数的世界中，$i \times j$ 不等于 $j \times i$，而是等于 $-j \times i$。事实上，

$$jk = i, kj = -i$$
$$ki = j, ik = -j$$
$$ij = k, ji = -k$$

---

① 布鲁姆桥位于今天的爱尔兰都柏林工业区，大约在市中心西北 3 英里处。

正是由于打破了这个法则，才使得四元数的代数意义值得关注，而哈密顿闪现的灵感也成为数学史上最重要的启示之一。从古代的自然数和分数，到无理数和负数，再到复数和 18 世纪及 19 世纪初伟大数学家们想出的模算术，交换律贯穿数系的所有演变，一直被认为是理所当然的。而今，这里出现了一种似乎可以被认为是数的新数系，它不再满足交换律。用现代术语来说，四元数是第一个非交换可除代数。[①]

每一个成年人都知道，当你违反了一条规则以后，你很容易就会再违反其他规则。就和日常生活一样，代数学的发展也是如此。事实上，哈密顿在 1843 年 10 月 17 日给他的一位数学界的好友约翰·格雷夫斯（1806—1870）的信中描述了四元数。到了同年 12 月，格雷夫斯已经发现了一个**八维代数**，这是一个后来被称为**八元数**[②]的数系。然而为了得到它，格雷夫斯不得不放弃另一个算术法则，即乘法的**结合律**，也就是 $(a \times b) \times c = a \times (b \times c)$。

我们应该注意到，正是在这个时候，尼古拉·罗巴切夫斯基（1792—1856）和亚诺什·鲍耶（1802—1860）的非欧几里得几何（即“弯曲空间”）开始为人所知（我将在第 13 章中进一步阐述这一点）。康德认为，算术和几何中的法则是人类与生俱来和永恒不变的思维。如果连交换律和结合律这样的基本法则都可以违反，还有什么法则不能违反呢？如果说四元数需要四个维度，谁能说这个

---

① 我们现在知道，高斯早在 1820 年就构想了一个非交换代数，只是不愿费心去发表。若你想有新成果，必须比高斯更用功。

② 1845 年，凯莱独立发现了八元数，因此八元数有时候也被称为凯莱数。

世界实际上不是四维的呢？[①]或者，生活在二维平面国中的生物也许存在于某个地方吗？

※※※

尽管哈密顿的洞察力非常出色，但是他的发现只是那个时期前后出现的众多四维想法之一。在 19 世纪 40 年代，第四维、第五维、第六维以及第 n 维的观点都正在传播。人们常说 19 世纪 90 年代是"紫红色十年"，那么至少在数学家看来，19 世纪 40 年代是"多维的十年"。

同样在 1843 年，英国代数学家阿瑟·凯莱（1821—1895）发表了一篇论文，题目是《n 维解析几何》，我们将在第 9 章介绍凯莱。正如这篇论文的题目所说的那样，凯莱谈论的是几何，但是他使用了齐次坐标（我将在"数学基础知识：代数几何（AG）"中介绍齐次坐标），这给这篇论文增添了强烈的代数色彩。

事实上，齐次坐标是由德国天文学家和数学家奥古斯特·莫比乌斯（1790—1868）提出的，他在 1827 年就这个主题出版了一本

---

① 这个世界是四维的吗？在任何简单的几何意义下，这个世界都不是四维的。这里没有"第四个方向"，你不可能离开我们的三维世界移动到这个方向。如果你真的进入四维世界，你会立刻崩溃，因为即使是最简单的物理定律（比如平方反比定律）被搬到四维欧几里得几何中，都会导致非常糟糕的结果。当然，现代物理学的时空用四维几何描述非常方便，但这种几何本质上不是欧几里得几何，所以你应该从头脑中彻底摒弃带着普通的欧几里得几何观点来看它的想法。不过，人类的想象力是非常奇妙的东西。已故的考克斯特（1907—2002）在他的著作《正多面体》中提到他的朋友约翰·弗林德斯·皮特里："在精神高度集中的时候，他能够'看到'复杂的四维图形，从而回答关于它们的问题。"

经典著作《重心演算》。莫比乌斯当时似乎就已经知道，四维旋转可以把不规则的三维刚体变换成它的镜像。这有可能是数学思维中四维的源头。

提到莫比乌斯，就不得不说到德国。尽管在这些年里，英国代数学家非常了不起，但是在英吉利海峡对面，当时也已经涌现出很多天才，他们把德国带到了数学界的前列，并使得德国在19世纪末期和20世纪初期一直保持领先。

※※※

当时，普鲁士的斯德丁（今天波兰的什切青）有一位名叫赫尔曼·格拉斯曼（1809—1877）的中学校长。1843年，格拉斯曼34岁，他从1831年起一直在一所高中任教，一辈子都在学校教书。他自学了数学，在大学时研习神学和语言学。后来，他在40岁时结婚，有11个孩子。

在哈密顿发现四元数的第二年，格拉斯曼出版了一本书名很长的书——《……线性扩张论》，现在通常被称为《扩张论》。在该书中，格拉斯曼提出了80年后才众所周知的向量空间理论。他定义了一系列概念，诸如线性相关、线性无关、维数、基、子空间和投影。事实上，他研究得更深入，他给出了向量相乘的方法和表示基变换的方法，因此也就用比哈密顿更一般的方法发明了"代数"这个现代概念。这一切都具有明显的代数风格，强调了这些新数学对象的完全抽象的本质，仅利用对这些代数对象的应用引入了几何观点。

不幸的是，格拉斯曼的书几乎没有得到关注。只有格拉斯曼自己写了一篇评论。事实上，格拉斯曼和阿贝尔、鲁菲尼、伽罗瓦这些可悲的数学家一样，他们的功绩没有被同代人认可。在某种程度上这也是他自己的错。他的著作《扩张论》有着 19 世纪早期的写作风格，夹杂着形而上学，令人难以理解。莫比乌斯形容它"无法阅读"，尽管他试着帮助格拉斯曼，并在 1847 年写了一篇评论，赞扬了格拉斯曼的想法。格拉斯曼尽全力宣传那本书，但是他运气不好，无人理睬。

法国数学家让·克劳德·圣维南（1797—1886）在 1845 年发表了一篇关于向量空间的论文，这是《扩张论》出版后的第二年。他的这篇论文展示了与格拉斯曼类似的想法，不过圣维南与格拉斯曼是独立提出他们的发现的。格拉斯曼读了这篇论文之后，把《扩张论》中的相关段落寄给圣维南。但他不知道圣维南的地址，于是请求法国科学院的柯西转寄。然而，柯西没有这样做。6 年后柯西发表了一篇论文，这篇论文很有可能源自格拉斯曼的著作。后来，格拉斯曼向法国科学院投诉。法国科学院成立了一个 3 人组成的委员会来调查是否出现了剽窃行为，而 3 名成员之一就是柯西自己。最终，委员会没有得出任何定论……

《扩张论》也并非完全不可读。1852 年，哈密顿读了该书，他还在其著作《四元数讲义》的前言中专门为格拉斯曼写了一段话。他赞扬《扩张论》是"原创和杰出的"，但是他强调自己的方法与格拉斯曼的方法截然不同。因此，在格拉斯曼的著作出版 9 年之后，终于有两位严肃的数学家（莫比乌斯和哈密顿）注意到了它。

格拉斯曼尝试重写《扩张论》，使它更易于理解，并于 1862 年自费出版了 300 本书。新版本的前言中有如下一段话，我觉得很感人：

我始终坚信我在这门科学上付出的劳动不会白费，它占据了我生命中最重要的部分，我为之付出了艰苦的努力。我当然知道我给出的这门科学的形式还不完美，它也一定是不完美的。但是，我知道而且有义务在此声明（尽管可能有人会认为我很狂妄），即使这项成果再次被忽视十七年或更长时间，且没有真正融入科学发展之中，但它从遗忘的尘埃中现身的时刻也一定会到来，现在仍在沉睡的想法总有一天会结出硕果。我知道，如果我不能在我的周围聚集一群学者（直到现在，我的期望还是徒劳的），不能用这些思想帮助他们获得丰硕的成果，促使他们进一步发展和丰富它们，那么这种思想或许会以另一种新的形式在将来重现，并与当代的发展相互交融。因为真理是永恒而神圣的。

不过，1862 年新版本的境遇比 1844 年的版本好不了多少。由于幻想破灭，格拉斯曼不再研究数学，而是转向另一项爱好——梵文。他将梵文经典《梨俱吠陀》翻译为德文，附有很长的注释，总共近 3000 页。因为这项成就，他获得了德国图宾根大学授予的荣誉博士头衔。

直接基于格拉斯曼工作的第一项重大数学进步发生在 1878 年，这时他已经去世一年了。当时英国数学家威廉·金登·克利福德（1845—1879）发表了一篇题为《格拉斯曼扩张代数的应用》的论文。克利福德利用格拉斯曼的想法把哈密顿的四元数推广为一系列 n 维代数。经证明，这些克利福德代数可以应用在 20 世纪的理论物理中。n 维空间内的旋转，即**旋量**的现代理论，就源自它们。

※※※

因此，19 世纪 40 年代诞生了两个全新的数学对象，只是它们那时还没有被人理解，其发明者也还没有给它们起这样的名称：**向量空间**和**代数**。即使在发展的初始阶段，这两个想法也为数学研究创造了广阔的新机会。

实际应用中的情况也是如此。彼时正处于电气时代的初期。1843 年，哈密顿闪现出伟大灵感的时候距离法拉第（1791—1867）发现电磁感应只有 12 年。法拉第只有 52 岁，仍然很活跃。在 1845 年，哈密顿发现四元数两年后，法拉第提出了电磁场的概念。他用富有想象力的术语，如"力线"等，来描述这一切，因为他对数学的理解不够，所以他无法严格表述他的想法。法拉第的继任者——著名的詹姆斯·克拉克·麦克斯韦（1831—1879）补充了其中的数学部分，他发现，向量正是他们表达这些新想法所需要的东西。

事实上，我们不难想到，那个时代对于这种新兴的奇妙电学（各种强度的电流流向各个方向）的兴趣是催生向量思想的主要动力之一[①]。但这并不是说物理学家很容易接受向量。到 19 世纪末及以后，向量思想有三个思想学派。

向量思想的第一个学派源自哈密顿，他实际上是第一个使用现代意义中的"向量"和"标量"这两个词的人。哈密顿认为，四元数 $a+bi+cj+dk$ 是由标量部分 a 和向量部分 $bi+cj+dk$ 组成的，而且他在此基础上提出了一种处理向量的方法：把向量和标量一起捆绑在四元数里。

第二个学派是由美国人乔赛亚·威拉德·吉布斯（1839—

---

① 在欧洲大陆有一个相反的观点，法拉第钟爱的"力线"在欧洲没有更古老的"超距作用"观点受欢迎。如果翻阅一下当时的数学文献，包括德国的数学文献，你就会看到这些作者还不知道曲面及空间的定向移动等想法。

1903）和英国人奥利弗·亥维赛（1850—1925）于 19 世纪 80 年代建立的，他们将四元数的标量部分和向量部分分离，把它们作为独立的实体处理，并创建了现代向量分析。最终得到的结果在本质上是格拉斯曼系统，不过吉布斯声称，在他看到格拉斯曼的著作之前，他的想法就已经形成了，而亥维赛似乎根本没有看过格拉斯曼的书。吉布斯和亥维赛都是物理学家，而不是数学家，他们有着纯数学家们反对的那种自命不凡的经验主义观念。他们只是想要对他们有用的代数。如果这意味着要拆分哈密顿的四元数，那么他们不会对这种做法感到后悔。

第三个学派以英国科学家开尔文勋爵（威廉·汤姆森，1824—1907）为代表，他彻底避开这些新奇的数学，完全采用古老的笛卡儿坐标 (x, y, z) 进行研究。这种保守的方法在英国使用了很长时间，对那些顽固的庸俗之辈很有吸引力。在 20 世纪 60 年代，我从一位年长的教师那里学到了动力学，他坚定地站在开尔文阵营，并声称向量"只是一时流行的风尚"。

关于这些体系的优劣之争引发了 19 世纪 90 年代有点儿可笑的四元数大战，保罗·纳欣（1940—　）在 1988 年给亥维赛写的传记（见第 9 章）中对这场论战做了很详细的记述。格拉斯曼，或者吉布斯和亥维赛，是最终的胜利者，换句话说，他们是向量的胜利者。把四元数搁置在一旁，采用笛卡儿坐标进行数学物理研究的开尔文方法显得既奇怪又麻烦。

四元数代数从未实现哈密顿对它寄予的厚望，仅仅起到了间接作用。四元数辜负了哈密顿的期望，辜负了他在生命最后 20 年的辛勤工作，它未能开辟一片数学新领域，事实证明，形式化的四元数理论没什么进展，只有几个深奥的高等代数领域对此感兴趣，它仅仅作为群论或矩阵理论课程的简要补充内容被教给本科生 [①]。

※※※

在发现四元数之后，n 维空间的研究朝着其他方向发展。19 世纪 50 年代初，瑞士数学家路德维希·施莱夫利（1814—1895）创建了四维空间和更高维空间中的"多面体"的几何，多面体是有平坦侧面的形状，它们是二维多边形和三维多面体的类似物。施莱夫利关于这些主题的论文的法文版和英文版分别发表于 1855 年和 1858 年，这些文章完全被忽视，直到 1895 年施莱夫利去世后才为人所知，比格拉斯曼的《扩张论》的遭遇还悲惨。这项成果应该属于几何领域而不是代数领域。

另一条发展路线起源于 1854 年伯恩哈德·黎曼（1826—1866）重要的特许任教资格（有点儿像第二个博士学位）演讲，其题目是《关于几何基础的假设》。黎曼重新拾起高斯留下的某些想法，完全改变了研究曲线和曲面的几何的视角，比如，他不再将弯曲的二维曲面看成嵌入在平坦的三维空间中的对象，而是通过一个不能离开该曲面表面的生物从**内部**研究这个曲面。这种"内蕴几何"可以很

[①]　四元数在量子理论中有一些应用。引用一位给予我帮助的物理学家朋友的一段笔记："有趣的是，如果用四元数来表示旋转运动，那么得到的 7 阶协变方阵（里卡蒂方程的解）是奇异的，因为欧拉对称参数中的 4 个参数是线性相关的。"正是如此。约翰·康威和德里克·史密斯于 2002 年合著的《四元数和八元数》中对哈密顿的想法给出了非常全面的描述，不过其中的数学很深。印第安纳大学教授安德鲁·汉森有一本名为《可视化四元数》的著作，在 2006 年初出版。我没看过那本书，但是据说其中讲述了很多四元数在计算机动画中的应用。

容易并且很明显地被推广到任意维，促成现代微分几何、张量分析以及广义相对论的诞生。不过，这也不是一个代数话题（等到在第13章讨论现代代数几何时，我会再次回到这个主题）。

※※※

抽象向量空间和代数（也就是允许向量以某种方式相乘的向量空间）的理论最终发展成为一个范围广阔的领域，我们今天称之为"线性代数"。一旦将向量乘法从交换律和结合律的束缚中解放出来，各种奇怪的东西就会出现，它们必须被纳入一个更一般的理论之中。

比如，有一些代数存在零因子。实际上，当哈密顿尝试推广他的四元数，使得四元数 $a+bi+cj+dk$ 的系数 a、b、c、d 不仅仅是实数（正如他最初所认为的那样）而是复数时，他自己也意识到了这一点。例如，在复数域上，我可以做下面的因式分解：

$$x^2+1=(x+\sqrt{-1})(x-\sqrt{-1})$$

（我在这里写了 $\sqrt{-1}$，是为了避免与哈密顿四元数中的 i 混淆，四元数中的 i 与复数中的 i 不完全一样。）如果将哈密顿的 j 代入 x，就得到

$$j^2+1=(j+\sqrt{-1})(j-\sqrt{-1})$$

但是，根据哈密顿的定义，$j^2=-1$，所以 $j+\sqrt{-1}$ 和 $j-\sqrt{-1}$ 都是零因子。在近世代数中，这种情况并不是唯一的。在第 9 章中，我将要介绍矩阵乘法，当你把两个非零矩阵相乘时，得到的结果可能是一个零矩阵。然而，这个结果的确表明，对抽象代数的研究很

快就离开了人们熟悉的实数和复数的世界。

列举和分类所有可能的代数是一个很有趣的练习。你的结果取决于你愿意允许什么。最受限的情况是实数域 $\mathbb{R}$ 上的没有零因子的有限维交换结合代数。1864 年，卡尔·魏尔斯特拉斯（1815—1897）证明，这样的代数只有两个：$\mathbb{R}$ 和 $\mathbb{C}$。通过不断放宽限制，允许不同基域中的数作为标量，允许零因子等的存在，你就会得到越来越多的代数，其奇异的性质越来越多。1870 年，美国数学家本杰明·皮尔斯（1809—1880）沿着这个方向得到了著名的分类结果。

苏格兰代数学家麦克拉根·韦德伯恩（1882—1948）在 1908年发表了著名论文《论超复数》，把代数进一步推广，允许标量属于任意域……虽然我已经提到了域和矩阵等话题，但是到现在都还没有详细介绍它们，特别是源自古代中国的矩阵，这需要单独一章来介绍。

第 9 章
矩形数阵

下面要讲的是一个用文字描述的问题。我发现，如果把三种不同的谷物想成各不相同的颜色，比如红色、蓝色和绿色，那么这个问题就更容易想象。

问题：有三种谷物。如果第一种谷物有 3 筐，第二种谷物有 2 筐，第三种谷物有 1 筐，那么总重量是 39 个单位。如果第一种谷物有 2 筐，第二种谷物有 3 筐，第三种谷物有 1 筐，那么总重量是 34 个单位。如果第一种谷物有 1 筐，第二种谷物有 2 筐，第三种谷物有 3 筐，那么总重量是 26 个单位。请问每种谷物每一筐的重量为多少？①

假设一筐红色谷物的重量是 x，一筐蓝色谷物的重量是 y，一筐绿色谷物的重量是 z，那么我需要求解以下关于 x、y、z 的线性方程组：

---

① 原文为"方程：今有上禾三秉，中禾二秉，下禾一秉，实三十九斗；上禾二秉，中禾三秉，下禾一秉，实三十四斗；上禾一秉，中禾二秉，下禾三秉，实二十六斗。问上、中、下禾实一秉各几何？"——译者注

$$3x+2y+z=39$$
$$2x+3y+z=34$$
$$x+2y+3z=26$$

解是 $x=\dfrac{37}{4}$，$y=\dfrac{17}{4}$，$z=\dfrac{11}{4}$，很容易验证。

无论是丢番图还是古巴比伦的数学家，都不难得到这个问题的答案。这个问题之所以在数学史上占据如此重要的地位，是因为提出这个问题的作者发明了解决这个问题以及包含更多未知量的任何类似问题的系统方法，直到现在，刚开始学习矩阵代数的学生们仍在学习这种方法。而这一切竟然发生在 2000 多年前！

我们不知道那位数学家的名字。他可能是《九章算术》的作者或者编者。《九章算术》是一部汇集 246 道关于测量和计算问题的合集，是中国古代数学史上最具影响力的数学著作之一。关于它对中世纪印度、波斯、阿拉伯以及欧洲数学发展的影响程度众说纷纭，但是该书的译本确实从公元后不久就传遍了东亚，考虑到我们对中世纪欧亚大陆贸易和学术交流的了解，如果一些西亚和西方的数学没有从中获得灵感，那才令人震惊。

根据《九章算术》中的一些叙述以及后来版本的编者的一些评注，我们可以推断《九章算术》原文成书于西汉（公元前 202～公元 8 年），汉代是中国历史上一个伟大的大一统的朝代。

公元前 211 年，秦始皇统一了中国。然而在他驾崩 11 年后，秦朝的政治体系迅速瓦解。随后开始了楚汉之争（这为中国文学作品、戏剧和戏曲提供了诸多素材），最后，刘邦击败了项羽并称帝，于公元前 202 年建立汉朝。

秦始皇最臭名昭著的行为之一就是焚书坑儒。根据法家商鞅曾主张的严格的中央集权制度，秦始皇下令烧毁儒家典籍。幸好，在古代中国，学习主要依靠记忆①，所以在秦朝统治瓦解之后，仍然记得那些被焚毁的文献的学者们重新整理这些著作。也许就是在这个时候，《九章算术》得以最终成形，它汇集了来自各方记忆的文本。然而，这本著作也可能不是在秦始皇焚书后由学者们重新整理的——他没有下令焚烧那些关于农业和其他实践的著作。因此如果《九章算术》成书早于汉代，那么它很可能没有被烧毁。

总之，汉朝初期是中国数学的创造时期。和平促使贸易发展，贸易需要计算技术。秦朝开始统一的度量衡标准引起了人们对面积和体积计算的研究兴趣。作为治国圭臬的儒家思想需要精确的历法，这样才能在合适的时间举行各种仪式。一种以通常的 19 年为周期编制的历法②应运而生。

《九章算术》可能就是这段时期的成果之一。该书在公元 1 世纪就已经存在，并且在随后的中国数学文化发展历程中发挥了重要作用，类似于欧几里得的《几何原本》在欧洲的地位。在这本著作的第八章中，就有我刚刚描述的谷物称重问题。

---

① 这也是古代中国的书面语言有如此严格的简洁风格的一个原因。与其说古典文献是叙述，不如说它是记忆。"慎终追远"是孔子告诫我们的话。汉学家理雅各（1814—1897）把这句话翻译为："Let there be a careful attention to perform the funeral rites to parents, let them be followed when long gone with the ceremonies of sacrifice." 4 个汉语音节对应英文的 39 个单词。

② 这个历法是汉朝天文学家落下闳创制的太初历，他生活在大约公元前 156 年到公元前 87 年。

　　《九章算术》的作者是如何解决这个问题的呢？[①]首先，他把第二个方程乘以 3（变成 $6x+9y+3z=102$），然后用它减去第一个方程的 2 倍。类似地，把第三个方程乘以 3（变成 $3x+6y+9z=78$），然后用它减去第一个方程。此时，这三个方程变成：

$$3x+2y+z=39$$
$$5y+z=24$$
$$4y+8z=39$$

　　现在，把第三个方程乘以 5（使之变成 $20y+40z=195$），然后用它减去第二个方程的 4 倍，于是得到：

$$36z=99$$

从这个方程可以得到 $z=\dfrac{11}{4}$。把这个结果代入第二个方程，得到 y 的解，把 z 和 y 的值代入第一个方程，得到 x 的解。

　　正如我之前所说的，这是一个一般性的方法，它不仅可以用于

---

① 该题是《九章算术》第八章"方程"的第一个问题，解答原文如下。

答曰：上禾一秉，九斗、四分斗之一，中禾一秉，四斗、四分斗之一，下禾一秉，二斗、四分斗之三。

方程术曰，置上禾三秉，中禾二秉，下禾一秉，实三十九斗，于右方。中、左禾列如右方。以右行上禾遍乘中行而以直除。又乘其次，亦以直除。然以中行中禾不尽者遍乘左行而以直除。左方下禾不尽者，上为法，下为实。实即下禾之实。求中禾，以法乘中行下实，而除下禾之实。馀如中禾秉数而一，即中禾之实。求上禾亦以法乘右行下实，而除下禾、中禾之实。馀如上禾秉数而一，即上禾之实。实皆如法，各得一斗。

——译者注

包含 3 个未知量的 3 个方程，也可以用于包含 4 个未知量的 4 个方程、包含 5 个未知量的 5 个方程，等等。

这个方法就是现在人们所说的高斯消元法。伟大的高斯在 1803 年到 1809 年间对智神星进行了观测，并计算了其轨道。计算中涉及求解包含 6 个未知量的 6 个线性方程。高斯就像上面那样解决了这个问题，而《九章算术》的姓名不详的作者在 2000 年前就做到了。

※※※

一旦掌握了好用的字母符号体系，我们很自然就会有这样的疑问：如果对一个一般的三元线性方程组使用高斯消元法，会得到 x、y、z 的什么形式的解？一般的三元线性方程组为：

$$ax+by+cz=e$$
$$fx+gy+hz=k$$
$$lx+my+nz=q$$

它的解是

$$x=\frac{bhq+ckm+egn-bkn-cgq-ehm}{agn+bhl+cfm-ahm-bfn-cgl}$$
$$y=\frac{ahq+ckl+efn-akn-cfq-ehl}{agn+bhl+cfm-ahm-bfn-cgl}$$
$$z=\frac{agq+bkl+efm-akm-bfq-egl}{agn+bhl+cfm-ahm-bfn-cgl}$$

这就是让人们对数学望而生畏乃至放弃的东西。但是，如果你能坚持不懈地研究，就能从中发现一些模式，比如，上面三个解的分母是相同的。

让我们把注意力集中在分母上，它的表达式是 $agn + bhl + cfm - ahm - bfn - cgl$。注意，$e$、$k$ 和 q 根本没有出现在这个表达式中，该表达式完全是由等号左边的系数构成的，即来自以下数阵：

$$
\begin{matrix}
a & b & c \\
f & g & h \\
l & m & n
\end{matrix}
$$

接下来我们注意到，分母的 6 项中的任意一项的 3 个字母都来自这个数阵的不同行与不同列。

例如，观察 ahm 项。a 取自第一行、第一列，想象把数阵中的第一行和第一列划掉。下一个数 h 不能取自第一行或第一列，必须取自其他行和列。于是，从第二行、第三列取出 h 之后，第二行和第三列也被划掉。接着是 m，除了从第三行、第二列选出 m 外没有其他选择。

不难看出，把上面的步骤运用于 3×3 数阵，可以得到 6 项；把上面的步骤运用于 2×2 数阵，可以得到 2 项；把上面的步骤运用于 4×4 数阵，可以得到 24 项。这些项的个数是之前我在第 7 章中介绍的阶乘：$2! = 2$，$3! = 6$，$4! = 24$。对于包含 5 个未知量的 5 个方程，相应的项数是 $5! = 120$。

各项的符号比较麻烦，一半是正的，另一半是负的，那么是什么决定哪些项前是正号，哪些项前是负号呢？为什么 agn 项前是正号，而 ahm 项前是负号呢？请你认真观察。

首先要注意到，我是按**行**的顺序取出这些字母的。比如 ahm 项，a 在第一行，h 在第二行，m 在第三行。于是，每一项就可以用字母所在的**列**来描述，这不会产生歧义，ahm 所在的列分别是

1、3 和 2。所以，只要我坚持按照行的顺序来写系数（我保证我接下来会这样做），三元组 (1, 3, 2) 就是 ahm 的一个别名。

当然，这个三元组也是基本三元组 (1, 2, 3) 的一个置换，如果把基本三元组 (1, 2, 3) 中 2 和 3 的位置对换，就可以得到上面的三元组。

现在，置换分为两种：奇置换和偶置换。上面的置换是奇置换，这就是 ahm 前面的符号是负号的原因。另外，项 bhl 的别名是 (2, 3, 1)（很容易验证），我们可以通过把基本三元组 (1, 2, 3) 中的 1 变成 2、2 变成 3、3 变成 1 得到这一项，这个置换是偶置换，所以 bhl 带有正号。

太奇妙了，但是如何判断一个置换是奇置换还是偶置换呢？下面我就讲讲如何判断奇置换和偶置换。我将继续使用包含 3 个未知量的 3 个方程的表达式，不过这些方法可以轻松明了地推广到 4 个、5 个或任意多个方程上。

设 A 和 B 为 1、2 或 3，令 $A > B$ 的所有可能数对相减，即 $(A-B)$，之后再相乘，得到 $(3-2) \times (3-1) \times (2-1)$。这个积是 2（它是 $2! \times 1!$，所以我们很容易得到推广后的形式。如果我们处理的是包含 4 个未知量的 4 个方程，那么积是 $(4-3) \times (4-2) \times (4-1) \times (3-2) \times (3-1) \times (2-1) = 12$，即 $3! \times 2! \times 1!$）。但是，这个数并不是最重要的，重要的是，它的符号是正的。

现在，我们对这个式子应用数字 1、2、3 的某些置换。先尝试第一个置换，即 ahm 对应的置换，也就是把 2 变成 3、3 变成 2。现在，这个式子变成 $(2-3) \times (2-1) \times (3-1)$，计算结果是 -2，所以这是一个奇置换。我们再应用 bhl 对应的置换，$(3-2) \times (3-1) \times (2-1)$ 变成 $(1-3) \times (1-2) \times (3-2)$，结果是 $+2$，这是一个偶置换。

奇偶置换非常重要，这显然与第 7 章中讨论的问题有关。下面是 (1, 2, 3) 的所有 6 种可能的置换，用我刚才使用的方法可以计算出它们的奇偶性。

$$(1, 2, 3) \quad (3-2) \times (3-1) \times (2-1) = 2$$
$$(2, 3, 1) \quad (1-3) \times (1-2) \times (3-2) = 2$$
$$(3, 1, 2) \quad (2-1) \times (2-3) \times (1-3) = 2$$
$$(1, 3, 2) \quad (2-3) \times (2-1) \times (3-1) = -2$$
$$(3, 2, 1) \quad (1-2) \times (1-3) \times (2-3) = -2$$
$$(2, 1, 3) \quad (3-1) \times (3-2) \times (1-2) = -2$$

可见，其中一半是奇置换，另一半是偶置换。总是如此。所以，分母表达式中每一项的符号是由系数对应的置换的符号决定的。就是这样！

刚才讨论的分母表达式是**行列式**的一个例子。事实上，x、y 和 z 的分子也是行列式。你可以尝试找出每个分子是哪一个 3×3 数阵的行列式。对行列式的研究最终推动了**矩阵**的发现，这是近世代数中非常重要的主题。一个矩阵就是一个数阵，就像我在上面给出的 3×3 数阵，不过，**矩阵本身就是一个研究对象**。我稍后再讲这个问题。

奇怪的是，现代的代数课程却首先介绍矩阵，然后才介绍行列式，这与它们出现的历史顺序恰恰相反：人们在矩阵出现之前就知道行列式了。

出现这种情况的根本原因在于，行列式是一个**数**（对此我还会进一步说明），而矩阵不是数，它是一类不同的事物，是一个不同的数学对象。在本书中，我们目前谈论的是 19 世纪初期和中期

（尽管我没有在本章讲述这段时期，本章还有一段历史需要补充），当时的代数对象正从数和位置这样的传统数学中分离出来，开始独立发展。

※※※

虽然在几个世纪中，数学家们随意地处理线性方程组，但他们一定在无意中多次发现了类似行列式的表达式，而且我提到过的一些代数学家（特别是卡尔达诺和笛卡儿）的发现已经非常接近真正的行列式。但是，真正清楚的行列式直到 1683 年才毫无争议地出现。这是数学史上最著名的巧合之一，那一年行列式被发现了**两次**。一次是在汉诺威王国，即今天的德国的一部分；另一次是在江户，也就是今天的日本东京。

这位德国数学家是我们熟悉的一位数学家，他就是戈特弗里德·威廉·莱布尼茨（1646—1716），微积分的共同发明者之一（与牛顿同时发明了微积分），他还是哲学家、逻辑学家、宇宙学家、工程师以及法律和宗教改革者，他非常博学，就像一位给他写传记的作家所说的那样 ①：莱布尼茨是一位"整个学术研究世界的公民"。莱布尼茨年轻时曾四处游历，之后，他 70 年人生中的后 40 年都在为汉诺威公爵效力。汉诺威是当时占据今天德国版图的小国中最大的一个王国。

莱布尼茨在 1683 年写给法国数学贵族洛必达（1661—1704）的一封信中说，如果由包含两个未知数的三个方程组成的线性方程组

---

① 乔治·麦克唐纳·罗斯著的《莱布尼茨》（牛津大学出版社，1984 年）。

$$a+bx+cy=0$$
$$f+gx+hy=0$$
$$l+mx+ny=0$$

有解 x 和 y，那么

$$agn+bhl+cfm=ahm+bfn+cgl$$

这相当于说行列式 $agn+bhl+cfm-ahm-bfn-cgl$ 一定等于 0。莱布尼茨是完全正确的。尽管他没有建立行列式的完整理论，但是他的确清楚地知道它们在求解线性方程组中的重要性，而且他还掌握了控制行列式的结构和行为的一些对称原则，就像我在前面叙述过的那些原则。

与莱布尼茨几乎同时独立发现行列式的人是日本的关孝和，我们不太清楚他的准确的生卒日期，他大约在 1642 年出生于江户或藤冈。小堀宪在《科学传记大辞典》中关孝和的词条中说："人们对关孝和生平的了解极少且是间接的。"他的生父是一名武士，但是因为关家收养了他，所以关孝和随了这个家族的姓。

当时，在强大统治者的统治下，日本已经进入了民族统一、文化自信的时代——江户时代。江户时代的第一个幕府，也是最伟大的幕府，正是詹姆斯·克拉韦尔的精彩小说《幕府将军》的主题。和平统一推动了货币经济发展，因此日本对会计和审计员的需求量大增。关家的族长就从事相关工作，关孝和也走上了这条路，最终被提拔为御纳户组头（指全国供应部门的负责人），还晋升为武士。据《科学传记大辞典》记载："1706 年，由于年龄太大，无法胜任其职务，他被调任闲职，并于两年后去世。"

由日本人写的第一本数学著作出版于 1622 年，即毛利重能的

《割算书》。我们的主人公关孝和是毛利重能的徒孙，也就是说，关孝和的老师（这个人叫高原吉种，我们对他几乎一无所知）是毛利重能的学生。关孝和也深受中国数学文献的影响，他肯定知道《九章算术》。

尽管当时的东亚也发明了表示系数、未知量和未知量的幂的"文字"（这些"字母"实际上就是汉字）符号体系，但是关孝和知道的远远不止这些。虽然他得到的方程的解是数值解，而不是严格的代数解，但是他的研究很深刻，他差一点儿就发明了微积分。如今我们所说的由雅各布·伯努利（1654—1705）于 1713 年引入欧洲数学的伯努利数，实际上关孝和在此 30 年前就已经发现了①。

作为一名武士，关孝和必须保持谦逊，因此他不能以自己的名义出版著作。互相竞争的数学教育学派之间还有互相保密的文化，就像我之前描述的 16 世纪的意大利一样。我们通过关孝和的学生出版的两本书了解到了关孝和的工作，一本书出版于 1674 年，另一本书出版于关孝和去世后的 1709 年。正是在第二本书中出现了关孝和关于行列式的研究。他提炼并推广了之前讲述的中国的行消元法，并展示了行列式在其中所起的作用。

※ ※ ※

---

① 当你试图得到诸如 $1^5+2^5+3^5+\cdots+n^5$ 这样的整数幂求和公式时，就会出现伯努利数。但是准确地解释伯努利数的出现需要很长的篇幅，你可以参看康威和盖伊合著的《数之书》。从 B_0 起的前几个伯努利数是 1、$-\dfrac{1}{2}$、$\dfrac{1}{6}$、0、$-\dfrac{1}{30}$、0、$\dfrac{1}{42}$、0、$-\dfrac{1}{30}$（是的，它重复出现了）、0、$\dfrac{5}{66}$、0、$-\dfrac{691}{2730}$、0、$\dfrac{7}{6}$、0、$-\dfrac{3617}{510}$、0、$\dfrac{43867}{798}$ 等。注意，B_1 后面所有的奇数项伯努利数都是 0。我在第 12 章还会介绍伯努利数。

　　遗憾的是，无论是关孝和的成果，还是莱布尼茨的成果都没有产生立竿见影的效果。近代以前，在日本也似乎没有进一步的发展。在欧洲，当行列式再次出现时，已经经过了整整一代人。然后，行列式突然开始流行，在 18 世纪晚期已经成为西方数学的主流。

　　上文大致描述的利用行列式求解线性方程组的过程被称为克莱姆法则，它最早出现在 1750 年出版的一本名为《代数曲线分析导论》的书中。那本书的作者是加百列·克莱姆（1704—1752），他是一位瑞士数学家和工程师，他四处游历，熟悉当时所有伟大的欧洲数学家。在该书中，克莱姆解决了求解经过平面上任意 n 个点的最简代数曲线（即左边是关于 x、y 的多项式、右边是 0 的方程定义的曲线）的问题。他发现，任给平面上的 5 个点，我们都可以找到一条经过它们的二次曲线，即满足如下方程的曲线：

$$ax^2 + 2hxy + by^2 + 2gx + 2fy + c = 0$$

　　我将在后面的代数几何基础知识中详细介绍这类曲线。求解经过给定 5 个点的曲线的方程需要求解一个包含 5 个未知量的线性方程组。这不仅仅是一个抽象的问题。根据开普勒定律，行星的运行轨道（近似）是一条二次曲线，因此，观测行星的 5 个位置就足以相当精确地确定它的轨道。[①]

※※※

――――――――――――――

[①]　更多的观察会带来更精确的结果。另外，行星间彼此的引力也影响了行星的理想的二次曲线轨迹，这就是高斯对智神星进行了 6 次观察的原因。高斯知道克莱姆法则吗？他一定知道，但是对这些特殊的计算来说，消元法是完全胜任的。

我们可以在行列式之间进行运算吗？例如，给定两个正方形数阵，如果按照如下方式把它们对应的元素加起来，得到一个新方阵：

$$\begin{matrix} a & b \\ c & d \end{matrix} + \begin{matrix} p & q \\ r & s \end{matrix} = \begin{matrix} a+p & b+q \\ c+r & d+s \end{matrix}$$

那么这个新方阵的行列式是前两个方阵的行列式之和吗？不是，左边两个方阵的行列式加起来是 $(ad-bc)+(ps-qr)$，而右边方阵的行列式是 $(a+p) \times (d+s) - (b+q) \times (c+r)$，它们并不相等。

尽管将行列式相加不会让我们得到什么有用的东西，但**相乘**可以。把上面的方阵中左边的两个行列式相乘：$(ad-bc) \times (ps-qr) = adps + bcqr - adqr - bcps$。这是某个有趣方阵的行列式吗？确实是的，这个乘积就是下面这个 2×2 方阵的行列式：

$$\begin{matrix} ap+br & aq+bs \\ cp+dr & cq+ds \end{matrix}$$

仔细观察这个方阵，你会发现它的 4 个元素中的每一个元素都是第一个方阵的某一**行**（a、b 或者 c、d）和第二个方阵的某一**列**（p、r 或者 q、s）通过简单的算术得到的。例如，第二行、第一列的元素来自第一个方阵的第二行和第二个方阵的第一列。这不仅仅适用于 2×2 方阵：如果你把两个 3×3 方阵的行列式相乘，可以得到一个表达式，它是另一个 3×3 方阵的行列式，这个"乘积方阵"的第 n 行、第 m 列的数是通过合并第一个方阵的第 n 行与第二个

方阵的第 m 列得到的，和上面描述的过程类似。[①]

　　对一位 19 世纪初的数学家来说，观察这个 2×2 乘积方阵会让他想起另外一件事：高斯 1801 年出版的经典著作《算术研究》中的第 159 节。在那里，高斯提出了以下问题：假设对关于 x 和 y 的某个表达式做这样的替换，令 $x = au + bv$，$y = cu + dv$，换句话说，通过一个**线性变换**，把未知量 x 和 y 变成 u 和 v，x 与 y 均是 u 和 v 的线性表达式。假设再做一次替换，通过两个线性变换 $u = pw + qz$ 和 $v = rw + sz$，将未知量 u 和 v 转化成另外一对关于未知量 w 和 z 的表达式。

　　合成的结果是什么呢？从未知量 x 和 y 到未知量 w 和 z，中间经过了未知量 u 和 v，过程中一直使用的是线性变换，那么最终的替换是什么呢？这很容易弄明白。合成结果就是这样的替换：$x = (ap + br)w + (aq + bs)z$，$y = (cp + dr)w + (cq + ds)z$。请你观察括号里

---

① 当我还是本科生的时候，老师教我把这个过程（将两个矩阵相乘）看成"把行潜入列"。为了计算乘积矩阵中第 m 行、第 n 列的元素，需要取第一个矩阵的第 m 行，把它顺时针旋转 $90°$，再把它放到第二个矩阵的第 n 列的旁边，将对应的数乘起来，然后再把它们加起来，我们就得到了想要的元素。例如，下面是一个矩阵乘法的例子，用矩阵记法写成：

$$\begin{pmatrix} 1 & 2 & -1 \\ 3 & 8 & 2 \\ 4 & 9 & -1 \end{pmatrix} \times \begin{pmatrix} 1 & -1 & 4 \\ 7 & 6 & -2 \\ 5 & -1 & -5 \end{pmatrix} = \begin{pmatrix} 10 & 12 & 5 \\ 69 & 43 & -14 \\ 62 & 51 & 3 \end{pmatrix}$$

为了得到等式右边的矩阵第二行、第三列的 -14，取等式左边第一个矩阵的第二行 $(3, 8, 2)$，然后再取等式左边第二个矩阵的第三列 $(4, -2, -5)$，然后把这一行"潜入"这一列，计算得到 $3 \times 4 + 8 \times (-2) + 2 \times (-5) = -14$。这就是矩阵乘法。你可以用另一种顺序把这两个矩阵相乘，可以验证在一般情况下矩阵乘法是非交换的。如把第二个矩阵的第一行潜入第一个矩阵的第一列得到 $1 \times 1 + (-1) \times 3 + 4 \times 4 = 14$，所以所得乘积矩阵左上角的数将是 14，而不是 10。

的表达式，看起来行列式相乘与线性变换有某种联系。

随着这些想法和结果的传播，建立清晰明了的行列式理论只是时间问题。这项工作是由柯西完成的，1812 年，他在向法国科学院宣读的一篇很长的论文中发表了这个成果。柯西则对行列式及其对称性和运算法给出了全面、系统的描述。他还描述了我在这里给出的乘法法则，当然他的法则比我给出的更一般化。柯西这篇发表于 1812 年的论文通常被看作现代矩阵代数的开端。

※ ※ ※

从对行列式的操作演变成真正的抽象矩阵代数花费了整整 46 年的时间。尽管行列式的运算法则及其对称性都非常迷人，但是它还是牢牢地依附于数的世界。行列式是一个数，尽管为了计算它，我们需要仔细观察一个复杂的代数表达式。现代意义中的矩阵不是一个数，而是一个**数阵**，就像我们之前讨论过的那样。它在某一行、某一列的元素可能是数（也不一定必须如此），而且还有一个与它相关的重要的数，这个数就是它的行列式。然而，矩阵本身就是数学家们感兴趣的对象。总之，它是一个新的数学研究对象。

我们可以把两个方阵①相加或相减得到另一个方阵：只需把对

---

① 矩阵不一定都是正方形的。考虑一下矩阵的乘法法则——第一个矩阵的某一行与第二个矩阵的某一列结合，因此只要第一个矩阵的列数等于第二个矩阵的行数，矩阵的乘法就可以进行。事实上，一个 m 行 n 列矩阵可以和一个 n 行 p 列矩阵相乘，它们的积是 m 行 p 列矩阵。一个常见的情况是 $p=1$。任何一本正规的本科现代代数教材都会澄清这个问题。我仍然推荐迈克尔·阿廷的《代数》，绍姆的纲要系列丛书（*Schaum's Outlines*）中弗兰克·艾尔斯（1901—1994）所著的《矩阵》也非常好。

应的项加起来（或相减）即可。（矩阵是可以这样相加的，但是两个矩阵的行列式之和不等于矩阵之和的行列式。）我们可以让一个数与一个矩阵相乘得到另一个矩阵。这看起来熟悉吗？所有 $n \times n$ 矩阵构成了一个 n^2 维向量空间。另外，我们可以利用上面对行列式使用的技巧把两个矩阵乘起来，因此所有的 $n \times n$ 矩阵不仅构成了一个向量空间，而且还构成了一个代数。

我们可以说明它是所有代数中最重要的。例如，它包含很多其他代数。举一个简单的例子，复数代数及其加法、减法、乘法和除法法则可以完全对应到所有 2×2 矩阵的某个子集上。你可以验证，当复数 $a+bi$ 和 $c+di$ 对应于下面两个矩阵时，矩阵的乘法法则（与上面给出的行列式乘法法则相同）确实再现了复数的乘法法则：

$$\begin{pmatrix} a & b \\ -b & a \end{pmatrix} \times \begin{pmatrix} c & d \\ -d & c \end{pmatrix} = \begin{pmatrix} (ac-bd) & (ad+bc) \\ -(ad+bc) & (ac-bd) \end{pmatrix}$$

你也许想知道，在这种对应下表示 i 的矩阵是什么。把这个矩阵与它自身相乘，我们可以验证，得到的矩阵确实表示 -1。

哈密顿的四元数也可以类似地对应到一个 4×4 矩阵组成的集合。我们不必担心四元数的乘法是非交换的，因为矩阵乘法也是非交换的。（尽管有一些特殊的矩阵族，如代表复数的矩阵，它们的乘法是交换的。）非交换性突然出现在整个 19 世纪中期的代数学中。置换也是非交换的，它也可以用矩阵来表示，这些数学知识会把我们带得更远。

总之，矩阵是一个很了不起的东西。它非常有用，任何一门现代代数课程都是从详细介绍矩阵开始的。

※※※

我在上面已经讲过，从行列式演变到矩阵花费了 46 年，直到
1812 年柯西在法国科学院宣读了关于行列式的权威论文。第一个
在代数学文献中使用"matrix"（矩阵）一词的人是英国数学家西
尔维斯特（1814—1897），他在发表于 1850 年的一篇学术论文中使
用了这个术语。西尔维斯特将矩阵定义为"排成矩形的数阵"。然
而，他的想法仍然基于行列式。在另一篇论文中，"矩阵本身就是
一个数学对象"第一次被承认，这篇论文是英国数学家阿瑟·凯莱
于 1858 年发表在《伦敦哲学学会学报》上的，标题为《矩阵论研
究报告》。

在数学史上，人们总是把凯莱和西尔维斯特二人相提并论，我
觉得我没有什么理由不遵从这个传统。他们几乎是同代人，西尔维
斯特（出生于 1814 年）比凯莱年长 7 岁。他们在 1850 年相识，二
人当时都在英国伦敦从事法律工作，后来成为挚友。他们都在研究
矩阵，也都在研究不变量（更晚些），而且他们都在剑桥大学学习，
只是所在的学院不同。

凯莱当选为他所在的学院——剑桥三一学院的研究成员，并在
那里任教四年。由于接下来他不得不在英格兰圣公会担任圣职，而
这显然不是他愿意做的事，因此他转去从事法律工作，并于 1849
年获得律师资格。

西尔维斯特的第一份工作是在新成立的伦敦大学担任自然哲学
教授。德·摩根（1806—1871，我将在第 10 章介绍他）是他的同
事。但西尔维斯特在 1841 年就离开了这里，去美国弗吉尼亚大学
担任教授。他仅在那里待了三个月，由于与某个学生发生冲突而辞
职。这件事有多个版本，我不清楚哪个是真的。很显然，这个学生
侮辱了西尔维斯特，但是接下来发生的事情就众说纷纭了。有人说

西尔维斯特用剑杖刺了这名学生，而且拒绝道歉；也有人说西尔维斯特要求学校惩罚这名学生，但是学校没有这样做；甚至还有人说这是恋人之间的纠纷。西尔维斯特终生未婚，他写华丽的诗歌，喜欢高声歌唱，在数学界善于逢迎的日记作家托马斯·赫斯特（1830—1892）评论道：

> 星期一收到西尔维斯特的信后，我去雅典娜俱乐部看他……他热情得过了头，而且希望我们能够住到一起，请我跟他到伍利奇生活，等等。总之，他对人的情感比较古怪。

无论真相如何，我觉得我们没有必要去揣测西尔维斯特的内心世界来说明他的个性、他的犹太血统（他出生时姓"约瑟夫"，"西尔维斯特"是后来加上的姓）和他反对奴隶制的观点，这都无助于他被南北战争前夏洛茨维尔的年轻人接纳。他回到英格兰，找了一份保险精算师工作，考取了律师资格证，还通过招收私人学生来增加收入。〔其中一位学生是弗洛伦斯·南丁格尔（1820—1910）——"提灯天使"，她也是一位很有能力的数学家和统计学家。〕

凯莱和西尔维斯特只是 19 世纪初不列颠群岛出现的一批优秀代数学家中的两位。当然，哈密顿也是其中的一员。事实上，我有必要为萨克雷笔下的某个人物所说的"多雾群岛"单独开设一章，以便读者能更好地了解 19 世纪初期和中期代数思想发生重大转变的一些背景。

第 10 章

维多利亚时代的多雾群岛

下面是英国数学家乔治·皮科克（1791—1858）在 1830 年出版的《论代数》中写的一段话：

（算术）只被当作一门推测的科学，代数法则和运算也适用于它，但是它们不受算术的限制和制约。

10 年后，皮科克的学生、年轻的苏格兰数学家邓肯·格雷戈里（1813—1844，当时 27 岁）写了这样一段话：

普通代数中有很多定理，虽然它们从表面上看只适用于代表数的符号，但其实它们有更广泛的应用。这些定理只取决于这些符号需要满足的结合律，因此无论它们的性质如何，对于满足结合律的所有符号，这些定理都成立。

另一位英国人德·摩根在他的《三角学与双代数》（1849 年）中写下了下面这段话：

假设符号"M""N""$+$"存在唯一一种结合关系，即"$M+N$"与"$N+M$"一样。如何使这种符号计算变得有意义？下面是几种方法。1. "*M*" 和 "*N*" 可以是量级，"+" 是把第二个数加到第一个数上的加法符号。2. "*M*" 和 "*N*" 可以是数，而 "+" 是第二个数乘以第一个数的符号。3. "*M*" 和 "*N*" 可以是直线，"+" 代表作出以第一项为底、第二项为高的矩形。4. "*M*" 和 "*N*" 可以是人，"+" 代表前者是后者的兄弟的断言。5. "*M*" 和 "*N*" 可以是国家，"+" 表示后者与前者发生过战争。

　　显然，代数在 19 世纪的第二个 25 年里脱离了数的世界。是什么推动了这个过程呢？为什么这些话都出自不列颠群岛的数学家呢？

※※※

　　进入 18 世纪以后，英国的数学发展越发落后于欧洲大陆。艾萨克·牛顿爵士要对此承担部分责任；或者更确切地说，英国人的自我意识膨胀导致了这个结果，因为对大部分英国人来说，牛顿爵士是一位民族英雄。借用牛顿的说法，这种自我意识的膨胀产生了一种大小相等、方向相反的反作用力：欧洲大陆各国也有与牛顿媲美的文化英雄，笛卡儿就是法国人的英雄。前面提到的帕特丽夏·法拉[①]的书记录了 1760 年前后的一首充满爱国思想的英国祝酒歌：

> 牛顿爵士打破了笛卡儿的原子论，
> 莱布尼茨偷走了我们的同胞的流数；
> 牛顿发现了引力，揭示了真空，

---

① 参考第 6 章第 2 个注释。

尽管他对实空①抱有成见。

万有引力在炫耀，

让我举杯夸耀，

比所有人都强大的——牛顿爵士。

事实上，德国有两名反牛顿的偶像：除了莱布尼茨还有歌德，歌德是牛顿光学理论的尖锐批评者。法拉的书中说："位于魏玛的歌德的家里有反牛顿七原色理论的装饰。"②

这一切对英国数学都是很不幸的，因为牛顿设计的微积分中的运算符号远远不如莱布尼茨的符号合理，而且莱布尼茨的符号在整个欧洲大陆都通用。爱国的英国人坚持使用牛顿的"点"记号，而不接受莱布尼茨的 d 记号。比如，英国人的 $\ddot{x}$，在欧洲大陆的写法是

$$\frac{\mathrm{d}^2 x}{\mathrm{d}t^2}$$

英国人的记法使得英国的微积分孤立且阻滞不前。③对欧洲大陆的数学家来说，这种记法使得英国的论文读起来有点儿烦人，而且它忽略了一个事实，即算子

$$\frac{\mathrm{d}^2}{\mathrm{d}t^2}$$

———————————

① "Plenum"（实空）是笛卡儿提出的，指完全充满着某种物质的空间，与"真空"相反。——译者注

② 德·摩根在他的著作《悖论汇编》中评论一首与此不同但主题类似的祝酒歌时说："在 1800 年，赞美牛顿而不抨击笛卡儿，会被认为是不平衡的。"

③ 英国人珍爱牛顿的记法，至少在教材中是这样的。20 世纪 60 年代初，我在一所不错的英国学校中学习了使用牛顿点记号的物理和应用数学。

作用在 x（此处是 t 的函数）上：这个算子可以被单独拿出来作为一个数学对象。人们已经意识到这个事实的重要性。

不过，即使考虑到牛顿的原因，人们也不可避免会产生这样一种印象：顽固的民族自豪感和偏狭的岛国心态阻碍了当时英国数学的发展。例如，复数很早之前就在欧洲数学中"扎根"了。相比之下，在英国，甚至连负数都受到一些职业数学家们的蔑视，下面这段话引自威廉·弗伦德（1757—1841）的著作《代数原理》（1796年）的序言，它就是一个佐证：

（一个数）可以从一个比它大的数中减去，但试图从一个比这个数小的数中减去则是荒谬的。然而，那些谈论比 0 更小的数、负负相乘得正、虚数的代数学家们正在做这种尝试。这是一些术语，与常识相悖，但是一旦它被接受，就如其他很多虚构的事情一样，它会在那些喜欢轻信别人、讨厌严肃思考的人中得到疯狂的支持。

弗伦德不是一个独行的怪人。他曾经是 1780 年英国剑桥大学基督学院年度数学考试的第二名。他是英国最早的一批精算师之一，后来他与我在前面提到过的德·摩根成为朋友，并把他的一个女儿嫁给了德·摩根。

到了 19 世纪初期，年轻一代的英国数学家们已经开始对现状感到不满。与拿破仑的长期战争对英国人产生了双重影响，一方面迫使英国人比以往更关注欧洲大陆的思想，另一方面使得这个海外岛国（根据《联合法案》，自 1801 年起只有一个联合王国）的数学家们认识到法国的数学多么优秀。

1813 年，牛顿曾经求学的剑桥大学三一学院的三位年轻学者采取了行动，建立了所谓的分析学会。这三位学者都出生于 1791 到 1792 年，分别是约翰·赫舍尔（1792—1871，他的父亲威廉·赫舍尔是发现天王星的天文学家）、查尔斯·巴贝奇（1791—1871，他后来因一种机械计算机——"分析机"而闻名），以及前面提到的乔治·皮科克。他们的学会的主要宗旨是改革微积分教学，正如巴贝奇说的："以纯 d 主义信念对抗大学的**点**（dot）时代。"

　　分析学会似乎没有持续很长时间，三位创始人都没有成为一流的数学家，但是这个学会的精神被皮科克这位积极的理想主义改革者以他那个时代特有的风格发扬光大。皮科克毕业后在三一学院担任讲师，在 1817 年成为一名数学考官。他被任命为考官后做的第一件事就是改革微积分教学，从牛顿的"点"时代转变成莱布尼茨的 d 主义。

　　皮科克后来成为一名正教授，参与了几个学术团体的创建，尤其为伦敦天文学会、剑桥哲学学会和英国科学促进协会的创建做出了贡献。所有这些新团体都对任何有才能、有成就的人开放，打破了学术团体只是绅士俱乐部并且拒绝接纳那些自学成才的工人和"粗鲁工匠"的旧有观念。工业革命早期，持技术统治论的中下层阶级展示了他们的力量。皮科克最后以英格兰东部伊利大教堂的座堂主任牧师的身份愉快地走完了自己的一生。

　　这种改革精神是这个时期英国数学发展的背景，我们可以在下一代英国数学家，尤其是代数学家身上看到这种精神下产生的结果。我在前面已经介绍了出生于 1805 年的哈密顿的工作，紧接着，德·摩根（出生于 1806 年）、西尔维斯特（出生于 1814 年）、布尔（出生于 1815 年）和凯莱（出生于 1821 年）登上舞台。这些人至少在代数学领域挽救了英国数学的名声。我们要把群论、矩阵理论、不变量理论以及现代的数学基础理论的全部或一部分归功于他们。①

※※※

德·摩根是上文提到的四位数学家中数学影响力最小的一位数学家，但是，他在很多方面却是最令人感兴趣的一个人。他在我的心中占据着特殊的位置，因为他是我的母校——"高尔街上的无神论学院"——伦敦大学学院的第一位数学教授。

牛津大学和剑桥大学这两所历史悠久的英国名校在进入 19 世纪以后仍然受到其早期历史遗留下来的宗教、社会和政治等方面的制约。例如，这两所大学都不接收女学生，并且都要求对硕士和会士进行一次宗教测试（实际上，这也是当时牛津大学的毕业要求之一），主要内容是让他们宣誓对英格兰教会及其教义忠诚。渐渐地，这些限制②在很多人看来十分荒谬，拿破仑战争一结束，伴随着改革精神开始流行，在英国的知识分子阶层中，建立一所更先进的高等教育机构的情绪开始高涨。这种情绪在建立伦敦大学学院的过程中得到了充分的体现，1828 年，这所学校开始招收第一批学生。

这所新大学是英格兰第一所不限制性别、宗教信仰和政治观点

---

① 我在前文中引用过邓肯·格雷戈里的话，这位苏格兰人在说出那番话时才开始致力于数学，在不到四年后就去世了。不过，他对布尔产生了很大的影响。事实上，我提到的邓肯的引言并非取自《爱丁堡皇家学会学报》原版，而是取自论文《论分析中的一般方法》，这篇论文是布尔于 1844 年提交给皇家学会的。

② 更不用说在对抗拿破仑的战争中以备不时之需而征收的所得税了。战争结束时，改革家亨利·布鲁厄姆说服国会不必再征税，所得税政策在 1816 年被废除。这让政府感到恐慌，但人民普遍对此感到高兴。

的高等院校 ①。伦敦很快就建立了更多这样的学院。到了 21 世纪初，今天的伦敦大学和其他古老的大学一样，是一所综合性大学，而最初建在高尔街上的学院就是伦敦大学学院。

这所新大学的建立对德·摩根来说正是时候。他在剑桥大学三一学院取得了学士学位。皮科克曾是德·摩根的老师，乔治·艾里（1801—1892）也是他的老师。艾里后来成为皇家天文学家，有一个数学函数以他的名字命名——艾里函数 ②。在 1826 年的毕业数学考试中取得第四名之后，德·摩根打算攻读硕士学位。然而，攻读硕士需要进行宗教测试。德·摩根似乎天生就有（为他写传记的作家杰文斯形容是"强烈的"）宗教倾向，但是他的信仰是个人的，他没有加入任何有组织的教会，当然也没有加入英格兰教会。

德·摩根向来是一个有很强的原则性的人，他拒绝参加这样的测试，回到伦敦的家中，就像 20 年后的凯莱一样，他放弃深造，想成为一名律师。然而，就在他刚刚在林肯律师学院注册后，伦敦大学学院这所新大学成立了，他受邀担任数学教授，于是他接受了这份工作。22 岁时，他在高尔街开始了他的第一堂课——"论数学研究"。此后，德·摩根一直担任教授，直到 1866 年因一个原则

---

① 当我第一次来到这所学校的大门前时，有人告诉我："这个地方（伦敦大学）是犹太人和威尔士人创建的。"事实上，詹姆斯·穆勒（1773—1836）、托马斯·坎贝尔（1777—1844）和亨利·布鲁厄姆（1742—1810）这些支持建立伦敦大学的人都是苏格兰人。然而，建立这所大学的资金来自这个城市的商人阶层，他们大部分是卫理公会教徒和犹太人。

② 其实这是两个关系密切的函数。它们是以下常微分方程的解，会出现在很多物理学分支中：

$$\frac{\mathrm{d}^2 y}{\mathrm{d}x^2} = xy$$

性问题辞职。

德·摩根是一个勤勉好学、和蔼可亲的人，他的传记给读者留下了深刻的印象，他就是那种人们愿意邀请共进晚宴的人。他还是一位伟大的科学普及者，热心地向很多社团和小型杂志投稿，满足乔治王时代晚期和维多利亚时代初期不断壮大的技术和商业阶层人士的需求（为他写传记的作家说："他写的各种篇幅的文章不少于850篇。"）。他是一位藏书家和优秀的业余长笛演奏家。他的妻子在他们位于切尔西的切尼步道 30 号的家中组织了一个法国古典风格的知识分子沙龙。他的女儿是童话作家，她写的那个令人毛骨悚然的故事《头发树》是我小时候的噩梦。

德·摩根善于解谜，对语言和数学上的奇事有着强烈的热爱，他把其中一些谜题收集在他的畅销书《悖论汇编》中（1872 年，那本书在他去世后由他的遗孀出版）。当他发现他在 x^2 那一年正好 x 岁（只有极少数人能幸运地赶上这个巧合）[1]，以及自己的名字（Augustus De Morgan）与 "O Gus!Tug a mean surd!"（哦，古斯！抓住一个均值根式！）[2] 是相同字母的不同组合时非常高兴。

※※※

德·摩根在代数学历史上的重要贡献在于，他尝试全面改革逻辑学并改进其记法。自亚里士多德开创逻辑学以来，这门学问几乎没有什么发展。直到德·摩根所在的时代，逻辑学的讲授依然局限于这样的观点：一共有四种基本类型的命题，其中有两种肯定命题

---

[1] 你只有出生在 N^2-N 年才能如此幸运。德·摩根出生于 1806 年（N=43）。接下来的幸运出生年份是 1892 年、1980 年和 2070 年。

[2] 古斯是奥古斯塔斯（Augustus）的简称。——译者注

和两种否定命题。它们是

　　全称肯定命题（所有 X 都是 Y），

　　特称肯定命题（存在 X 是 Y），

　　全称否定命题（所有 X 都不是 Y），

　　特称否定命题（存在 X 不是 Y）。

三个这样的命题可以被组成一组，人们称之为三段论，由两个前提得出一个结论：

　　人皆有一死，

　　苏格拉底是人，

　　―――――――――――

　　苏格拉底会死。

　　在德·摩根的时代，爱丁堡有一位逻辑学和形而上学教授威廉·哈密顿（1788—1856），他与我在第 8 章介绍的威廉·哈密顿**不是**同一个人，然而这两个人经常被弄混①。在 1833 年的逻辑课上，这位哈密顿建议改进亚里士多德的架构。他认为，亚里士多德只量化命题主语（"所有 X""存在 X"）而不量化其中的谓词（"是 Y""不是 Y"）的做法是错误的。他提出的改进方法是**量化谓词**。

　　德·摩根接受了这个观点，并照此推行，最终出版了一本名为《形式逻辑，或推理演算，必要性和可能性》的著作（1847 年）。在那本书出版后的几年里，他又相继发表了四篇关于此主题的论著，并打算把这些著作综合起来，建立一个围绕改进记法和量化谓

――――――――――――――――――――

① 例如杰文斯，参见 1911 年《大英百科全书》中关于德·摩根的文章。

词的巨大的新逻辑体系。最初提出这个想法的威廉·哈密顿没有受到什么触动，他认为德·摩根的体系"有很多可怕的倒刺"。如今看来，这只是一件历史趣闻，因为德·摩根只改进了传统的书写逻辑公式的方式。逻辑学进步真正需要的是完整的现代代数字母符号体系，这是由乔治·布尔完成的。

※※※

布尔是 19 世纪初英国的"新人类"，他出身卑微，自学成才，没有得到他人的资助，他仅靠自己的能力和努力来成长。他是小镇上的鞋匠和女仆的儿子，他只接受了父母负担得起的教育，之后只能刻苦自学。14 岁时，他开始翻译希腊诗歌。然而，16 岁时，他的父亲失业，布尔接受了一份校长的工作来养家。他当了 18 年校长，大部分时间在经营自己的学校。早在 19 岁那年，他就创办了第一所自己的学校。

与此同时，他大约从 17 岁起开始认真学习数学，并且很快就学会了微积分。大约在 25 岁时，他在邓肯·格雷戈里（邓肯是《剑桥数学期刊》的第一位编辑，我在本章开头引用了他的话）的鼓励下开始定期在《剑桥数学期刊》上发表文章。1842 年，布尔开始与德·摩根通信，德·摩根帮助他在英国皇家学会发表了一篇关于微分方程的论文。

1846 年[①]，当英国政府宣布扩大爱尔兰的高等教育规模时，

---

① 这一年就是爱尔兰大饥荒（俗称"马铃薯饥荒"）刚开始的时候。我认为"敏感"和"明智"这两个词从未如实地用在英国政府对爱尔兰的所有政策上。然而，必须指出的是，在建立这些新学院时，这些英国人至少在努力。在爱尔兰，人们大声疾呼，要求无教派大学向任何人开放，这种呼声甚至比英国还要多。新的学院就是对这种呼声的回应。

德·摩根、凯莱和威廉·汤姆森（后来成为开尔文勋爵，热力学温度单位就是以他的名字命名的）等赞赏布尔的人动员他争取一所新大学的教授职位。1849 年，布尔不负众望，成为科克女王学院的数学教授。他在这个职位上工作了 15 年，直到 1864 年 11 月的一天，他冒着倾盆大雨步行两英里从家走到学校，穿着湿衣服讲课，结果感冒了。他的妻子认为治疗疾病的方法是"以毒攻毒"，所以她让布尔躺在床上，然后向他身上泼了好几桶冰水。正如数学家们常说的那样，结果显而易见。

我没有找到任何对布尔不友好的言论。即使忽略那些赞扬他的传记作家的溢美之词，他似乎仍是一位近乎完美的好人。他娶了乔治·埃佛勒斯爵士（1790—1866）的侄女，生活幸福。他们育有 5 个女儿，他们的第三个女儿艾丽西亚·布尔·斯托特（1860—1940）自学成为数学家，在高维几何领域取得了重要成果，她活到了 80 岁，在第二次世界大战期间死于英格兰 [1]。

布尔的伟大成就是逻辑的代数化——他使用各种代数符号，把

---

[1]　在 20 世纪 30 年代，当时已经 70 多岁高龄的艾丽西亚与伟大的几何学家考克斯特一起工作。考克斯特在他的著作《正多面体》中对她的介绍颇多："当她四岁时，她的父亲就去世了，所以她的数学才华纯粹是遗传而来的……她没有机会接受普通意义上的教育，布尔夫人与（神秘主义者、外科医生、古怪的社会激进分子）詹姆斯·辛顿（1822—1875）是朋友，这种关系把许多社会改革者和奇人源源不断地吸引到了这个家庭中。在那几年里，辛顿的儿子霍华德带来了很多木制的小立方体，他让布尔的最小的三个女儿记住他给这些小立方体随意起的拉丁名字，并把它们堆成各种形状。这激发了当时大约 18 岁的艾丽西亚对四维几何极其深入的理解……"顺便提一下，霍华德的全名是查尔斯·霍华德·辛顿（1853—1907），他提出了一些关于第四维的推测，这也许为艾勃特创作《平面国》带来了灵感。

逻辑学提升为数学的一个分支。为了说明布尔的方法，下面给出我在前面介绍过的三段论的代数版本。

我们把注意力集中在由地球上所有生物组成的集合上。这就是我们的"论域"，不过布尔没有使用这个术语，这个术语是约翰·韦恩（1834—1923）在1881年创造的。我们用1表示这个论域，用0表示空集——空集不包含任何元素。现在考虑所有**会死**的生物，用x表示这个集合（有可能$x=1$，这不影响讨论）。类似地，用y表示所有人的集合，用s表示只有一个元素（即苏格拉底）的集合。

除此之外，还有两个记号。第一，如果p是某些事物的集合，且q也是某些事物的集合，那么用乘法符号表示它们的交集：$p \times q$表示既在p中又在q中的那些事物。（也可能不存在这样的事物，那么$p \times q = 0$。）第二，用减法符号表示去掉这个交集：$p - q$表示所有在p中但不在q中的事物。

现在我们就可以将三段论代数化了。"人皆有一死"这句话可以重新表述为"是人且是不死生物的集合是空集"。其代数表示就是$y \times (1-x) = 0$。运用代数法则去括号后，这个表达式变成$y = y \times x$（翻译回文字就是"所有人的集合正好就是会死的人的集合"）。

类似地，"苏格拉底是人"可以被代数化为$s \times (1-y) = 0$，等价于$s = s \times y$（"仅由苏格拉底组成的集合等于其成员只有一个且同时是苏格拉底和人的集合。"如果苏格拉底不是人，上面的等式就不成立，右边的集合就是空集）。

将$y = y \times x$代入等式$s = s \times y$，得到$s = s \times (y \times x)$。根据代数的一般法则，我可以这样重新放置括号的位置：$s = (s \times y) \times x$。而我已经证明$s \times y = s$，因此$s = s \times x$，这等价于$s \times (1-x) = 0$。翻译回文字

就是"是苏格拉底且不会死的生物的集合是空集"。所以苏格拉底
会死。

伯特兰·罗素（1872—1970）发表于 1901 年的一篇论文中有
一段被广为引用的评述："纯数学是布尔在一部被他称为《思维规
律》（1854 年出版）的著作中发现的。"罗素在这个评述之后接着
说道："如果他的著作真的包含思维规律，那么奇怪的是之前没有
一个人使用这种思维方式……"罗素还根据他自己对数学和逻辑之
间的关系的认识得出这样的观点：数学就是逻辑。这种信念如今已
不再被广泛认可。

大多数现代数学家对罗素的评述的回应是，布尔事实上发明的
不是纯数学，而是应用数学的一个新分支——代数在逻辑学中的应
用。在布尔的思想出现之后，随后的历史证实了这一点。经过一代
又一代逻辑学家的努力，布尔的集合代数在 19 世纪末已经完全演
变成逻辑演算，这些逻辑学家有休·麦科尔（1837—1909）、查尔
斯·桑德斯·皮尔斯（1839—1914，他是第 8 章中提到的本杰
明·皮尔斯的儿子）、朱塞佩·皮亚诺（1858—1932）和戈特洛
布·弗雷格（1848—1925）。接着，这种逻辑演算成为 20 世纪研究
的潮流，在数学系的课程表上被写成"数学基础"，这门课程使用
数学工具来研究数学自身的性质。

由于人们通常不把这种潮流看作近世代数的一部分，因此我就
不再深入讲述了。然而，一部讲述代数学的历史会因为没有介绍布
尔代数而变得不完整。布尔功勋卓著，正是他把代数与逻辑结合在
一起。

※ ※ ※

有一批伟大的英国数学家在 19 世纪前 25 年间相继出生，凯莱就是其中一员，我在前文中介绍矩阵理论时曾经提到过他。然而，那并非凯莱对代数学的唯一贡献。他有资格被称为现代抽象群论（我将在第 11 章介绍这一内容）的创始人。因此，在回到对欧洲大陆的数学发展的介绍之前，在这里叙述凯莱在这方面的工作既方便又公平。

近世代数的意义中的英语单词"群"（group）第一次出现在 1854 年凯莱发表的两篇论文中，这两篇论文的标题相同，都是《关于符号方程 $\theta^n = 1$ 的群论》。我将在第 11 章详细介绍早期群论的发展。在这里，我只想给出凯莱在 1854 年的表述中的一个非常有用的特性，以此作为对群论的简介。

回顾我们在第 9 章中讨论过的行列式，在那里我特别研究了 3 个对象的置换，列出了这些置换的所有 6 种可能情形。为了解释凯莱的研究进展，我需要讲述与置换有关的更多内容，并介绍一种书写它们的好方法。曾经有三四种不同的表示置换的方法一度受到人们的青睐，但是现代代数学家似乎已经适应了**循环记法**，这也是我今后将要使用的记法。

什么是循环记法呢？考虑分别标有数字 1、2 和 3 的 3 个盒子里的 3 个物体——苹果、书和梳子。把下面的状态看成一个"初始状态"：苹果在盒子 1 里，书在盒子 2 里，梳子在盒子 3 里。定义"恒等置换"为不做任何改变的置换。如果把恒等置换应用于初始状态，那么苹果仍然在盒子 1 里，书仍在盒子 2 里，梳子仍在盒子 3 里。

注意，这一点经常令初学者感到困惑：无论盒子里的东西是什么，置换的作用对象都是盒子里的东西。循环记法 (12) 表示如下置换：把第一个盒子里的东西和第二个盒子里的东西交换。这可以被理解为：[盒子]1[里的东西] 被放到 [盒子]2，[盒子]2[里的东西] 被放到 [盒子]1。数学家在看到这个循环记法时实际想的是 1 到 2，2 到 1。注意其中的循环效果，记法的括号中的最后一个数字被置换为第一个数字。这就是这种记法叫作循环记法的原因。

假设我们把这个置换作用于初始状态，那么，苹果将在盒子 2 里，书将在盒子 1 里。如果我们再应用没有任何改变的恒等置换，那么苹果仍在盒子 2 里，书仍在盒子 1 里，当然，梳子仍在盒子 3 里。我们使用乘法符号表示置换的合成：$(12) \times I = (12)$。

假设我们对初始状态做了 (12) 置换，然后重复一次。在第一次置换之后，苹果到了盒子 2 里，书到了盒子 1 里；在第二次置换之后，书到了盒子 2 里，苹果到了盒子 1 里，又回到了初始状态。换句话说，$(12) \times (12) = I$。

这样处理，我们就可以构建一个置换三个元素的完整的 "乘法表"。我们来看循环记法 (132) 表示的更复杂的置换，其意义如下：[盒子]1[里的东西] 被放到 [盒子]3，[盒子]3[里的东西] 被放到 [盒子]2，[盒子]2[里的东西] 被放到 [盒子]1。那么，对初始状态应用这个置换操作，结果就是苹果被放到盒子 3 里，梳子被放到盒子 2 里，而书被放到盒子 1 里（1 到 3，3 到 2，2 到 1）。如果我们接着应用置换 (12)，那么梳子在盒子 1 里，书在盒子 2 里，苹果在盒子 3 里，结果就和直接对初始状态应用置换 (13) 的效果一样，用代数的方式表示就是 $(132) \times (12) = (13)$。

我在前面说过，我们可以用这种方式构建一个完整的 "乘法表"，如图 10–1 所示。首先应用最左端一列的置换，再应用最上方一行的置换，那么作用的结果就在第一个置换所在行和后一个置换所在列的交叉位置。

	I	(123)	(132)	(23)	(13)	(12)
I	I	(123)	(132)	(23)	(13)	(12)
(123)	(123)	(132)	I	(13)	(12)	(23)
(132)	(132)	I	(123)	(12)	(23)	(13)
(23)	(23)	(12)	(13)	I	(132)	(123)
(13)	(13)	(23)	(12)	(123)	I	(132)
(12)	(12)	(13)	(23)	(132)	(123)	I

图 10-1　群 S_3 的凯莱表

这样的表被称为凯莱表。事实上，凯莱发表于 1854 年的第一篇论文的第 6 页中就有一个与之非常相似的表。注意，置换的合成是非交换的，这一点可以从这个表关于主对角线（从左上角到右下角的对角线）不对称看出来。

这 6 种对 3 个对象的可能的置换，再加上该"乘法表"给出的合成法则，就是一个群的例子。这个特别的群非常重要，它有自己的符号：S_3。

S_3 不是唯一的包含 6 个元素的群，还有另一个群。考虑六次单位根，仍用 ω 表示单位立方根，则六次单位根是 1、$-\omega^2$、ω、-1、ω^2 和 $-\omega$（见"数学基础知识：单位根（RU）"）。这 6 个数的"乘法表"如下（图 10-2）。

	1	$-\omega^2$	ω	-1	ω^2	$-\omega$
1	1	$-\omega^2$	ω	-1	ω^2	$-\omega$
$-\omega^2$	$-\omega^2$	ω	-1	ω^2	$-\omega$	1
ω	ω	-1	ω^2	$-\omega$	1	$-\omega^2$
-1	-1	ω^2	$-\omega$	1	$-\omega^2$	ω
ω^2	ω^2	$-\omega$	1	$-\omega^2$	ω	-1
$-\omega$	$-\omega$	1	$-\omega^2$	ω	-1	ω^2

图 10-2　群 C_6 的凯莱表

正如你所料，因为我们在这里做的只是普通的（我的意思是"普通复数的"）乘法，所以这个群是可交换的。这个群的名字是 C_6，即六元循环群。

这两个群都是包含 6 个元素的群的实例，用术语说，它们都是 6 阶群。是什么让它们成了群？"乘法表"的某些特征对群来说是至关重要的。例如，单位元（第一个群的单位元是 I，第二个群的单位元是 1）在每一行和每一列中刚好各出现一次。

上一段话中最重要的一个词就是"实例"。数学家会认为，S_3 和 C_6 这两个 6 阶群是完全抽象的对象。如果把 3 个对象的 6 种置换替换为 1、α、β、γ、δ 和 ε，并且用相应的希腊字母替换凯莱表中的每一个符号，那么这个表就是这个抽象群的一种定义，与置换完全无关。事实上，这正是凯莱在其 1854 年的论文中的做法。3 个对象的置换群是抽象群 S_3 的一个**实例**，就像美国联邦最高法院的九位大法官是抽象数字 9 的一个实例一样。六次单位根的情况也类似，在普通乘法运算中，它们构成了 C_6。你可以用 1、α、β、γ、

δ 和 ε 来替换 6 个六次单位根，并对第二个表格也做相应的替换，就得到 C_6 的完全抽象的定义，而且与单位根无关。

这就是凯莱的伟大成就，用这种纯粹抽象的方式展示了群的想法。尽管凯莱的洞察力非凡，而且人们也完全承认他在 1854 年发表的论文中展现出来的概念上的巨大飞跃，但是凯莱还是不能完全把他的研究对象从方程及其根的背景中分离出来。为了回顾这些研究的起源，凯莱在其 1854 年的第一篇论文中的第二页附加了这个脚注：

用于置换或替换的群的思想源于伽罗瓦，我们可以认为，群的引入开创了代数方程理论发展的新时代。

凯莱说得很对。现在我们该回过头重新沿着 19 世纪中期的另一条线索，去看一看代数学历史上唯一具有浪漫主义色彩的英雄人物埃瓦里斯特·伽罗瓦（1811—1832）。

普遍算术之前

奥托·诺伊格鲍尔（Otto Neugebauer，1899—1990）发现了古巴比伦泥板上的代数

富有维多利亚时代的想象力的油画《希帕提娅之死》

奥马·海亚姆（Omar Khayyam，约 1048—1131）解决了三次方程，他也是诗人

吉罗拉莫·卡尔达诺（Girolamo Cardano，1501—1576）得到了三次方程的一般解

用字母表示数

弗朗索瓦·韦达（François Viète，1540—1603）区分了未知量和已知量

勒内·笛卡儿（René Descartes，1596—1650）将几何代数化

艾萨克·牛顿爵士（Sir Isaac Newton，1642—1727）发现了方程的解中的对称性

戈特弗里德·莱布尼茨（Gottfried von Leibniz，1646—1716）放飞了想象力

从方程到群

约瑟夫－路易·拉格朗日
（Giuseppe Lodovico Lagrangia，
1736—1813）深入研究了对称

保罗·鲁菲尼（Paolo Ruffini，
1765—1822）认为五次方程是
不可解的

奥古斯丁－路易·柯西
（Augustin-Louis Cauchy，1789—
1857）创造了置换的"算术"

尼尔斯·阿贝尔（Niels Abel，
1802—1829）证明了鲁菲尼的
结论是正确的

群的发现

埃瓦里斯特·伽罗瓦（Évariste Galois，1811—1832）发现了方程的置换群

阿瑟·凯莱（Arthur Cayley，1821—1895）提出了抽象群的概念

路德维希·西罗（Ludwig Sylow，1832—1918）研究了有限群的结构

卡米尔·若尔当（Camille Jordan，1838—1922）撰写了关于群的第一本书

飞跃到第四维

威廉·哈密顿爵士（Sir William Rowan Hamilton，1805—1865）发现了一个新代数

赫尔曼·格拉斯曼（Hermann Grassmann，1809—1877）探索了向量空间

伯恩哈德·黎曼（Bernhard Riemann，1826—1866）开启了两次几何学的变革

埃德温·艾勃特（Edwin A. Abbott，1838—1926）把我们带到《平面国：多维空间传奇往事》

几何学家和拓扑学家

尤利乌斯·普吕克（Julius Plücker，1801—1868）的几何学以直线为基础，而非以点为基础

索菲斯·李（Sophus Lie，1842—1899）精通连续群

菲利克斯·克莱因（Felix Klein，1849—1925）推动了几何学的群化

亨利·庞加莱（Henri Poincaré，1854—1912）将拓扑学代数化

环女士与几位环先生

爱德华·库默尔（Eduard Kummer，1810—1893）在研究费马大定理时使用了代数

理查德·戴德金（Richard Dedekind，1831—1916）发现了理想

戴维·希尔伯特（David Hilbert，1862—1943）："桌子、椅子和啤酒杯"几何

埃米·诺特（Emmy Noether，1882—1935），集环论之大成者

近世代数

所罗门·莱夫谢茨（Solomon Lefschetz，1884—1972）"用鱼叉叉住了鲸"

奥斯卡·扎里斯基（Oscar Zariski，1899—1986）重建了代数几何

桑德斯·麦克莱恩（Saunders Mac Lane，1909—2005）达到了更高的抽象层次

亚历山大·格罗滕迪克（Alexander Grothendieck，1928—2014）："仿佛来自虚空"

第三部分
抽象层次

数学基础知识：
域论（FT）

域和**群**是人们在 19 世纪初的一系列研究中发现的两个数学对象的名称。

从内部结构来看，域比群更复杂。因此，代数教材通常先介绍群，再介绍域。尽管从某种意义上讲，域比群更常见，因而也更容易理解。群因为更简单，从而有着更广泛的适用性，所以总体而言，对纯粹代数学家来说，群论比域论更具挑战性[①]。

基于这些原因，同时也为了使伽罗瓦的发现更容易被理解，在详细介绍群论之前，我在这里介绍一下域。

※※※

域是一个可以在其中随意进行加、减、乘、除的数（或者其他

[①] 这并不是说域论中没有更深刻、更困难的结果，只是它们不像群论问题那样更容易直接应用代数方法解决，域论问题通常是用代数几何方法解决的。不过，术语"域论"（或"场论"，在英文中都是"fields theory"）在数学中有两种完全不同的含义。它在这里的含义是对被称为"域"的代数对象的研究。其另一种含义是对某些空间的研究，这些空间中的每一点都定义了某些量，例如标量或向量，有时候甚至是更奇怪的量。如果我说"电磁场理论"，你就会明白我的意思了。

东西，但我们在这里说的是数）系。无论你做多少次四则运算，结果总是同一个域里的数。这就是为什么我说域很常见。在域中，我们所做的就是四则运算：加、减、乘、除。如果给"域"这个代数概念一个形象的比喻，那么我们可以把它比作一个有"+""−""×""÷"四个操作键的简易计算器。

　　在域中，你需要遵守几个常见的法则。我已经介绍过封闭性法则：算术运算的结果仍在域里。你还需要一个"0"，其他数在与它相加时保持不变；另外，你还需要一个"1"，在其他数与它相乘时保持不变。你还必须遵守基本的代数法则，比如 $a \times (b+c)$ 总是等于 $a \times b + a \times c$。加法和乘法都必须是可交换的，我们在域中不会遇到不可交换性。因此，哈密顿的四元数代数不是一个域，只是一个"可除代数"。

　　$\mathbb{N}$ 和 $\mathbb{Z}$ 都不是域，因为两个整数相除未必会得到一个整数。然而有理数集合 $\mathbb{Q}$ 是一个域：因为在其中，你可以做任意次加、减、乘、除运算，结果总在 $\mathbb{Q}$ 中，所以它是一个域。可以说，$\mathbb{Q}$ 是最重要、最**基本**的域。实数集 $\mathbb{R}$ 也构成一个域，复数集 $\mathbb{C}$ 也是一个域，应用我在本书一开始给出的复数的加、减、乘、除四则运算法则就可以验证这一点。因此，我们已经知道了三个有助于理解的域的例子，它们是 $\mathbb{Q}$、$\mathbb{R}$ 和 $\mathbb{C}$。

　　除了 $\mathbb{Q}$、$\mathbb{R}$ 和 $\mathbb{C}$ 之外，还有其他域吗？当然有。我将给出两类常见的域，然后把它们放到一起，引出伽罗瓦理论和群论，最后我会补充介绍第三类重要的域。

※ ※ ※

　　除了熟悉的 $\mathbb{Q}$、$\mathbb{R}$ 和 $\mathbb{C}$ 之外，第一类域是**有限域**。$\mathbb{Q}$、$\mathbb{R}$ 和 $\mathbb{C}$

都包含无穷多个元素：它们分别包含无穷多个有理数、无穷多个实数和无穷多个复数。

下面是一个只包含三个元素的域，为了方便起见，我分别称这三个元素为 0、1 和 2，当然，如果你觉得这些记号容易与普通数字混淆，那么你可以用其他记号代替这里的 0、1 和 2。比如，用 Z 代替 0，用 I 代替 1，用 T 代替 2。例如，这个域中不会出现 $2+2=4$，却会出现 $2 \times 2 = 1$。图 FT–1 中是这个有限域的完整的加法表和乘法表，这个域的名字是 F_3。

+	0	1	2
0	0	1	2
1	1	2	0
2	2	0	1

×	0	1	2
0	0	0	0
1	0	1	2
2	0	2	1

图 FT–1　域 F_3

注意这个域的某些特点。首先，因为 1 的加法逆元是 2，2 的加法逆元是 1，所以对于减法来说，"减 1" 总可以用 "加 2" 代替，反之亦然[①]。对于除法也一样，因为 2 的乘法逆元是 2（即 $2 \times 2 = 1$），所以 "除以 2" 总可以用 "乘以 2" 代替，二者的结果是相同的。除以 1 的情况是显而易见的，而且域里的除法运算不允

[①] 事实上，一些教材的作者喜欢把这个域中的元素写成 0、1 和 –1，而不是 0、1 和 2，迈克尔·阿廷就是这样做的。如此一来，这个域的算术看起来就不那么**奇怪**了：$1+2=0$ 变成 $1+(-1)=0$。不过还是会出现 $(-1)+(-1)=1$ 这种令人困惑的式子。

许除以 0。

对于每一个大于 1 的自然数，都存在一个有限域，使得其中的元素个数是这个自然数吗？不，有限域中的元素个数只能为素数或素数的幂。存在包含 2 个、4 个、8 个、16 个、32 个……元素的有限域，也存在包含 3 个、9 个、27 个、81 个、243 个……元素的有限域，以此类推。然而，不存在包含 6 个或 15 个元素的有限域。

有限域通常被称为伽罗瓦域，以纪念法国数学家伽罗瓦，我们在后文中会谈到他。

※※※

第二类域是**扩张域**。取一个我们熟悉的域，比如最常见的 $\mathbb{Q}$，向其中添加一个元素。当然，这个添加的元素来自这个域之外。

例如，假设我们向 $\mathbb{Q}$ 中添加 $\sqrt{2}$，因为 $\sqrt{2}$ 不在 $\mathbb{Q}$ 中，所以它就是我所说的"添加的元素"。如果现在我在这个扩大后的数集中做加、减、乘、除运算，那么我会得到形如 $a+b\sqrt{2}$ 的数，其中 a 和 b 是有理数。这种形式的两个数的和、差、积和商仍然具有这种形式。事实上，这些数的加、减、乘、除运算法则很像复数的相应运算法则。例如，下面是这个域的除法运算法则：

$$(a+b\sqrt{2}) \div (c+d\sqrt{2}) = \frac{ac-2bd}{c^2-2d^2} + \frac{bc-ad}{c^2-2d^2}\sqrt{2}$$

这是一个域。通过向有理数域 $\mathbb{Q}$ 仅添加一个无理数 $\sqrt{2}$，我就得到了一个扩张域，它是一个新域。

注意，这个新域不是实数域 $\mathbb{R}$。下列实数就**不在**其中：$\sqrt{3}$、$\sqrt[5]{12}$、π 以及其他无穷多个数。这个域中的数只有所有有理数、

$\sqrt{2}$ 以及所有由有理数与 $\sqrt{2}$ 通过四则运算组合而成的数。

为什么要花费如此大的精力将 $\mathbb{Q}$ 扩张这么一点点呢？其原因就是解方程。当毕达哥拉斯发现方程 $x^2-2=0$ 在 $\mathbb{Q}$ 中没有解时，他万分惊恐。但是，在这个略微大一点儿的新域中，方程**确实**有解 $x=\sqrt{2}$ 和 $x=-\sqrt{2}$ 了。将域适当地扩张，就能够求解之前不能求解的方程。

注意一个有趣且重要的事实：这个扩张域是原始域 $\mathbb{Q}$ 上的向量空间。例如，数字 1 和 $\sqrt{2}$ 就是其中两个线性无关的向量。事实上，它们可以作为这个向量空间的一组很好的基（见"数学基础知识：向量空间和代数（VS）"）。每一个其他向量，即形如 $a+b\sqrt{2}$ 的数（其中 a 和 b 是有理数）都可以用它们来表示。因此，作为 $\mathbb{Q}$ 上的向量空间，这个扩张域是二维的。

向 $\mathbb{Q}$ 添加一个无理数后得到的域并不总是二维的。例如，如果添加的无理数是 $\sqrt[3]{2}$，那么这个扩张域就是三维的，1、$\sqrt[3]{2}$ 和 $\sqrt[3]{4}$ 可以作为它的一组合适的基。看看这个域的除法运算法则，它展示了事情失控得有多快：

$$(a+b\sqrt[3]{2}+c\sqrt[3]{4})\div(f+g\sqrt[3]{2}+h\sqrt[3]{4})$$

$$=\frac{af^2-2agh+2bg^2-2bfh+4ch^2-2cfg}{f^3+2g^3+4h^3-6fgh}+$$

$$\frac{2ah^2-afg+bf^2-2bgh+2cg^2-2cfh}{f^3+2g^3+4h^3-6fgh}\sqrt[3]{2}+$$

$$\frac{ag^2-afh+2bh^2-bfg+cf^2-2cgh}{f^3+2g^3+4h^3-6fgh}\sqrt[3]{4}$$

※ ※ ※

现在我要把本章前面的内容结合起来，并在 0、1、2 组成的域中求解二次方程。你会看到，有限域的优势在于，你可以写出**所有可能**出现的二次方程！

我先讲重要的事。首先，下面是 0、1、2 组成的域上所有可能的**线性**方程以及它们的解，你可以对照前面的"加法表"和"乘法表"检查这些解。

方程	解
$x=0$	$x=0$
$2x=0$	$x=0$
$x+1=0$	$x=2$
$x+2=0$	$x=1$
$2x+1=0$	$x=1$
$2x+2=0$	$x=2$

事实上，我列出的方程太多了。前两个方程没什么意思，$2x=0$ 的解显然是 $x=0$。最后两个方程也比较显然，这两个方程的左边分别可以写成 $2(x+2)$ 和 $2(x+1)$（别忘了，在这个域中，$2\times2=1$），所以它们实际上分别就是稍加变形的第三个和第四个方程。因此我们只对第三个和第四个方程感兴趣。

接下来是二次方程。这次我从一开始就不考虑那些没什么意思的方程。下面是我们感兴趣的所有系数在 F_3 中的二次方程。另外，我对它们的左边进行了因式分解。

方程	因式分解	解
$x^2+1=0$	无法分解	无解
$x^2+2=0$	$(x+1)(x+2)$	$x=1, x=2$
$x^2+x+1=0$	$(x+2)^2$	$x=1$
$x^2+x+2=0$	无法分解	无解
$x^2+2x+1=0$	$(x+1)^2$	$x=2$
$x^2+2x+2=0$	无法分解	无解

　　在这个域中，没有解的方程被称为**不可约**的（可与"数学基础知识：三次方程和四次方程（CQ）"中的第 3 个注释比较）。可以看到，在令我们感兴趣的这 6 个方程（系数在由 0、1、2 组成的域中）中，有三个方程是不可约的。

　　回顾一下我在前面都做了什么。我在小范围内重建了"标准"二次方程的情况，不同的是，我在这里不用考虑无限多个二次方程，这个域上只有 6 个令我们感兴趣的二次方程：其中三个方程有解，三个方程不可约。在普通算术中，方程 $x^2 - 2 = 0$ 在 $\mathbb{Q}$ 中没有解，因为 $\sqrt{2}$ 不是有理数。类似地，方程 $x^2 + 1 = 0$ 在 $\mathbb{Q}$ 中没有解，甚至在 $\mathbb{R}$ 中也没有解，因为 $\sqrt{-1}$ 既不在 $\mathbb{Q}$ 中，也不在 $\mathbb{R}$ 中。

※※※

　　我们能否扩张由 0、1、2 组成的域，使那些不可约方程有解呢？当然可以。我们可以发明一个新数，并称之为 a，它满足第一个方程：$a^2 + 1 = 0$。在这个方程的两边同时加 2，我们就得到了 $a^2 = 2$。（你可以称 a 是 2 的一个平方根。因为这个"2"与通常的"2"的性质不同，所以我没把 a 写成 $\sqrt{2}$，仍将它写成 a。）现在，所有的方程都有解：

方程	因式分解	解
$x^2 + 1 = 0$	$(x+2a)(x+a)$	$x=a,\ x=2a$
$x^2 + 2 = 0$	$(x+1)(x+2)$	$x=1,\ x=2$
$x^2 + x + 1 = 0$	$(x+2)^2$	$x=1$
$x^2 + x + 2 = 0$	$(x+2a+2)(x+a+2)$	$x=a+1,\ x=2a+1$
$x^2 + 2x + 1 = 0$	$(x+1)^2$	$x=2$
$x^2 + 2x + 2 = 0$	$(x+2a+1)(x+a+1)$	$x=a+2,\ x=2a+2$

　　我们只需要向这个域添加一个元素 a，就可以求解所有的二次

方程。这个扩张的有限域（通常记为 $F_3(a)$）中的加法、减法、乘法和除法仅仅涉及 a 的线性表达式。因为 $a^2=2$，所以，如果乘法的结果是 a^2，那么我们就可以立即用 2 代替它。图 FT-2 是这个扩张域的乘法表。（加法表没那么令人激动，不过如果你想看一看，那么你可以尝试着自己构造一个加法表。）

×	0	1	2	a	$2a$	$1+a$	$1+2a$	$2+a$	$2+2a$
0	0	0	0	0	0	0	0	0	0
1	0	1	2	a	$2a$	$1+a$	$1+2a$	$2+a$	$2+2a$
2	0	2	1	$2a$	a	$2+2a$	$2+a$	$1+2a$	$1+a$
a	0	a	$2a$	2	1	$2+a$	$1+a$	$2+2a$	$1+2a$
$2a$	0	$2a$	a	1	2	$1+2a$	$2+2a$	$1+a$	$2+a$
$1+a$	0	$1+a$	$2+2a$	$2+a$	$1+2a$	$2a$	2	1	a
$1+2a$	0	$1+2a$	$2+a$	$1+a$	$2+2a$	2	a	$2a$	1
$2+a$	0	$2+a$	$1+2a$	$2+2a$	$1+a$	1	$2a$	a	2
$2+2a$	0	$2+2a$	$1+a$	$1+2a$	$2+a$	a	1	2	$2a$

图 FT-2　$F_3(a)$ 的乘法表

※※※

在这里，我们看到了伽罗瓦理论的一些精髓。存在一个方程，它的系数属于某个域，但是它在这个域中没有解。为了包含它的那些解，我们把系数域扩张为一个更大的域，并称之为解域。伽罗瓦关心的是，方程的解的形式**取决于系数域和解域的关系**。

这就是伽罗瓦高明的洞察力。1830 年，他发现这种关系可以用群论的语言（置换）来表达。

伽罗瓦发现，对于任意给定的方程，我们需要考虑其解域的某些**置换**。像上文中 $F_3(a)$ 这样的解域一般都比系数域大（这个例子的系数域是 F_3）。现在，在解域的所有有用的置换中，存在某些置换组成的子集，其中的置换**保持系数域不变**。该子集构成一个群，我们称它为该方程的伽罗瓦群。所有关于方程可解性的问题都可以转化为这个群的结构问题。

对于我在前文中给出的系数取自域 F_3 的方程 $x^2+1=0$ 来说，它的伽罗瓦群非常简单，只有两个元素，其中一个元素是恒等置换 I，也就是什么都不变；另一个元素是交换两个解的置换，把 a 换成 $2a$，把 $2a$ 换成 a，我们把这个置换记为 P，它作用于整个 $F_3(a)$。我们使用箭头表示"置换为"，那么这个置换作用在元素上可以表示为：$0 \to 0$, $1 \to 1$, $2 \to 2$, $a \to 2a$, $2a \to a$, $1+a \to 1+2a$, $1+2a \to 1+a$, $2+a \to 2+2a$, $2+2a \to 2+a$。

图 FT-3 是系数域 F_3 上的方程 $x^2+1=0$ 的伽罗瓦群的乘法表，这里的乘法代表置换的合成，即先进行第一个置换，再进行另一个置换。

	I	P
I	I	P
P	P	I

图 FT-3 方程 $x^2+1=0$ 的伽罗瓦群的乘法表

※ ※ ※

当然，上面只是对伽罗瓦理论的极其粗略的概述。[①] 对置换像 F_3 或 $F_3(a)$ 这些域中的元素来说，这一切都很好，这两个域分别只有 3 个元素和 9 个元素。在过去的几个世纪中，困扰代数学家的问题是求解系数在 $\mathbb{Q}$ 中的方程，$\mathbb{Q}$ 是一个包含**无穷多**个元素的域。怎样置换其中的元素呢？

我希望随着介绍的深入，我能把这个问题讲得更清楚一些。不过，我怀疑自己能否把事情讲得**非常清楚**。伽罗瓦理论是既困难又精妙的高等代数分支，非数学专业人士不太容易理解。如果你能记住以下事实，那么你就掌握了伽罗瓦理论的本质：系数属于某个域的多项式可能在一个更大的域中有根，这个更大的域和这个较小的域的关系可以用群论语言来表达，从而每一个与求解多项式方程有关的问题都可以转化成一个群论问题。

※※※

在本章结束之前，我还要介绍另一类域，同时要向读者道歉。在讨论 18 世纪代数学家的工作时，为了简单起见，我不加区分地使用了"多项式"一词，但其中的一些式子实际上并不是"多项式"，而是"有理函数"。

---

① 事实上，这个概述也是事后做了很大改进的版本，算是现代版。伽罗瓦在 1830 年的原始论文中没有使用"域"这个词，爱德华教授的著作《伽罗瓦理论》中将这篇论文收为附录。直到 1879 年，"域"这个词才有了代数意义，当时是理查德·戴德金第一次使用了这个词。顺便提一下，我的例子表明把某个不可约二次方程的解添加到 F_3 上可以构造出 F_9。这是一个一般定理的特殊情况：如果 $q=p^n$，我们可以把 F_p 上的某个 n 次不可约方程的某个解添加到 F_p 上而构造出 F_q。

有理函数是像下面这样的两个多项式的比：

$$\frac{2x^2 + x - 3}{3x^3 + 2x^2 - 4x - 1}$$

通过一些简单的计算，我们可以知道，任意两个这样的有理函数都可以进行加、减、乘、除运算，因此它们构成一个域。

注意，一个有理函数域"取决于"另一个域，这个域就是多项式的系数所在的域。事实上，一个有理函数域可以如上所述被看作域扩张。无论系数域是什么，从它开始，添加 x 之后并允许加法、减法、乘法和除法都成立，这就生成了有理函数域。这个域与之前讲的域扩张的例子的唯一区别在于，在那些例子中，我对添加的数更了解，知道它的平方或者立方是 2，这样一来，我就能在做域算术时做很多化简，在这里，我对 x 一无所知，它只是一个符号，如果你愿意，你也可以说它是一个未知量。

第 11 章
黎明的枪声

我们不得不承认，数学是一门枯燥的学问，缺乏魅力和浪漫。因此，数学史学家大肆渲染伽罗瓦的故事，为其赋予了更多的传奇色彩。

他的故事也许被渲染得有点儿过头了。从某种程度上讲，伽罗瓦的故事中有很多虚构、错误、推测，甚至街谈巷议的成分。在用英文写成的故事中，关于伽罗瓦最著名的故事是贝尔的杰作《数学大师》中的一章"天才与愚蠢"。在这一章里，贝尔讲述了一群蠢人迫害一位充满激情的理想主义天才的故事，这位天才在令人绝望的生命中的最后一个夜晚将现代群论的基础写在纸上。贝尔的故事在细节上肯定是虚构的，对伽罗瓦性格的刻画可能也是错的。尽管汤姆·佩茨尼斯（1953— ）1997 年的小说《法国数学家》的写作风格不太合我的口味，而且其结尾太荒谬，但是它却更接近伽罗瓦的故事的真相。我建议大家最好抽一点儿时间浏览宇宙学家、数学史爱好者托尼·罗思曼（1953— ）的网站，他非常客观地评价了所有的资料。

伽罗瓦在 20 岁零 7 个月时死于一场决斗。这场手枪决斗发生在黎明时分。伽罗瓦显然确信自己会被杀死，甚至他可能希望如此，在决斗的前一天晚上，他熬夜写了绝笔信。其中一些信是写给政见相同的朋友的——和他一样反对君主主义的共和主义者。其中有一封写给他的朋友奥古斯特·舍瓦利耶的信，信中包含了对他的数学著作的注解。

这场决斗的原因不详，既可能是政治原因，也可能是感情原因，或二者兼有。伽罗瓦在其中一封信中写道："两名爱国者已经向我提出挑战……"然而在另一封信中，他又说："我死在了一个无耻的、卖弄风情的女子手里……"在 1832 年巴黎起义前后（雨果在《悲惨世界》中描绘了这场起义），极端共和主义者在巴黎壮大起来，伽罗瓦卷入了政治斗争之中。伽罗瓦还遭受着单相思的痛苦。

毫无疑问，伽罗瓦的人生是浪漫的。若你仔细看看他所处的环境，正如常见的那样，浪漫的背后往往是某种痛苦和不堪。伽罗瓦的人生的确充满了悲剧色彩，他自己古怪的性格在很大程度上决定了他的不幸，这一点也加剧了其人生的悲情成分。

※※※

1830 年的法国不是一片乐土。拿破仑战败之后，波旁王朝在同盟国的帮助下得以复辟，国王查理十世年事已高，而且极端保守。社会状况每况愈下，快速的城市化和工业化正在把巴黎的大部分地区变成可怕的贫民窟，成千上万的人生活在水深火热之中。这就是巴尔扎克和雨果笔下的巴黎，一个充满野心、唯利是图的资产阶级和愤怒的底层阶级共存的城市。社会底层人民的生计取决于不可控制的经济周期，他们的苦难只有通过偶尔的慈善才能略微减轻。

1830 年，法国经济不景气，面包价格飙升，大约 60 000 名巴黎人没有工作。7 月，巴黎设置了路障，暴徒控制了城市，查理十世被迫逃离法国。波旁家族的远亲奥尔良公爵路易·菲利普被进步的资产阶级议员推选为新的国王——"七月君主"。路易·菲利普为人和蔼谦逊，是一个富裕的自由主义者。然而，当时的法国政坛日趋激进，纯粹的自由主义无法满足他们的政治需要。19 世纪 30 年代，法国不时爆发起义，其中最重要的一次起义发生在 1831 年的巴黎。在那个局势紧张的年代，持有强烈观点、头脑发热的年轻人很可能会发现自己受到警察的监视，或许还会短暂地被捕入狱。

※※※

1811 年 10 月，伽罗瓦出生于巴黎南部的小镇拉雷讷堡，这个小镇位于今天通向奥尔良的巴黎市郊。伽罗瓦的父亲是一名自由主义者、反教权主义者和反保皇主义者。1815 年，在拿破仑当皇帝的最后时日、滑铁卢战役失败后的"百日王朝"期间，伽罗瓦的父亲当选为这个小镇的镇长。君主制复辟后，老伽罗瓦宣誓效忠于波旁王朝——他并不是改变了主意，而是为了阻止真正的保皇派取代他的位置。

我们所知的有关伽罗瓦个性的评价首先来自他在巴黎求学时的老师们。他们对这个年轻人的评价是很聪明但比较内向，工作没有条理，而且不愿意听取别人的劝告。罗思曼写道："'奇异''奇怪''古怪''孤僻'等词语频频出现在伽罗瓦在路易大帝中学的生活中。连他的家人都开始认为他很奇怪。"然而，罗思曼又说伽罗瓦的老师们的观点并不一致，他的学生时代绝不像贝尔描述的那样，遭受着噩梦般的、难以理解的迫害。

1829 年 7 月，伽罗瓦还不到 18 岁，他的父亲在距伽罗瓦的学校不远的一所公寓内自杀身亡。此前，伽罗瓦的父亲一直忍受着当地一个恶毒的牧师的诽谤。这件事令伽罗瓦悲痛不已。仅仅几天之后，他参加了享有盛誉的巴黎综合理工大学的入学考试的口试，当时拉格朗日、拉普拉斯、傅里叶和柯西任教于此。因为他不够圆滑，也可能因为他故意显示出傲慢自大，伽罗瓦没有通过考试。当时，考官要求他证明某个数学断言，他回答说这个断言应该是很显然的。几个月后，也就是1830年初，伽罗瓦18岁半，他被一所当时没什么名望的预备学校录取了，实际上它是一所教师培训学院（今天称作巴黎高等师范学院）。

伽罗瓦关于方程解的理论的第一个版本，也就是贝尔提到的伽罗瓦在临死前一天晚上疯狂写下的那篇论文，实际上在他的父亲自杀的几个星期前就已经提交到法国科学院。柯西被指定审核这篇论文。贝尔认为柯西弄丢或者忽略了这篇论文（坦白地说，所有人都这样认为，直到人们后来在法国科学院档案中发现了为柯西辩护的证据）。恰恰相反，这位大数学家似乎对这篇论文评价很高，他建议伽罗瓦再仔细润色一下，再为这篇论文申报法国科学院数学大奖。总之，不管伽罗瓦是否听从了柯西的建议，他确实这样做了。他于1830年2月把这篇论文重新提交给傅里叶——当时法国科学院的秘书。唉，很遗憾，傅里叶在同年5月16日去世了。

或许柯西能把伽罗瓦从默默无闻中拯救出来，然而，当时正值革命年代，路易·菲利普的新自由主义政权让柯西难以忍受。在任何情况下，柯西都是一个有原则的人，他已经宣誓效忠于查理十世，他认为不能再向路易·菲利普做出同样的誓言。柯西本可以辞职，退隐到某个私人的地方职位上（当时他40岁），但最后他却自愿流放，离开法国长达八年之久。只有弗赖登塔尔提及的"不切实际的举止"能解释柯西的自愿流放，除此之外没有其他很好的解释了（见第 7 章）。

伽罗瓦本人并没有参加七月革命。预备学校的校长了解到学生团体中有大量激进分子之后，把学生们锁在学校里，不让他们上街抗议。然而，伽罗瓦却充分自由地发表了自己的激进观点，以至于他被学院开除了。

从 1831 年 1 月初开始，伽罗瓦人生的最后 17 个月的经历如下。

1831 年 1 月 4 日，伽罗瓦从预备学校（巴黎高等师范学院）退学。在接下来的 4 个月里，伽罗瓦似乎一直试图通过在巴黎当私人数学教师来谋生，同时与其他拥护共和主义的年轻激进分子一起到处游荡。

1 月 17 日，伽罗瓦向法国科学院提交关于方程解的论文的第三版。西莫恩·德尼·泊松（1781—1840）被指定为审稿人。

5 月 9 日，伽罗瓦参加了一个共和主义者的宴会。在宴会上敬酒时，他似乎说了威胁路易·菲利普性命的话。第二天伽罗瓦被捕。

6 月 15 日，伽罗瓦接受审问，但被无罪释放，可能是因为他年轻。

7 月 14 日（法国大革命纪念日），伽罗瓦再次被捕，一同被捕的还有他的朋友埃内斯特·迪沙特莱，被捕原因是他们穿了被禁止的炮兵制服。很显然，携带武器也是他们被捕的原因。据报道，伽罗瓦带了一把上膛的步枪、"几把手枪"和一把匕首。

（伽罗瓦从 1831 年 7 月 14 日一直被关押到 1832 年 4 月 29 日。不过，监狱里的条件似乎不是很苛刻。比如，犯人们经常酗酒。）

10 月，伽罗瓦收到法国科学院泊松的拒稿信。泊松觉得伽罗瓦的文章太难理解，但是并没有指责他，而是建议他改进陈述方式。

1832 年 3 月 16 日，由于霍乱在巴黎肆虐，伽罗瓦与其他犯人一道从监狱被转移到一所疗养院。这所疗养院其实是一座"开放的监狱"，伽罗瓦有相当大的来去自由。在那里，他爱上了斯蒂芬妮·迪莫泰，她是这所疗养院中一位住院医生的女儿。但是，他的求爱没有得到回应。

4 月 29 日，伽罗瓦被释放。

5 月 14 日，伽罗瓦似乎收到了斯蒂芬妮的拒绝信。

5 月 25 日，伽罗瓦给他的朋友奥古斯特·舍瓦利耶写了一封信，告诉他自己失恋了。

5 月 30 日，致命决斗。

这场决斗的确切情况以及伽罗瓦生命中最后几天的真实状况是一个谜，可能永远都不会为人所知。从某种意义上说，伽罗瓦可能已经放弃了自己的生命。他的父亲的死、他的论文遭到拒绝（前一次投稿也遭到忽视）、他对斯蒂芬妮的单相思、渺茫的就业前景、几个月的牢狱之灾以及巴黎瘟疫肆虐的惨状，这一切对他来说都太沉重了。

6 月 4 日，法国里昂的一家报纸刊登了一篇关于这场决斗的简要报道，让这场决斗看起来像是两个老朋友为了得到某个女人的爱而展开的竞争，他们采用一种俄罗斯轮盘赌的方式来决定胜负。"对手挑选手枪作为武器，但是因为他们是老朋友，所以彼此不忍心看着对方……"报道中只说伽罗瓦的对手是 L. D.，某个女人很可能是斯蒂芬妮，但是谁是 L. D. 呢？按照当时流行的拼写标准，这个 D 可能指"Duchâtelet"（迪沙特莱）或者"Perscheux d'Herbinville"（佩舍·德尔班维尔），后者是伽罗瓦熟悉的另一个共和主义者。但我们不知道他们两人是否有一个以"L"开头的名字，法国的父母给孩子起名字很随意。

伽罗瓦的弟弟和朋友抄写了他的论文，并把它们寄送给当时大名鼎鼎的数学家，其中包括高斯，但是都没有得到他们的直接回复。最终，在那场致命决斗的 10 年后，法国数学家约瑟夫·刘维尔（1809—1882）对这些论文产生了兴趣。1843 年，他在法国科学院宣读了伽罗瓦的主要研究成果，并在三年后在他自己创办的数学杂志[①]上发表了伽罗瓦的所有论文。直到此时，伽罗瓦这个名字才为更广泛的数学界所知。

※※※

到底是什么使得伽罗瓦关于方程解的工作对代数学的发展如此重要呢？我在这里给出一个简要的叙述，但是我使用的是现代语言，而不是伽罗瓦的语言。

在图 10-1 中，我展示了凯莱表，即置换 3 个对象的乘法表。其中共有 6 种可能的置换，它们可以按照那个表合成（先做一个置换，再做另一个置换）。图 10-2 中给出了另外一张表，即六次单位根的"乘法表"。我曾说过，这两张表就是两个包含 6 个元素的群，即 6 阶群。

这些表显示了抽象群论的本质特征。一个群就是一些对象组成

[①] 这本杂志是《纯粹与应用数学杂志》（*Journal des Mathématiques Pures et Appliquées*），创办初期也称为刘维尔杂志。该杂志创办于 1836 年，至今仍有强大的影响力，自称是"世界上第二古老的数学杂志"，最古老的数学杂志是克雷尔（1780—1855）创办于 1826 年的杂志《纯粹数学与应用数学杂志》（*Journal für die reine und angewandte Mathematik*）。

的集合以及合成这些对象的一个法则，对象可以是置换、数或其他**任何东西**。法则通常用乘法表示，当然，这只是一种方便的记法而已。如果这些对象不是数，它就不是**真正的乘法**。

为了成为一个群，集合（对象连同法则）必须满足以下原则或公理。

封闭性。两个元素的合成结果必须是其中另外一个元素，必须"待在群中"。

结合律。如果 a、b、c 是群中的任意元素，$\times$ 是合成法则，那么总有 $a \times (b \times c) = (a \times b) \times c$。根据这个规则，我们可以明确地合成这个群里的三个或更多元素。

存在单位元。这个群里存在这样一个元素，当其他任意元素与它合成时，其他元素都保持不变。如果我们称这个特殊元素为 1，那么对这个群中的任意元素 a 都有 $1 \times a = a$。

每个元素都有一个逆元。如果 a 是这个群中的任意元素，那么我们可以找到一个元素 b，满足 $b \times a = 1$。这个元素 b 叫作元素 a 的逆元，通常记为 a^{-1}。

这种使用集合论的语言（"元素"和"合成"）、借助公理来定义群的高度抽象的方法，就是我在前面提到的典型的 20 世纪**公理化方法**。伽罗瓦当然不会使用这种方法，他是用置换群的特殊性质来表述他的想法的。

一个群中的元素的个数被称为这个群的**阶**。我们很容易验证第 10 章中的那两个 6 阶群满足群公理，但不那么容易验证不存在其他的 6 阶群。当然，我在这里指的是**抽象**群，还有很多 6 个事物组成的其他实例，它们满足群的条件（我马上就会构造一个），但是它们的合成法则一定符合第 10 章的两个凯莱表中的某一个。这两个乘法表给出了 6 阶群的所有可能，没有其他可能，即只有两个 6 阶抽象群，尽管每一个群都有很多实例。凯莱在他 1854 年的论文中列出了阶小于等于 6 的所有群。当然，今天我们还知道更多的群。图 11-1 给出了 n 阶抽象群（ $1 \leqslant n \leqslant 15$ ）的个数。

n	1	2	3	4	5	6	7	8	9	10	11	12	13	14	15
n 阶抽象群的个数	1	1	1	2	1	2	1	5	2	2	1	5	1	2	1

图 11-1　n 阶抽象群（ $1 \leqslant n \leqslant 15$ ）的个数

我们怎样才能得到任意给定阶为 n 的群的个数呢？这个问题没有一般的方法或公式。然而，还有一些事实需要注意。例如，如果 n 是一个素数，那么阶为 n 的群似乎不会超过一个。没错，对于任意素数 p，唯一的 p 阶群就是 C_p，这个群就是 p 次单位根在普通乘法下构成的 p 阶循环群。

下面是两个 4 阶抽象群（图 11-2），它们都是凯莱发现的。我将用符号 α、β、γ 表示其中的元素（单位元记为 1）。

×	1	α	β	γ
1	1	α	β	γ
α	α	β	γ	1
β	β	γ	1	α
γ	γ	1	α	β

×	1	α	β	γ
1	1	α	β	γ
α	α	1	γ	β
β	β	γ	1	α
γ	γ	β	α	1

图 11-2　两个 4 阶抽象群，C_4 和 $C_2 \times C_2$

这两个群都有名字。左边的群的名字是 C_4，它是 4 阶循环群，实例是四次单位根构成的群，当令 α、β、γ 分别等于 i、-1 和 $-$i 时，我们就可以看到这一点。右边的群的名字是 $C_2 \times C_2$，或者克莱因四元群。它们都是交换群[①]。

观察左边的群 C_4，如果我告诉你阶为 3、5 和 7 的群分别是 C_3、C_5 和 C_7，那么你应该能很容易地写出它们的乘法表。唯一的 2 阶群就是图 FT–3 中展示的群。阶为 1 的群当然很平凡，我们把它包含进来只是为完整起见。现在，你知道了所有阶不超过 7 的群，也就是说，你知道的比凯莱还多。

※※※

伽罗瓦伟大的洞察力还体现在对抽象群的**结构**的研究上。观察图 11–2 中右边的群，它是克莱因四元群。其中的两个元素 1 和 α 在这个群中构成一个小群，即一个 2 阶**子群**。同样地，1 和 β、1 和 γ 也分别构成子群。如果观察图 11–2 左边的群（C_4），你就会看到 1 和 β 构成这个群的一个子群，但是 1 和 α 或者 1 和 γ 都不能构成子群。这就是我说的结构的含义。这些群中群，即**子群**，在群论中起着关键作用。

我们回顾一下群 S_3 的"乘法表"。这个群是三个对象的置换群（图 10–1），它包含一些子群。其中一个 3 阶子群是由 I、(123) 和 (132) 构成的（请注意，它们都是**偶置换**）。它还有 3 个 2 阶子群：

[①] 不知怎么地，我忘记说明今天交换群被称为**阿贝尔群**，以纪念阿贝尔的一个定理。有一个老掉牙的数学笑话："问：什么东西是紫色的并且是可以交换的？答：阿贝尔葡萄。"在处理阿贝尔群时，群运算用加法而不是使用通常的乘法来表示。因此，阿贝尔群的单位元通常用 0 表示（因为 $0+a=a$ 对所有 a 都成立），而元素 a 的逆写成 $-a$。为简单起见，我将在下文中忽略这些。

一个子群是由 I 和 (23) 构成的，另一个子群是由 I 和 (13) 构成的，还有一个子群是由 I 和 (12) 构成的。每一个子群都组成了一个独立的单元，你可以在其中随意做乘法或取逆，所得结果永远不会跑到这个子群以外。被称为 C_6 的第二个 6 阶子群（图 10-2）中有一个 3 阶子群，它是由 1 的立方根（$1, \omega, \omega^2$）构成的，C_6 中还有一个 2 阶子群，它是由 1 的平方根（$1, -1$）构成的。

我已经在第 7 章中提过，关于群结构的第一个伟大定理是拉格朗日定理：子群的阶整除这个群的阶。整除的商被称为这个子群的**指数**。根据拉格朗日定理，分数指数不会出现。我们可以在 6 阶群中找到阶为 2 或 3（指数分别为 3 或 2）的子群，但是我们永远不可能在其中找到阶为 4 或 5 的子群，因为 6 不能被 4 或 5 整除。

伽罗瓦为群结构引入了一个关键概念，也就是我们今天所说的**正规子群**的概念。下面我将对此进行简短的描述，以群 S_3 和由 I 和 (12) 构成的子群为例，我们把这个子群记为 H，它是唯一的 2 阶抽象群的实例，如第 230 页图 FT-3 所示。

从群 S_3 中选取一个元素，这个元素属于或者不属于这个子群，这无关紧要。我选择 (123)，将这个元素依次与 I 和 (12) 相乘，从左到右做乘法运算，先做置换 (123)，然后再做另一个置换，如第 10 章所述。最终我们得到一个集合，而不是一个子群，这个集合是由 (123) 和 (23) 组成的。这个集合叫作 H 的一个"左陪集"。对群 S_3 中的其他每一个元素重复刚刚用 (123) 执行的操作，就会得到一个由左陪集组成的集合（也称左陪集族），其中一个元素就是刚刚给出的左陪集 {(123), (23)}。（注意：大括号是表示集合的常用方式。伦敦、巴黎和罗马组成的集合用数学符号表示为 { 伦敦，巴黎，罗马 }。）此外，左陪集中有一个元素是 {(132), (13)}，还有一

个元素是 $\{I, (12)\}$，也就是 H 自身。（由于 S_3 的阶是 6，因此你可能以为有 6 个左陪集，但实际上它们两两相同。）

重复整个过程，但是这次的乘法运算顺序是"从右边开始"，这给出一个"右陪集"族：它由 $\{(123), (13)\}$、$\{(132), (23)\}$ 和 $\{I, (12)\}$ 组成。现在，如果左陪集族与右陪集族相同，那么我们称 H 是一个正规子群。但是，在我给出的例子中，这两个集族是不同的，所以这个特殊的 H 不是 S_3 的一个正规子群，它只是一个普通的子群。然而，由所有偶置换组成的 S_3 的 3 阶子群是一个正规子群。你可以自己验证一下。根据上面的定义，我们要注意以下事实：如果一个群是交换的，那么**每一个**子群都是正规子群。

伽罗瓦证明了，对于任意一元 n 次多项式方程

$$x^n + px^{n-1} + qx^{n-2} + \cdots = 0$$

通过研究系数域与解域之间的关系，我们都可以将该方程同一个群联系起来。如果这个方程的伽罗瓦群具有满足特定条件的结构，其中正规子群的概念最为重要，那么我们就能够仅用加法、减法、乘法、除法和开方来表示这个方程的解。如果这个方程的伽罗瓦群不具有这样的结构，那么我们就不能通过加法、减法、乘法、除法和开方来表示这个方程的解。如果 n 小于 5，那么方程的伽罗瓦群总具有相应的结构；如果 n 大于等于 5，那么它可能具有也可能不具有这样的结构，这主要取决于 p、q 及其他系数。伽罗瓦揭示了群结构的条件，从而对"何时可以找到多项式方程的解的代数公式"这个问题给出了最终的明确答案。

※※※

虽然伽罗瓦的工作标志着方程的故事的结束，但是它也标志着群的故事的开始。这就是本书对待伽罗瓦理论的态度：它是开始，而不是结束。

我在本章中提到，刘维尔于 1846 年发表了伽罗瓦的论文。那时如同现在一样，伽罗瓦理论可以被看作一个结束，也可以被看作一个开始。那些注意到伽罗瓦工作的数学家似乎主要采纳了"结束"的观点。**关于求解多项式方程的一系列问题可以追溯到几个世纪以前，现在它们已经被彻底解决了。很好！现在让我们继续投身于更有前途的新的数学领域：函数论、非欧几里得几何、四元数，等等。**

做出面向未来的第一个真正意义上的转变的人是一位挪威数学家，他就是路德维希·西罗（1832—1918），他于 1832 年出生于奥斯陆（当时仍叫克里斯蒂安尼亚），是阿贝尔的同胞，这一年伽罗瓦去世。

由于挪威数学家的人数远远多于当地的需求，因此西罗的职业生涯主要是在哈尔登市当一名高中教师，哈尔登市位于奥斯陆以南 50 英里，当时叫作腓特烈萨尔特。直到 60 多岁时，西罗才得到大学职位。在高中教书的那些年间，他一直坚持研究数学和通信。

西罗很自然地被阿贝尔关于方程可解性的工作吸引。大约在 19 世纪 50 年代末，克里斯蒂安尼亚大学的一名教授给西罗看了伽罗瓦的论文，此后他开始研究置换群。尽管凯莱已经在 1854 年发表了论文，但不要忘了，彼时抽象群论仍然不是数学家关注的部分。群论还只是一个关于置换的理论，其仅有的有成效的应用是对代数方程解的研究。

1861 年，西罗获得了去游学一年的政府奖学金。他访问了法国巴黎和德国柏林，参加了当时几位数学名人的讲座，其中包括15年前拯救并发表了伽罗瓦论文的刘维尔。在返回奥斯陆之后，西罗开设了关于置换群的课程。这是19世纪70年代以前少有的关于群论的课程之一[①]，这门课程非常有趣。我还会在第13章中提到这门课。

西罗的研究涉及置换群的结构。我之前提到了拉格朗日定理，这个定理给出了 H 是 G 的子群的一个必要条件：H 的阶必须整除 G 的阶。因此，6阶群可能有阶为2或3的子群，但不可能有阶为4和5的子群。

西罗的研究集中在"可能"这个词上。好吧，6阶群可能有阶为2或3的子群，但是它真的有这样的子群吗？我们能得到比拉格朗日的关于子群的必要非充分的简单的整除条件更好的法则吗？柯西已经证明，如果一个群的阶有素因子 p，那么这个群就有一个 p 阶子群。这个结果还能改进吗？

当然能。在发表于1872年的一篇论文中，西罗针对这个论题给出三个定理。直到今天，这三个定理仍然作为群论的基本结果被传授给学代数的学生。我在这里只给出第一个定理。

西罗第一定理：假设 G 是一个 n 阶群，p 是 n 的一个素因子，且 p^k 是整除 n 的 p 的最高次幂（例如：$n=24$，$p=2$，$k=3$），那么 G 有一个 p^k 阶子群。

这种阶为 p^k 的子群被称为 G 的西罗 p 子群。世界上某个大学

----

① 19世纪50年代后期，理查德·戴德金在哥廷根大学开设了一些关于伽罗瓦理论的讲座。

的数学系曾经有一支摇滚乐队，自称为"西罗和他的 p 子群"。

※※※

随后，有限群论本身就拥有了一段漫长而迷人的历史。它还在从市场研究到宇宙学等许多实际领域中得到广泛的应用。完整的群分类也得到了发展，它把不同阶的群分类成不同的族。

我在第 10 章给出的"乘法表"中的两个群就是其中两个族的例子。第一个族是 S_3，它是由 3 个对象的所有可能置换构成的群，其阶为 6；另一个族是 C_6，它是由六次单位根构成的群，它的阶也是 6。这两个族都是群族中的元素。在通常的置换合成下，由 n 个对象的所有可能置换组成的集合构成群 S_n，即 $n!$（即 n 的阶乘）阶**对称群**。n 次单位根在通常的乘法下构成群 C_n，即 n 阶**循环群**。事实上，我们已经发现了第三类重要的群族：从 S_n 中提取的所有由偶置换组成的正规子群，被称为阶为 $\frac{1}{2}n!$ 的**交错群**，更简单地说，"指数为 2 的交错群"，通常被记为 A_n。

另一类重要的族就是**二面体群**。"二面体"指几何意义中的"有两个面"，而不是指人的两面性。从一张硬纸板上剪下一个正方形，这个正方形有两个面，它是二面的。我们依次给正方形的四个顶点标上 A、B、C、D，把这个正方形放在一张纸上，然后用铅笔画出它的轮廓。请问，我们能够用多少种基本的简单方法（其他方法与某一种基本方法等价，例如，720° 旋转等价于 360° 旋转）移动这个正方形，使得它总能完美地与最初的轮廓重合？

答案是 8 种方法。我在图 11-3 中绘制出了这些方法，而且给出了每种方法作用在特定的初始状态上的效果，这个初始状态用不做任何改变的恒等移动 I 表示。除了恒等移动以外，移动方法还有顺时针旋转 90°、180° 和 270°，以及翻转轴不同的 4 种翻转方式（南北翻转、东西翻转、西南－东北翻转，东南－西北翻转，其翻转轴是这个正方形的 4 条对称轴）。

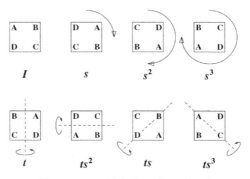

图 11-3　二面体群 D_4 的 8 个元素

这些移动（对数学家来说就是"变换"）根据以下合成法则构成一个群：先做第一个基本移动，再接着做另一个基本移动。显然，这个群的阶是 8，它的名字是 D_4，是正方形的二面体群。你可以试着写出这个群的凯莱表。任意正 n 边形都对应于一个类似的群，这个群被称为 D_n。当 $n=2$ 时，这个"多边形"就是线段 AB，D_2 只有两个元素，但是对任意大于等于 3 的 n，D_n 都有 $2n$ 个元素。所以，这是另外一类群族。

〔注意，我在标记 D_4 中的元素时使用的符号有点儿复杂。例如，当我定义 90° 旋转为 s，合成法则为"先做第一个变换，再做第二个变换"时，180° 旋转就是 s^2，即先做一次 s，再做一次 s，270° 旋转就是 s^3。类似地，我只需定义南北翻转为 t，那么西南－

东北翻转就是 ts，等等。当你能够用最少的基本元素（如 s 和 t）构造一个群时，这些元素就被称为这个群的**生成元**。图 11-2 中的 4 阶群的生成元是什么？〕

假设对三角形做类似的操作，我们可以得到 D_3。D_3 不就有 6 个元素吗？我不是已经说过，只有 S_3 和 C_6 两个 6 阶抽象群吗？谜底是 D_3 是 S_3 的一个实例[①]。只要考虑置换，你就会明白为什么对三角形来说是这样的，而对正方形或超过三条边的任意正多边形来说就不是这样的。A、B、C 的**任意置换**都对应于 D_3 中的一个二面体移动，但对于 A、B、C、D 的置换来说则不是如此。置换 (AC) 对应于移动 ts，但是置换 (AB) 却不与 D_4 中的任意变换对应（另外，同 S_3 一样，D_4 也有正规子群和普通子群，你可以试着把它们列出来）。

我在前面说过，如果 p 是一个素数，那么唯一的 p 阶群是循环群 C_P，实例是 p 次单位根构成的群。而如果 p 是一个大于 2 的素数，那么有且只有两个 $2p$ 阶群，其中一个 $2p$ 阶群是 C_{2P}，另一个 $2p$ 阶群是 D_p。

我们回过头来看图 11-1，这个图给出了各阶群的个数，现在，你基本可以得出直到 $n=11$ 的情况。美中不足的是 $n=8$ 的情况，当 $n=8$ 时，有 5 个不同的群，其中 3 个群是循环群或者由循环群构造而成的群：C_8、$C_4 \times C_2$ 和 $C_2 \times C_2 \times C_2$。第四个群当然是 D_4，第五个群是一个奇怪的四元数群，这个四元数群有一个非常奇特的性

[①]　更准确地说，D_3 和 S_3 都是同一个抽象群的实例。唯一的 2 阶抽象群的实例不仅有 D_2 和 S_2，还有 C_2，如图 FT-3 所示。严格地说，所有诸如 D_3、S_3、C_2 的记法都是抽象群的特殊实例的名称，我们应该避免使用"这个群 S_3"的说法，而应该说"这个以 S_3 作为最熟悉的实例的群"，但是没有人愿意这样严格地叙述。

质：虽然它是非交换群，但是它的所有子群都是正规子群。

※※※

到此，我希望你能看到对群进行分类的迷人之处。在这个领域中，历史上最有趣的地方或许就是试图将所有的**有限单群**进行分类。单群是没有正规子群的群。例如，对于素数 p，C_p 没有真子群，所以它当然就是单群。当 n 大于等于 5 时，n 个对象的偶置换群 A_n 也是单群，这就是一般五次方程没有代数解的根本原因。除了另外 5 个其他单群族以外，还有 26 个"怪物"——它们是不属于任何一个族的例外单群。其中一个"怪物"的阶是 808 017 424 794 512 875 886 459 904 961 710 757 005 754 368 000 000 000。

所有有限单群的分类于 20 世纪中后期实现，并于 1980 年完成。这是近世代数的伟大成就之一。①

---

① 我不再详述有限单群的分类问题。如果你想看到更全面而清晰的描述，请参考基思·德夫林（1947— ）1999 年的著作《数学：新的黄金时代》（*Mathematics, the New Golden Age*）。如果你想一睹最终的分类情况，请参考康威等人编写的、由克拉伦登出版社于 1985 年出版的《有限群图册》（*The Atlas of Finite Groups*），不过其表述更高深。

第 12 章
环女士

定义一个群相当简单，只需要 4 条公理：封闭性、结合律、单位元和逆元（见第 11 章）。如此的简洁性扩大了群的范围，就像简单的描述"四条腿的生物"比更长的描述"拥有长牙和躯干的四条腿生物"包含更多的物种一样。正是群定义中的这种简洁性使得群的适用范围不仅限于数字。此外，这种简洁性也给包含**正规子群**这个关键概念的群留有足够的余地，以便拥有复杂而有趣的内部结构。

域（见"数学基础知识：域论（FT）"）是一个更复杂的对象，它的定义需要 10 条公理。域中的基本合成方式不止一个，而是两个：加法和乘法。（减法和除法实际上就是和其相应的逆做加法和乘法运算：如 $8-3=8+(-3)$。）这种更高的复杂程度使得"域"的概念与普通数字的关联更加密切。矛盾的是，这也限制了它拥有有趣的内部结构的可能性。

还有一个近世代数研究较多的数学对象：**环**。环比群更复杂，但没有域那么复杂。因此，尽管它的适用范围不如群那么广泛，但是它在普通数之外的应用比域更广。与群类似，环可以拥有有趣的内部结构。它的关键概念是**理想**，我将在本章和第 13 章详细阐述这一点。

事实上，同一些中间概念的情况类似，环的概念同时给数学家们提供了两个世界上最好的东西。例如，它处于现代代数几何的中心，是近世代数中最深刻、最具挑战性的思想的源头。然而，经过了相当漫长的一段时间之后，人们才开始认识到环的全部威力。

曾经有人说环论最初源自费马大定理，这实际上是一个误解。不过，用费马大定理来引出环论是一个不错的切入点，因此，我从这里开始讲述。

※※※

我曾在第 2 章中提过费马和费马大定理。1637 年前后，费马把这个定理写在了丢番图的《算术》一书的页边空白处，这个定理断言当正整数 $n > 2$ 时，方程 $x^n + y^n = z^n$ 没有正整数解 x、y、z。1659 年，费马对 $n = 4$ 的情形给出了一个粗略的证明，高斯很久之后才给出了完整的证明。1753 年，欧拉给出了 $n = 3$ 时的证明。

此后的半个世纪对此都没有实质性的进展，直到法国数学家索菲·热尔曼（1776—1831）出现。热尔曼是本书介绍的三位伟大的女数学家中的第二位（希帕提娅是第一位），她对很大的一类整数 x、y、z 和 n 证明了费马大定理。解释哪些整数属于这一类恐怕会离题太远，知道阐述这个定理是基于热尔曼结果的进展就足够了。

1825 年，当时 72 岁的法国数学家阿德里安－马里·勒让德（1752—1833）和德国数学家勒热纳·狄利克雷（1805—1859，他的名字像法国人）分别证明了这个定理在 $n = 5$ 时的情形。到此，每一个人都知道真正的挑战就是对素数 n 证明这个定理，所以下一个目标是 $n = 7$。另一位法国数学家加布里埃尔·拉梅（1795—

1870）于 1839 年证明了 $n=7$ 的情形。然而，就在这时，故事出现了新的转折。

※※※

回忆一下，整数集 $\mathbb{Z}$ 是由所有正整数、所有负整数和 0 组成的。

$$\mathbb{Z}: \cdots, -5, -4, -3, -2, -1, 0, 1, 2, 3, 4, 5, 6, 7, \cdots$$

（这个数列向左右两端无限延伸。）这里的 $\mathbb{Z}$ 不是域，你可以在其中随意进行加法、减法和乘法运算，结果仍在 $\mathbb{Z}$ 中，但是，你只有在某些时候才可以进行除法运算。如果你用 -12 除以 4，那么其结果仍在 $\mathbb{Z}$ 中；但是，如果你用 -12 除以 7，那么其结果不在 $\mathbb{Z}$ 中。由于在 $\mathbb{Z}$ 中不能随意进行除法运算，因此它不是一个域。

但是，$\mathbb{Z}$ 本身就足够有趣，而且很重要，值得引起数学家们的关注。即使除法不总是可行的，你也可以进行大量的加法、减法和乘法运算。例如，你可以研究因子分解和素性问题（即什么样的数是素数）。

此外，还有很多其他数学对象与 $\mathbb{Z}$ 类似，在其中可以随意做加法、减法和乘法，但不能随意做除法。比如，多项式就是如此。给定两个多项式，如 x^5-x 和 $2x^2+3x+1$，我们可以把它们相加，得到一个多项式（结果是 x^5+2x^2+2x+1）；或者把它们相减，得到一个多项式（结果是 x^5-2x^2-4x-1）；或者把它们相乘，得到一个多项式（结果是 $2x^7+3x^6+x^5-2x^3-3x^2-x$）。但是，把它们相除不一定能得到一个多项式。在这个例子中，我们就不能做除法，但在某些情况下，我们就可以做除法，比如 $(2x^2+3x+1) \div (x+1) = (2x+1)$。这就像整数的情况一样！①

　　这种可以进行前三种运算、但不能进行第四种运算的数学对象叫作**环**②。现在你应该能明白我所说的，按照顺序，环介于群和域之间的意思了。"域"的定义比"环"更严格，其中有完整的除法。"群"的定义更宽松，其中只有一种合成两个元素的方式，参见第11章中定义抽象群的4个公理。定义一个域需要10条公理，定义一个环只需要6条公理。

　　在关于数论的一些研究中，高斯发现了一类包括复数在内的新环。高斯不可能使用"环"这个词——直到一百年后它才出现。高斯也不可能使用其抽象概念，不过他发现的确实是环。今天，这个环被称为高斯整数环，它是由像 $-17+22i$ 这样的实部和虚部都属于整数 $\mathbb{Z}$ 的复数组成的环。你也可以像高斯一样，对这样的"复整数"发展出类似整数的算术。

　　这种算术一点儿也不简单。一般说来，环甚至比它初看起来更不适合做除法。你不难在 $\mathbb{Z}$ 中引入部分除法，像普通算术那样发展

---

① 大约在1585年，荷兰代数学家西蒙·斯泰芬第一次注意到，或者至少第一次论述整数与多项式之间的这种相似性。顺便说一下，我很抱歉没有在正文中单独介绍斯泰芬，他是伟大的十进制的传播者，为了使它被欧洲人接纳，斯泰芬做了大量的宣传。他的关于这方面的一本书激发了托马斯·杰斐逊为新生美国提出十进制货币体系的建议，"十美分硬币"（dime）这个名词也应该间接地归功于他。

② 专业代数学家对此一定会怒不可遏。是的，我叙述得过于简单了，尽管只是过了那么一点点。事实上，环的代数概念要比我在上面给出的例子所蕴含的意义宽泛得多。例如，一个环不必有乘法单位元，即1，而整数环 $\mathbb{Z}$ 和多项式环都有1。尽管加法必须是可交换的，但乘法不必是可交换的。不过，本书不是一本教材，我只想让大家了解大致的想法。

出素数和因子分解理论。事实上，负数被包含在 ℤ 中增加的困难微不足道。在其他环中构建一个适当的素数和因子分解理论通常更困难。这对于高斯整数环来说是可行的，对于欧拉在证明 $n=3$ 的费马大定理时使用的另一个环来说也是可行的，这个环比高斯整数环更"大"一点儿，还允许 $\frac{1}{2}\sqrt{3}$ 这样的数存在。但是，当你深入研究这类环时，就会出现令人讨厌的事情。

　　最令人讨厌的一件事就是**唯一分解出现了问题**。在整数环 ℤ 中，任何整数都只能用唯一一种方式表示成一个单位与一组素数之积。（在环论中，单位就是能够整除 1 的数。ℤ 有两个单位：1 和 −1。高斯整数环有四个单位：1、−1、i、−i。①）例如，整数 −28 分解成 −1×2×2×7。除了改变这些因子的顺序之外，这个数不会有其他不同的因子分解。环 ℤ 具有唯一因子分解性质。

　　另外，考虑由数 $a+b\sqrt{5}i$ 组成的环，其中 a 和 b 都是整数。在这个环中，6 有两种分解方式，一种是 $2×3$，另一种是 $(1+\sqrt{5}i)×(1-\sqrt{5}i)$。注意，这四个因子都是这个环中的素数（素数的定义是除了单位和自身之外没有其他因子）。唯一因子分解性质出现了问题。

※※※

　　这个不幸的状况导致了 1847 年的一场大败。当时，法国科学院为费马大定理的证明设立了一枚金牌和 3000 法郎的奖金。拉梅

---

① 以下是环论中一个令人惊讶的反直觉的例子：在形如 $a+b\sqrt{5}$ 的数组成的环中，a 和 b 都是普通整数，$9+4\sqrt{5}$ 是这个环中的一个单位，它可以整除 1。读者可试着验证。

在成功证明 $n=7$ 的情形之后，在那一年的 3 月 1 日，拉梅在法国科学院的一次会议上宣布，他即将完成这个定理的一般证明，即对所有 n 的证明。他补充说，这个证明的想法来自他在几个月前与刘维尔的一次交流。

当拉梅完成证明时，刘维尔本人站了出来，向拉梅的方法泼了冷水。他指出：第一，这个方法不是原创的；第二，这个证明依赖于某些复数环中的唯一因子分解性质，而这个性质是不可靠的。

接着，柯西发言了。他支持拉梅，说拉梅的方法很可能给出了一个证明，并透露他本人也在沿着相同的思路进行研究，他可能很快就能得到自己的证明。

科学院的这次会议自然而然地引发了人们对费马大定理的持续几个星期的疯狂研究，其中不仅有拉梅、柯西等人，还有其他被奖金吸引的人。

接着，12 个星期之后，在拉梅或柯西宣布他们的完整证明之前，刘维尔在科学院宣读了一封信。这封信来自德国的一位数学家——爱德华·库默尔（1810—1893），他一直在关注巴黎那次会议的数学消息。库默尔指出，在拉梅和柯西所采用的方法中，唯一因子分解性质的确不成立，并声称他自己在三年前就已经证明了这个结果（不过他是在一本不起眼的杂志上发表他的证明的），但是如果他使用一年前发表的一个概念，那么这种情况就会得到一定程度的改善，这个概念就是**理想数**。

过去人们常说（贝尔在《数学大师》中说过），库默尔在他研究费马大定理时发展了这个新概念。然而，现代学者认为，在发现这些理想数之**前**，库默尔并没有对这个定理做什么研究。直到那时，以及当他知道巴黎的争端之后，他才开始挑战这个定理。

在刘维尔宣读完这封信的几周后，库默尔向柏林科学院递交了一篇论文。在这篇论文中，他对一大类素数（即所谓的正则素数[①]）证明了费马大定理。库默尔的证明使用了他发现的理想数。这是一个多世纪以来在攻克费马大定理的征程中取得的最后一个真正重要的进展。1994 年，安德鲁·怀尔斯最终证明了这个定理。

那么，这些"理想数"是什么呢？这不太好解释。数学史学家通常不会费心去解释它，实际上，库默尔的理想数很快就被一个更强大、更一般的概念——**理想**所取代，理想不是一个数，而是一个由数构成的环。我认为这对库默尔有点儿不公平，所以我在这里大概介绍一下他的概念。

库默尔那时正在研究**分圆整数**，我先简要解释一下这个概念。读者可能还记得在介绍单位根时提到的"分圆"一词。当这个词出现在数学中时，它通常都与单位根有关。假设 p 是某个素数，p 次单位根是什么？当然 1 是一个 p 次单位根。其他 p 次单位根都均匀地分布在复平面上的单位圆周上，如图 RU-1 所示。如果我们称（在 1 之后沿逆时针方向的）第一个根为 α，那么其他的根是 α^2，α^3，α^4，$\cdots$，α^{p-1}。

分圆整数是形如

[①] 定义正则素数没有简单的方法。一个最不复杂的定义方法如下。如果一个素数 p **不能**整除伯努利数 B_{10}，B_{12}，B_{14}，B_{16}，$\cdots$，B_{p-3} 的分子，那么素数 p 就是正则的。（我已经在第 9 章中介绍过伯努利数。）例如，19 是正则素数吗？只要它不能整除伯努利数 B_{10}、B_{12}、B_{14}、B_{16} 的分子，即 5、691、7 和 3617，那么它就是正则素数。因为 19 的确不能整除其中的任何一个数，所以 19 是一个正则素数。第一个非正则素数是 37，它恰好可以整除 B_{32} 的分子，这个分子是 7 709 321 041 217。

$$A + B\alpha + C\alpha^2 + \cdots + K\alpha^{p-1}$$

的复数，其中所有的大写字母系数都是 $\mathbb{Z}$ 中的普通整数，α 是一个 p 次单位根。例如，如果 p 是 3，那么这些单位根就是我们的老朋友：1、ω 和 ω^2，ω 和 ω^2 是二次方程 $1 + \omega + \omega^2 = 0$ 的两个根（见"数学基础知识：单位根（RU）"）。对于 $p = 3$ 的情形，分圆整数的一个例子就是 $7 - 15\omega + 2\omega^2$。注意，这是一个非常普通的复数 $\frac{27}{2} - \frac{17}{2}\sqrt{3}\mathrm{i}$。我刚才是用 1、$\omega$ 和 ω^2 来表示它的。

这些分圆整数有一些奇特而美妙的性质。仍以 $p = 3$ 为例，因为 $1 + \omega + \omega^2 = 0$，所以对任意整数 n 都有 $n + n\omega + n\omega^2 = 0$。因为一个数加上 0 仍然保持不变，所以我可以在等式左边加上 $7 - 15\omega + 2\omega^2$，得到 $(n+7) + (n-15)\omega + (n+2)\omega^2$，这个数的值不变，你可以很容易地代入 ω 和 ω^2 的实际值来验证这一点。正如 $\frac{3}{4}$、$\frac{6}{8}$、$\frac{15}{20}$、$\frac{75}{100}$ 等无穷多个分数都表示同一个有理数一样，对于 n 的任意值，我的分圆整数的第二种形式总是表示同一个分圆整数。

库默尔研究了这些分圆整数的因子分解。事实证明，这是一个深奥而棘手的问题。正如你可能猜到的那样，唯一因子分解性质不成立的问题很快就出现了（尽管也不是非常快：当 $p = 23$ 时才首次出现这样的问题。这就是理想数理论难以解释的一个原因）。这就是库默尔解决的一个特殊问题。他对素数的常见定义加以限制，使其更适合分圆整数，从而解决了这个问题。接着，库默尔从这些"真素数"出发，构建了他的理想数，得到了完整的分圆整数的因子分解理论。

除此之外，库默尔还证明了他的伟大结论：费马大定理对正则素数成立。不过，这只是一个特殊的、局部的应用。在环论的强大威力得到充分展示之前，人们必须达到更高的一般化水平。下一代数学家们就达到了这个更高的水平。

※ ※ ※

库默尔在 1847 年给法国科学院的信所表达的意义不仅仅是数学。库默尔当时 37 岁，是普鲁士布雷斯劳大学的一名教授。虽然此时距德国统一还有 20 年，但是民族情绪很强烈，即便不是作为一个国家而是作为一个民族，德国人民在欧洲文化中也是一股崛起的伟大力量。法国在拿破仑战争期间对德国的侮辱，在 40 年之后仍然引起了德国人民的强烈愤恨。

库默尔对这种愤恨有着切身体会。他的父亲是距柏林东南 100 英里处 ① 一个叫索罗的小镇上的一名医生，在库默尔三岁时，他的父亲因拿破仑大军团在从俄国撤退时带到这个地区的斑疹伤寒而去世。因此，库默尔是在极度贫困中长大的。尽管库默尔看起来是一个和蔼可亲的人，还是一位有天赋的受欢迎的老师，但是我们很难不去猜测，库默尔在向法国科学院展示他的超前想法时，内心一定会感到一丝满足。

拿破仑给德国人造成的挫败感和耻辱感也带来了更大的影响。德国人促使普鲁士和德国各小州的教育、技术和师资培训体系进行了全面改革。这个成果以及伟人高斯的榜样和威望造就了 19 世纪中叶一批一流的德国数学家：狄利克雷、库默尔、亥姆霍兹、克罗内

---

① 这个小镇今天位于波兰西部，并改名为扎雷。而布雷斯劳是今天波兰的弗罗茨瓦夫。第二次世界大战之后，整个德国 – 波兰边界向西移动了。

克、艾森斯坦、黎曼、理查德·戴德金（1831—1916）和克勒布施。

到了 1866 年德国统一的时候，德国甚至已经有了两个值得夸耀的卓越的数学中心：柏林和哥廷根，它们有各自的独特风格。柏林数学崇尚纯粹、致密和严谨[①]，而哥廷根数学则更富有想象力、更几何化；一个是罗马风格，一个是雅典风格。魏尔斯特拉斯和黎曼就是这两种风格的典型代表。如果没有给出一份长达八页的详尽证明来说明某件事的必要性，柏林学派的魏尔斯特拉斯根本不会理睬。另外，黎曼展示了函数的令人惊讶的图景，他的函数漫步于复平面、弯曲空间以及自相交曲面之上，他只在必要时才偶尔停下来匆匆给出一个证明。

而与此同时，法国的数学已经开始衰落。不过这是相对而言的，毕竟这个国家有值得炫耀的刘维尔、埃尔米特、贝特朗、马蒂厄和若尔当（1838—1922），法国不缺乏数学天才。然而，巴黎在数学上的辉煌时代已成为过去。柯西在高斯去世两年后也去世了。但是，柯西的去世标志着法国数学的卓越时代的结束，而高斯的去世则发生在德国数学迅速崛起的时期。

※ ※ ※

理查德·戴德金是 19 世纪中叶那批德国数学家中最出色的一位。他是一个非常安静、沉默寡言的人，除了数学之外，他对其他事情都不关心。戴德金的一生波澜不惊，大部分时间在他的家乡

[①] 柏林这个数学中心弥漫着古老的日耳曼浪漫主义气息。克罗内克曾说："我们是诗人。"魏尔斯特拉斯认为"一个数学家如果不同时具备诗人的气质，他永远不会成为真正的数学家"，等等。

（也是高斯的家乡）不伦瑞克当大学教师。

戴德金对代数学的贡献有三个方面。第一，他给出了理想的概念。第二，他与海因里希·韦伯（1842—1913）一起开创了函数域理论的研究，我在关于"数学基础知识：域论（FT）"的结尾给出了函数域的简要介绍（在第 13 章中将有更详细的介绍）。第三，戴德金开启了代数的**公理化**进程，利用集合论语言纯粹抽象地定义代数对象。这种公理化方法在半个世纪后完全成熟，成为近世代数观点的基础。

理想这个概念不是一个能让非数学专业人士容易理解的概念，因为我们不太容易举出具有启发性的例子。首先，一个理想是一个**子环**，是一个环中环。因此，它是一个由数（或多项式，或组成环的其他对象）组成的集合，在加法、减法和乘法运算下是封闭的，嵌入在相同类型的一个更大的集合中。

但是，理想不是随便一个子环。它具有这样的特性：如果你任取其中的一个元素，把这个元素与大环中的一个元素相乘，其结果仍在这个子环之中。

取我们最熟悉的整数环 $\mathbb{Z}$，$\mathbb{Z}$ 中一个理想的例子是，某个给定数的所有倍数的全体。假设我们取 15，下面就是一个理想：

$$\cdots, -60, -45, -30, -15, 0, 15, 30, 45, 60, 75, \cdots$$

这个理想是由所有形如 $15m$ 的整数组成的，其中 m 是任意整数。显然，理想在加法、减法和乘法运算下是封闭的。而且，正如我在前面说的那样，如果你把这个理想中的任意一个数，比如 30，乘以大环 $\mathbb{Z}$ 中的任意一个数，比如 2，那么其结果 60 还在这个理想之中。

如果我对此进行进一步的说明也许会更好：现在从 $\mathbb{Z}$ 中任取两个数，构造它们的所有线性组合。以 15 和 22 为例，构造所有可能的数 $15m+22n$，其中 m 和 n 是任意整数。这应该是一个更有趣的理想。

不幸的是，当我们研究 $\mathbb{Z}$ 时，这样做不会产生新的理想，因为 $\mathbb{Z}$ 的结构太简单了。如果你让 m 和 n 取遍所有整数，那么 $15m+22n$ 就取遍所有可能的整数，这很容易证明①。所以，这个"理想"实际上就是整个 $\mathbb{Z}$。如果不取 15 和 22，而是取两个有公因子的数，比如 15 和 21，那么我们将得到由它们的最大公因子 3 生成的理想。所以，上面给出的这种理想是 $\mathbb{Z}$ 中除了 $\mathbb{Z}$ 本身（和只由零组成的平凡理想）之外**仅有**的理想。事实上，$\mathbb{Z}$ 中的理想并不非常有趣。

我们可以用形式化的代数语言这样描述：在任意环中，某个特定元素 a 的倍数的全体组成的集合被称为由元素 a 生成的**主理想**。像 $\mathbb{Z}$ 这样，每个理想都是主理想的环，被称为一个主理想环。在一个不是主理想环的环中，你确实可以这样生成理想：取两个或更多

---

① **证明**：假设这不是真的。假设存在某个整数 k，对于任意 m 和 n，它都不等于 $15m+22n$。重新把 $15m+22n$ 写成 $15m+(15+7)n$，这也等于 $15(m+n)+7n$。于是 k 不能用其中任何一种方式表示，即 15 的倍数加上 7 的倍数。但是观察一下我的做法：我用一对新数（一个数是原来这对数中更小的一个，另一个数是原来这对数之**差**：15 和 7）取代了原来的一对数（15 和 22）。显然，我可以用这种"递降法"一直进行下去，直到无法进行下去为止。这是欧几里得证明的一个初等算术问题，如果我这样做，那么我最终得到一对数 $(d, 0)$，其中 d 是我原来的那对数的最大公因子。15 和 22 的最大公因子是 1，所以，假设对任意的 m 和 n，整数 k 都不等于 $1 \times m + 0 \times n$。但这是荒谬的：因为 $k=1 \times k+0 \times 0$。我用**反证法**证明了这个结论。

的元素 a, b, …，构造它们的所有可能组合 $am + bn + \cdots$，这个理想被称为"由 a, b, …生成的理想"。其实，对环进行分类的一种方法，就是研究这个环的理想是如何生成的。例如，有一类重要的环称为诺特环，它的理想都是由有限个元素生成的。

在由复数组成的环中，理想变得非常有趣。戴德金给出了理想的抽象定义（也就是我刚才给出的定义），接着他将其运用于更广的一类复数环中，这类环要比库默尔研究的环的范围广泛得多。通过这样做，他能够对任何环创造出"素数""约数""倍数"和"因子"的适当定义。

这些定义的表达方式比以往任何数学家尝试过的方法都更为一般。虽然戴德金并没有完全脱离数的领域，但是他用定义公理来引入数学对象——域、环（他称之为"序"）、理想、模（这是一个向量空间，其标量取自于环而不是域），和近世代数教材里的做法一样。因为他没有现代集合论的术语可用，所以戴德金的定义看起来还不够现代，但是他的方向是正确的。

在第 13 章介绍代数几何时，我将更详细地讨论理想。

※※※

一旦戴德金的方法被广泛传播和接受，以及理想的概念被人们所熟悉，环具有像群一样有趣的内部结构的这个事实就变得很清晰了。这就是环论兴起之时。不过，它还称不上环论。使用它的人总是想着它的一些特殊应用：在几何、分析、数论方面的应用，特别是在代数方面的应用，即在多项式上的应用。直到第一次世界大战之后，环女士才登场，带来了清晰连贯的理论，涵盖了所有这些领域，并使它们建立在稳固的公理化基础之上。

我将在下文中再介绍这位女士。在戴德金与这位女士之间的 40 年里，当然有很多数学家向前推进了这个理论，其中包括一些伟大的数学家。然而，那些最有趣的工作是几何方面的，属于下一章要讲的内容。在这里，我只提及那段时期研究环论的一个人名，因为这个人和他的生活都很有意思。

他的名字就是埃马努埃尔·拉斯克（1868—1941），人们记住他不是因为数学，而是因为国际象棋。事实上，他是 1894 年到 1921 年连续 27 年的国际象棋世界冠军，是迄今为止保持这个头衔时间最长的人。

拉斯克于 1868 年出生在当时属于德国东部的一个地区，第二次世界大战之后，边界被重新划分，那里成为波兰西部的一部分。拉斯克是犹太人，他的父亲是小镇上的犹太教堂的合唱指挥，这个小镇原来叫柏林兴，现在叫巴尔利内克。拉斯克跟他的哥哥学会了国际象棋，十几岁时就在镇上的咖啡馆下国际象棋赚零花钱。他在国际象棋界迅速崛起，20 岁时在德国柏林赢得了他的第一次锦标赛冠军，25 岁时在北美（美国纽约、费城、加拿大蒙特利尔）举行的一系列比赛中打败了上届冠军威廉·斯坦尼茨（1836—1900），成为世界冠军。

拉斯克受到的数学教育非常全面，但是被他的国际象棋活动打断了。他曾在德国柏林大学、哥廷根大学、海德堡大学就读，从 1900 年到 1902 年，他在埃尔朗根大学师从希尔伯特，33 岁时在那里获得博士学位。他对环论的主要贡献是给出了一个相当深奥的**准素理想**的概念，这个概念有点儿像在对整数进行分解时得到的素数的幂（例如 $6776 = 2^3 \times 7 \times 11^2$）。有一类环叫作拉斯克环，还有一个重要定理叫作拉斯克 – 诺特定理，这是一个与诺特环的结构有关的定理。

拉斯克的晚年很悲惨。1933 年希特勒上台时，拉斯克和他的妻子已经在德国安顿下来，过着舒适的退休生活。然而，纳粹没收了拉斯克的所有财产，把身无分文的夫妻俩撵出了他们的祖国。六十多岁的拉斯克不得不重新参加国际象棋比赛。他在英国生活了两年，然后搬到莫斯科。后来，他搬到了纽约，1941 年在纽约去世。[①]

※※※

　　诺特环和拉斯克－诺特定理表明，这个故事中显然有一个名叫诺特的人。这里实际上有两个名叫诺特的人，一个名气小些，一个名气大些。名气较小的是父亲马克斯·诺特（1844—1921），名气较大的是他的女儿埃米·诺特。埃米·诺特把自戴德金的开创性工作之后 40 年的成果整合到一起，转化为现代环论。

　　马克斯·诺特是德国南部城市埃尔朗根（在纽伦堡北边）的一名数学教授。1882 年埃米在那里出生。我们必须把她的职业生涯放在她成长的德意志帝国的大环境中来看，当时是俾斯麦（1871 年至 1890 年的德国宰相兼外交大臣）和威廉二世（1888 年至 1918 年在位的德国皇帝）的德意志帝国。即使按 19 世纪末的标准来衡量，在威廉二世统治下的德国，女性受到严重歧视。我想，即使是那些不会说德语的人也可以从德语口号"Kinder、Küche、Kirche"（子女、厨房、教堂）中大概推测出女人在德国社会中的地位。据说，这句话被用来赞许威廉二世的皇后奥古斯塔·维多利亚的态

① 我参考的是汉纳克所著的《埃马努埃尔·拉斯克：国际象棋大师的一生》（1959 年出版），据说这是权威的拉斯克传记。我手中的是 1959 年海因里希·弗伦克尔的翻译版，其中有爱因斯坦写的前言。这真令人羡慕，就如同达·芬奇为你的著作画插图一样。

度，不过她口中说的应该是皇帝、子女、厨房和教堂。要想深入了解这个话题，我推荐特奥多尔·冯塔纳小说《艾菲·布里斯特》（1895 年）[①]。很多人肯定都熟悉法国作家福楼拜的《包法利夫人》（1856 年）和俄国作家托尔斯泰的《安娜·卡列尼娜》（1877 年）中对 19 世纪叛逆女性的悲惨遭遇的经典描述，但是很少有人知道德国在这方面的作品，也就是冯塔纳的这部杰作。[②]

因此，当埃米·诺特在 18 岁左右决定将纯数学研究作为她的事业时，她决定迈过一座险峻的大山。她的父亲是一名数学家，还是一所著名大学的教授，尽管她拥有这样的优势，情况仍然如此。1900 年，当诺特做出这个决定时，女性只能作为旁听生参加大学课程，而且还必须得到授课教授的允许。在 1900 年到 1902 年，埃米·诺特在埃尔朗根大学旁听了数学课，接着在 1903 年到 1904 年在哥廷根大学旁听。

到了 1907 年，德国开展了一些适度的改革，诺特获得了埃尔朗根大学授予的博士学位，这是德国的大学授予女性的第二个数学博士学位。这个博士学位本可以让她获得在大学任教的资格，然而，"特许任教资格"还没有向女性开放。她在埃尔朗根大学工作了八年，一直是博士研究生的无薪导师和临时讲师。但没有什么事能够阻止她发表文章，她很快就因为在数学方面的杰出工作而闻名。

这些事发生在爱因斯坦 1905 年发表他的狭义相对论之后的几年里。当时，爱因斯坦正全身心投入在他的广义相对论研究中，其

[①] 这部著作有中译本，《艾菲·布里斯特》，上海译文出版社，1980 年出版。——译者注

[②] 宁那·华纳·法斯宾德在 1974 年制作了一部非常感人的电影版本，汉娜·许古拉饰演艾菲·布里斯特，沃尔夫冈·申克饰演她的丈夫殷士台顿。

目标是把引力纳入他的理论中。然而，他还有一些困难需要克服。
1915 年 6 月到 7 月，爱因斯坦在哥廷根大学的一些讲座中介绍了
他的广义相对论和一些没有解决的问题。爱因斯坦在谈到这件事时
说："让我感到高兴的是，我成功地说服了希尔伯特和克莱因。"

　　这的确值得高兴。尽管当时的希尔伯特和克莱因已经过了职业
巅峰期（当时希尔伯特 53 岁，克莱因 66 岁），但他们依然是数学
巨人，而 36 岁的爱因斯坦还只不过是青年才俊。当然，在爱因斯
坦在 1915 年来做演讲之前，希尔伯特和克莱因就很有兴致地关注
了他的思想的发展。现在他们"相信"了爱因斯坦（可能是相信爱
因斯坦的思路是正确的），把注意力放在广义相对论的突出问题上。
他们知道埃米·诺特在相关领域所做的一些工作，因此邀请她到哥
廷根来。〔那些与特定**变换**中的**不变量**有关的领域，我将在下面阐
述其想法。相对论中的关键变换就是洛伦兹变换，它告诉我们从一
个参考系转换到另一个参考系时，坐标（即三个空间坐标和一个时
间坐标）是如何变化的。这个变换之下的不变量是"原时"，
$x^2+y^2+z^2-c^2t^2$，至少在微积分所需的无穷小层次上是这样的。〕

　　诺特如期到达了哥廷根。在几个月的时间里，她写出了一篇精
彩的论文，解决了广义相对论中一个棘手的问题，并给出了一个至
今仍让物理学家珍视的定理。爱因斯坦也赞扬了这篇论文。埃
米·诺特出名了。

※※※

　　至此，人们已经承认埃米·诺特是一流的数学家，但是她的职
业困扰依然没有结束。第一次世界大战开始的第二年，埃米·诺特
的弟弟弗里茨（也是一名数学家）到军队服役。尽管按照威廉时代

的大学的标准，哥廷根大学虽然是自由的，但是哥廷根大学仍不愿让女性担任教职。戴维·希尔伯特是一个思想开明的人，他只凭真才实学来评判数学家，他勇敢地为诺特争取教职，但是没有成功。

双方的一些争论已经成为数学家中的传说。校方说："当我们的战士返回大学，发现他们将在一个女人手下学习时，他们会怎么想？"希尔伯特说："我不明白为什么候选人的性别是反对她成为**无薪讲师**（即讲师的薪水由学生支付）的理由。毕竟我们是一所大学，而不是澡堂。"①

希尔伯特帮诺特解决问题的方法很独特：他以自己的名义开设了课程，然后让诺特去授课。

在第一次世界大战战败后，德国的社会全面自由化，女性终于有可能获得任教资格，从而得到一份大学教职，尽管只是一名依靠学生支付讲课费的**无薪讲师**。1919 年，诺特正式拿到了特许任教资格。1922 年，她在哥廷根大学得到了带薪职位，但不是终身教职，而且微薄的薪水很快就不足以应付通货膨胀。

在战后最初的几年里，诺特整理了所有关于环的研究成果，把它们转化成一个清晰连贯的抽象理论。她于 1921 年发表的论文《环中的理想论》（"Idealtheorie in Ringbereichen"）（当时还没有这些术语）被认为是近世代数史上的里程碑，它不仅给出了交换环②

---

① "Aber meine Herren, wir sind doch in einer Universität und nicht in einer Badeanstalt." 你不得不喜欢希尔伯特。康斯坦丝·里德在 1970 年写了英文版的传记《希尔伯特》。

② 对于代数学家来说，"交换"和"非交换"是代数学的两种不同**风格**，产生了不同的应用。我无法在这类历史概述中传递这些风格之间的差异，所以我不打算详细讨论交换和非交换的差别，只是为了让大家了解一些基本概念。

的内部结构的关键结果，而且提供了一种很快被其他代数学家采用的研究方法，即"近世代数"的严格公理化方法。

范德瓦尔登说："在哥廷根，对我来说最重要的事是我认识了埃米·诺特，她完全重造了代数，比以往任何研究都更一般化……"

到了 20 世纪 30 年代初，埃米·诺特已经成为哥廷根大学的一群充满活力的研究人员中的中心人物。虽然她的职位仍旧很低，薪水微薄，没有终身职位，但是她作为数学家的能力是毋庸置疑的。然而，诺特完全不符合那个时代和那个地方流行的女性气质标准，不过，公平地说，她的同事也不符合那些标准。她的身材较壮，相貌平平，戴着一副厚厚的眼镜，声音低沉而刺耳。她穿着不合身的衣服，把头发剪成短发。人们普遍认为她的讲课风格令人费解。尽管她的同事们都是男性，但他们对她还是充满敬畏和爱戴之心。那时，威廉二世的德国刚刚过去十几年，人们有自己独特的表达情感的方式，也许这些方式在今天不会被接受。

因此，所有这些轻蔑的打趣在当时并不是恶意的，这已经成为数学传说的一部分。最著名的是她的同事埃德蒙·兰道的回答。在兰道被问到他是否认为诺特是一位伟大的女数学家时，他回答道："埃米肯定是一位伟大的数学家，但要说她是一位女性，我不敢保证。"诺伯特·维纳（1894—1964）对她的描述更大度一些："她是一个精力充沛、近视眼的洗衣女工，很多学生簇拥在她的周围，就像一群小鸭子围着一只仁慈的母鸡。"赫尔曼·外尔最为温和地表达了人们的共识："美惠三女神没有光顾她的摇篮。"外尔还试图解释对她的称呼"Der 诺特"（在德语中，定冠词"der"修饰阳性名词）："如果我们在哥廷根……称她是'Der 诺特'，那一定是表示我们由衷地承认她是一名强大且富有创造力的思想者，她似乎已经突破了性别的界限……她是一名伟大的数学家，最伟大的数学家。"

在哥廷根大学，诺特薪水微薄，而且没有终身职位，在1933年春纳粹上台时，她丢掉了这份工作。她曾经因为是女性而被禁止在大学任教，而此时则是因为她的犹太人身份而更被禁止教书。她的非犹太同事和旧同事（以希尔伯特为首）多次为她请愿，但一点儿用也没有。

在纳粹统治期间，犹太知识分子和反纳粹知识分子一般有两种逃脱方式：去苏联，或者去美国。埃米的弟弟弗里茨选择了前者，在西伯利亚的一所研究院找到了一份工作。埃米则走上了另一条路，在宾夕法尼亚州的布林莫尔学院获得一个职位。她的英语还可以，而且她只有51岁，这所学院非常高兴能获得这样一位数学天才。很可惜，仅仅两年后，埃米·诺特就因子宫肿瘤切除手术引起的栓塞而去世。阿尔伯特·爱因斯坦为《纽约时报》[①]撰写了她的讣告，其中一段如下。

在代数领域……那些最有天赋的数学家已经研究了几个世纪的一个领域，她发现了非常重要的方法……幸运的是，有一小部分人在他们的生命中早早就认识到，人类最美妙、最令人满意的经历并非来自外部，而是与个人情感、思想和行动的发展密切相关。真正的艺术家、研究者和思想家一直都是这样的人。然而，这些人的生活默默无闻，但是他们努力的成果却是一代人给他们的后辈创造的最有价值的贡献。

---

① 我不知道是什么原因，它是以一封致编辑的信的形式发表的：《已故的埃米·诺特》，《纽约时报》，1935年5月5日。

数学基础知识：
代数几何（**AG**）

　　我将在第 13 章中介绍的几何对近世代数产生了极其重要的影响。后文将试着沿着其影响的本质和进展展开叙述。我只想在这里介绍与代数几何有关的几个基本思想。按照悠久的数学传统，我将用圆锥截线来介绍。

※ ※ ※

　　圆锥截线通常称为"圆锥曲线"，是一些平面曲线的总称，用平面截一个圆锥就可以得到圆锥曲线。（还要注意，在数学上，人们认为圆锥不止于它的顶点，而是向两个方向无限延伸。）在图 AG–1 中，截面是你在读的这张纸面，你必须把它想象成透明的。这个圆锥的顶点在这个截面的后面。在第一幅图中，圆锥的轴正好与纸面成直角，所以截线是圆。然后，我旋转这个圆锥，把圆锥的远端向上提，于是这个圆变成一个椭圆。当我继续把这个圆锥向上提时，这个椭圆的一端"趋于无穷"，我会得到一条抛物线。将这个圆锥继续向上提起，越过顶点时，我会得到两部分曲线，它们被

称为双曲线 [1]。

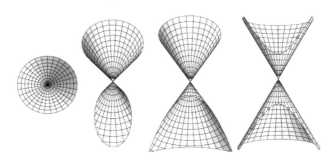

图 AG-1 纸面截圆锥得到的圆锥曲线

这些当然都是几何。为了得到代数，我们必须跟随笛卡儿。对于定义一条圆锥曲线的无穷多个点，其笛卡儿坐标满足一个关于 x 和 y 的二次方程，这个方程是

$$ax^2 + 2hxy + by^2 + 2gx + 2fy + c = 0$$

（上面的方程的系数所选用的字母——a、h、b、g、f——可能看起来有点儿奇怪，稍后我会解释。）表述这件事的另一种方法是，一条圆锥曲线就是某个二元二次多项式的**零点集**。它是满足以下条件的点 (x, y) 的集合：将 (x, y) 代入多项式中，计算结果为 0。

例如，图 AG-2a 中的椭圆的方程是

$$153x^2 - 192xy + 97y^2 + 120x - 590y + 1600 = 0$$

现在，如果把这个椭圆移动到这个平面的其他地方，然后再像图 AG-2b 那样稍微旋转一下，那么这个代数方程会发生什么变化呢？

---

[1] "椭圆""抛物线"和"双曲线"这些词都是由古希腊数学家阿波罗尼奥斯给出的。

这个方程当然会改变。对于这个椭圆，它的新方程是

$$369x^2+960xy+1321y^2+5388x+8402y+18\,844=0$$

但是，**它仍然代表同一条圆锥曲线**。它的大小和形状都没有改变，它既没有变大也没有变小，既没有变圆也没有变扁。

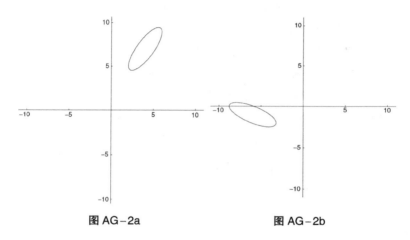

图 AG-2a   图 AG-2b

于是就出现了下面这个非常有趣的问题：在这两个代数表达式中，是什么告诉我们它们表示的是同一条圆锥曲线呢？在从一个方程变成另一个方程的过程中，什么保持不变？或像数学家说的，**不变量**是什么？

答案并不是显然的。所有系数的大小都改变了，而且其中两个系数的符号也发生了变化（负号变正号）。但是，不变量还是隐藏于其中。再次给出方程的一般形式：

$$ax^2+2hxy+by^2+2gx+2fy+c=0$$

计算以下数值：

$$C = ab - h^2$$

$$\Delta = abc + 2fgh - af^2 - bg^2 - ch^2$$

在前面两个椭圆方程中，C 分别计算得 5625 和 257 049，Δ 分别为 $-1\ 265\ 625$ 和 $-390\ 971\ 529$。显然这些数值也不是不变量。但是注意：计算两种情况下的 Δ^2/C^3，结果都是 9。无论把这个椭圆移动到平面的什么地方，无论怎样旋转它，无论由此得到什么方程，根据方程的系数计算，Δ^2/C^3 的结果都是 9。Δ^2/C^3 是一个**不变量**。事实上，如果先取这个数的平方根，然后再乘以 π，我们就可以得到该椭圆的面积。在平面上移动该椭圆时，它的面积显然是不变的。

$$椭圆的面积 = \pi \times \sqrt{\Delta^2 / C^3}$$

下面是另一个不变量。使用系数 a、b 和刚才计算的 C 求以下二次方程的两个根：

$$t^2 - (a+b)t + C = 0$$

用较小的根除以较大的根，再用 1 减去这个商，再取平方根，得到的数通常称为 e（或者 ε，以便与欧拉常数 $e = 2.718\ 281\ 828\ 459\cdots$ 区别，欧拉常数是自然对数的底），它衡量了这个椭圆的**离心率**，即这个椭圆偏离圆的程度。如果 $e = 0$，那么这个椭圆就是圆；如果 $e = 1$，那么这个椭圆实际上是抛物线。显然，这应该是一个不变量，确实如此。如果计算上面给出的椭圆的两个方程的 e，那么结果都是 $\frac{2}{3}\sqrt{2}$，约等于 0.942 809 04，与圆相比，它更接近抛物线。可以想象，这是一个长长瘦瘦的椭圆。

　　这个椭圆的实际大小是多少？当椭圆被移动时，大小不会发生变化。它们也应该是系数背后的不变量吧？是的。将刚才计算的不变量 Δ^2/C^3 记为 I，那么这个椭圆的长轴是

$$2 \times \sqrt{\sqrt{I \div \left(1 - e^2\right)}}$$

短轴是

$$2 \times \sqrt{\sqrt{I \times \left(1 - e^2\right)}}$$

　　如果对上面那个椭圆的两个方程进行计算，可得其长轴都是 6，短轴都是 2。同我们所期待的一样，这些数都是不变量。

※※※

　　我在前面花了一些时间介绍笛卡儿几何的基本内容，因为它不仅让我们看到了不变量的思想，而且也让我们看到了近世代数中一些其他关键想法。

　　例如，关于圆锥曲线的讨论中还隐含着**矩阵**的思想。对于前面给出的圆锥曲线的一般方程，这个重要的矩阵是

$$\begin{pmatrix} a & h & g \\ h & b & f \\ g & f & c \end{pmatrix}$$

　　学数学的学生通常用下面这句话来帮助记忆这个矩阵中元素的顺序："**All hairy guys have big feet.**"我们可以用第 9 章所描述的方法求出这个矩阵的行列式。这个矩阵的行列式就是我在上面定义的 Δ。

　　如果在某个笛卡儿坐标系下给定一条圆锥曲线的方程，计算出

它的 Δ 的值为 0，那么该圆锥曲线是一条"退化"的圆锥曲线：它或者是一对直线，或者是一条直线，或者是一个点。你可以用这个例子来验证：对于点 $(0, 0)$ 和方程 $x^2 + y^2 = 0$，Δ 的确为 0。

※ ※ ※

为了了解另一个论题，我们回顾一下前面提到的问题：为什么圆锥曲线的一般方程中通常表示系数的字母——a、h、b、g、f、c——这么奇怪？这里没有 d 和 e 的原因容易解释：d 可能与微积分中使用的 dy/dx 相混淆，而 e 可能与欧拉常数 e 相混淆。但是为什么这些字母的排列顺序是这样的呢？为什么一般方程不写成下面这种形式呢？

$$ax^2 + bxy + cy^2 + fx + gy + h = 0$$

答案是，简单的笛卡儿平面解析几何的确不是研究圆锥曲线的最好的工具。事实上，如果允许存在**无穷远点**，那么圆锥曲线更适合用代数来处理，而这种几何不允许存在无穷远点。我给出的圆锥曲线的一般方程是从一种更复杂的几何中来的，这种几何允许存在无穷远点。

对非数学专业人士来说，术语"无穷远点"听起来似乎有点儿令人困惑。其实这只是被引入几何[①]中来简化事物的一种表达方式而已。例如，如果允许存在无穷远点，那么难以处理平行线的情况

---

① 尽管文艺复兴时期的画家们在解决透视问题时一定想到了"无穷远点"这个概念，但是大约在 1610 年天文学家开普勒（1571—1630）才把无穷远点引入数学中。开普勒把直线想象成圆，其圆心在无穷远处，这个概念可能来自他的光学研究，在光学里想象无穷远点就变得很自然了。

就消失了。于是，原来的说法：

平面内任意两条不平行的直线都交于一点，两条平行直线不相交，

可以改为：

平面内任意两条直线都交于一点。

我们对此可以理解为，想象成两条平行线在一个无穷远点相交。你现在也许不理解这种做法的重要性，但是不可否认，这是一种简化。

然而，在平坦的欧几里得平面内，传统且好用的笛卡儿坐标系不能解决这个问题。如果用笛卡儿坐标描述一个无穷远点，你只能想到写成 (∞, ∞)。这只是一个点。然而，直觉告诉我们，如果一对平行线在一个无穷远点相交，那么与它们不平行的另外一对平行线应该在另一个**不同的**无穷远点相交。换句话说，我们需要很多无穷远点。

表示无穷远点的另一种方法，就是用有**三个**坐标的坐标系取代通常的有两个坐标的坐标系。用坐标 (x, y, z) 表示平面上的点，而不再用 (x, y) 表示。我们在这里需要采取一些预防措施，以防止这种表示方法变成一种三维几何。下面是一个限制条件：我们认为与 x、y、z 具有相同比例的所有坐标 (x, y, z) 代表同一个点。例如，$(7, 2, 5)$、$(14, 4, 10)$ 和 $(84, 24, 60)$ 都代表同一个点。这不是什么新想法，我们在小学时就已经知道 $\frac{3}{4}$、$\frac{6}{8}$、$\frac{9}{12}$、$\frac{30}{40}$ 等都表示同一个分数。这个限制条件可以把维数压回到二维。

另一种考虑这种新坐标系的方法是，分别用 $\dfrac{x}{z}$ 和 $\dfrac{y}{z}$ 代替 x 和 y。如果 z 是 0，$\dfrac{x}{z}$ 和 $\dfrac{y}{z}$ 当然无法计算：它们就是"无穷远"的。新的三个坐标的坐标系避免了这些小麻烦。我们只需通过让 z 等于 0 就可以表示无穷远点。此时，我们可以认为 $(x, y, 0)$、$(2x, 2y, 0)$、$(3x, 3y, 0)$ 以及所有其他 $(kx, ky, 0)$ 都表示同一个无穷远点，只不过表示方法不同而已；而且这样的无穷远点有很多，不止一个。

事实上，它们都位于同一条直线上，这条直线的方程是 $z=0$。这条直线被称为"无穷远直线"，如果现在你遇到它，你就应该不会感到惊讶了。只有一条无穷远直线，它是由很多无穷远点组成的，不同的无穷远点可用不同的坐标来表示。

这种在通常的笛卡儿几何中添加一条无穷远直线的新几何被称为**射影几何**。我描述的新坐标系能让射影几何符合一些算术要求。但最纯粹的射影几何与坐标无关，它只与那些被投影后仍然正确的几何原理有关。想象一张透明投影片上画着一幅几何图形，这张投影片与平面成一定角度，用来自一点光源的光照射它，于是投影片上的几何图形就被投影到这个平面上。在此过程中，一些几何性质不再成立了。例如，圆不再是圆，它变成了圆锥曲线。但是，有些性质仍然成立。我将在第 13 章详细讨论这个问题。

※※※

在新坐标系下，圆锥曲线的方程会变成什么样子呢？让我们试着在原来的圆锥曲线方程中分别用 $\dfrac{x}{z}$ 和 $\dfrac{y}{z}$ 代替 x 和 y：

$$a\left(\frac{x}{z}\right)^2 + 2h\left(\frac{x}{z}\right)\left(\frac{y}{z}\right) + b\left(\frac{y}{z}\right)^2 + 2g\left(\frac{x}{z}\right) + 2f\left(\frac{y}{z}\right) + c = 0$$

将上面这个方程的两端同时乘以 z^2，就得到

$$ax^2 + 2hxy + by^2 + 2gzx + 2fyz + cz^2 = 0$$

稍稍改变一下各项的排列顺序可得

$$ax^2 + by^2 + cz^2 + 2fyz + 2gzx + 2hxy = 0$$

此时，按照 a、b、c、f、g、h 的顺序排列的理由就很清楚了。在这个新坐标系下，出现了 x^2、y^2、z^2 项，还有 yz、zx、xy 项。注意其中的**对称性**！ [①]

从严格的数学意义上说，这里得到的不是真正的对称性，而是**齐次性**。事实上，这种类型的坐标被称为**齐次坐标**。尽管如此，这毕竟是朝着正确的方向前进了一步，同时也展示了对称的概念在现代数学中有多么强大的吸引力。

※※※

新坐标系引出了现代数学中另外一个极为重要的话题。一旦开始研究这种新布局，也就是我们添加无穷远点和无穷远直线后得到的事物，你就会发现它很精妙，或者说很奇特，不同于我们熟悉的平坦的欧几里得平面。例如，无穷远直线的**另一端**是什么呢？我再问另外一个问题：给定两条平行线，我们已经断言它们在某个无穷

---

① 事实上，不是所有作者都使用这种写法。例如，迈尔斯·里德（1947— ）在他的大作《大学代数几何》（*Undergraduate Algebraic Geometry*，1988 年由剑桥大学出版社出版）中把一般的非齐次二次多项式写成 $ax^2 + bxy + cy^2 + dx + ey + f$ 的形式。

远点相交，如果想到达那个点，我们应该沿着直线的哪个方向前进呢？如果这两条平行线是东西向的，那么这个无穷远点离东端更远还是离西端更远呢？

这类问题表面上看起来很幼稚，像是小孩子提出的问题，但它们非常重要。实际上，这些问题把我们引向了**拓扑学**的领域。

在数学科普著作中，拓扑学通常被介绍为"橡皮几何学"。拓扑学家对图形的下列性质感兴趣：这些图形在任意方向被任意大的力量拉伸时（只要不被撕裂或割裂）仍然保持不变的性质。例如，在这样的规则下，球面等价于立方体表面，但是它与甜甜圈的表面不等价。而甜甜圈的表面等价于带一个柄的咖啡杯的表面[1]。

在拓扑意义下，传统的欧几里得平面等价于去掉一个点的球面（想象把这个平面"卷"成一个球面，但是它不能覆盖北极点）。然而，添加那个点后得到的完整球面并不会让我们得到新布局[2]。那个缺少的点对应无穷远点。而在我们的新布局中（即数学术语**射影平面**），这样的点并不是唯一的，而是有无穷多个。所以，射影平面不拓扑等价于完整的球面，它拓扑等价于一个更特殊的对象：一个有折缝的球面（图 AG–3）。

---

[1] 美国明尼苏达大学的几何中心出售了一部视频——《球面外翻》（*Outside In*），它展示了 20 世纪拓扑学中最吸引人的发现之一：如何将一个球面外翻。互联网上有一个简短的动画，但如果你想学习一点拓扑学，我建议你购买整个视频。有一段时间，我经常把它拿出来播放，给共进晚餐的客人观看，但这可不是一种成功的社交活动。

[2] 在欧几里得平面上添加那个缺少的点，你就会得到**黎曼球面**，这对思考复变函数很有帮助，多谢这个无穷远点。

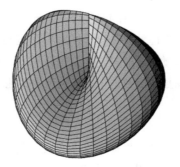

图 AG-3 拓扑意义下的射影平面

注意，这个对象与莫比乌斯带一样，只有一个侧面。如果一只蚂蚁在上面爬行，让它一直向前爬，并且允许它穿过折缝，那么它能到达表面上的每一个点，无论是里面还是外面。看，一个如此幼稚的问题就把你引到了这么远的地方！

※※※

不变量、矩阵及其行列式、对称、拓扑——这些都是近世代数的关键概念。事实上，我还没有讨论完圆锥曲线的代数处理。

我在前面提到，椭圆在平面上移动，这是之前观察的方式。还有一种观察的方式，就是将椭圆看作固定在平面内，而坐标系在移动。（你可以这样想，在一张投影片上印上 x 轴、y 轴以及坐标方格，让它在平面上滑动。）

这两种方式都是**变换**的例子，这是现代数学中另外一个非常重要的思想。这些特殊的变换，即只改变位置和定向，而不改变距离和形状的变换，被称为**等距变换**。它们本身就构成了一个研究领域，我将在第 13 章中详述。除此之外，还有更复杂的变换：仿射变换（允许把某些直线拉伸和"缩短"——将矩形变成平行四边形）、射影变换（像上文所说的那样对图形进行投影）、拓扑变换（随意拉伸或挤压，但不能割裂）、洛伦兹变换（在狭义相对论中）、莫比乌斯变换（在复变函数论中）以及许多其他变换。

※※※

对于前面提到的齐次坐标，我再多说一点，之前我们用三个数 (x, y, z) 来确定二维空间中的一个点。

在高中代数里，我们知道在笛卡儿坐标系下，直线的方程是 $lx + my + n = 0$。那么，直线在齐次坐标系下的方程是什么呢？

和之前对圆锥曲线的方程做的一样，我们用 $\frac{x}{z}$ 和 $\frac{y}{z}$ 分别代替 x 和 y，然后化简，可以得到下面的方程：

$$lx + my + nz = 0$$

这就是直线在齐次坐标系下的方程。注意观察：这个方程表明直线是由三个系数 (l, m, n) 决定的，就像一个点是由它的三个齐次坐标 (x, y, z) 决定的一样。它更加对称了！

于是，这引出了一个问题：在齐次坐标系下，我们能否围绕直线而不是点来构建几何呢？毕竟，就如直线是由无穷多个满足某个线性方程 $lx + my + n = 0$（其中 l、m、n 是定值）的点构成的一样，点是由无穷多条经过这个点的直线构成的。其中每一条直线都满足方程 $lx + my + n = 0$，不过现在点的坐标 x、y、z 是固定的，而系数 l、m、n 可以取无穷多个值，组成经过点 (x, y, z) 的无穷直线"束"。

类似地，我们可以不把类似于圆锥曲线的曲线考虑成动点的轨迹，而是把它看成一条动直线的轨迹，如图 AG-4 所示。

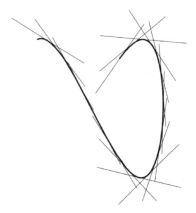

图 AG-4　由直线（而不是点）定义的曲线

我们能够根据这种思想构建几何吗？当然可以。这种"直线几何"实际上是由德国数学家尤利乌斯·普吕克（1801—1868）于 1829 年开创的。这也把我们带回到对历史的叙述中。

第13章
几何学重生

　　世界上任何一所大学的数学系的玻璃柜里的某个地方都会摆放着一些数学模型。这些模型通常包括一些多面体〔有凸多面体，也有星形多面体（图13-1）〕、一些用线绳做的直纹曲面、用来演示不同球堆积方式的粘在一起的乒乓球、莫比乌斯带，可能还会有克莱因瓶等其他各种奇怪的玩意儿。

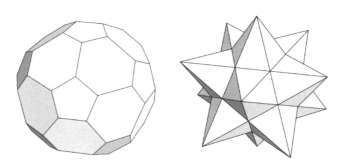

图13-1　凸多面体（左）和星形多面体（右）

　　如今，这些模型逐渐褪色，落满了灰尘。在诸如 Maple 或 Mathematica 等数学绘图软件发明之后，人们可以用这些软件在电脑屏幕上瞬间生成这些模型的图像，还可以对它们旋转以便观察，还可以对它们随意变换、变形，让它们相交，因此利用木材、卡片、纸或线绳来制作这些模型就显得徒劳无功了。然而，在 19 世纪和 20 世纪的大部分时间里，对于数学家和学数学的学生来说，制作几何图形的实体模型是一种非常有趣的消遣形式，我很遗憾似乎不再有这种事了。在我的青少年时代，我几乎把马丁·坎迪和罗莱特 1951 年的经典著作《数学模型》(*Mathematical Models*) 中的所有模型都做出来了，那是一段快乐而有意义的时光。我的得意之作是把五个涂上不同颜色的立方体嵌入一个十二面体中的卡片模型中。

这种对直观教具和数学思想模型的兴趣是几何学在 19 世纪初重生的产物。正如我在第 10 章中提到的，尽管几何学领域在 17 世纪取得了一些有意思的进展，但是到了 17 世纪后期，微积分带来的激动人心的新思想让几何学变得暗淡无光。到 1800 年，几何学已不再是具有吸引力的数学领域，在那个时代，哪怕是除了在学校学过欧几里得几何之外没有研究过任何几何的人，也可能成为受人尊敬的职业数学家。但下一代人的情况完全改变了。

※※※

19 世纪几何学变革的第一次进展是由法国人让 – 维克托·庞斯列（1788—1867）在极其艰难的环境下取得的。庞斯列在 24 岁那年作为一名工程军官随同拿破仑的军队远征俄国，来到了莫斯科。随后，拿破仑的军队在严冬撤退，在克拉斯内之战（1812 年 11 月 16~17 日）之后，庞斯列被留下来等死。俄国搜索队发现他穿着法国军官制服，于是把他带离战场审讯。之后，庞斯列不得不开始长达五个月的跋涉，穿过冰冻的草原，前往伏尔加河畔的萨拉托夫战俘营。

为了让自己从牢狱之苦中解脱出来，庞斯列不断回想他在巴黎综合理工大学接受的良好的数学教育。在 1814 年 9 月，当他被允许回到法国时，他说他已经写满了整整七本数学笔记。这些笔记就是他的著作《论图形的射影性质》的初稿，这部著作是现代射影几何学的基础。

庞斯列的著作并不是很代数化。事实上，它代表 19 世纪前半叶的一场充满激情的争辩中的一方，这场争辩关于射影几何到底属于**解析几何**领域还是**综合几何**领域，尽管这在今天看起来很奇怪。笛卡儿建立的解析几何充分利用代数和微积分的威力来发现关于几何图形——直线、圆锥曲线以及更复杂的曲线和曲面——的结论。而起源于希腊并经由帕斯卡发展起来的综合几何更喜欢纯逻辑证明，尽可能少地使用数和代数。

因为射影几何中的定理不涉及距离和角度，所以起初看来，它似乎是经过两个世纪的无趣的笛卡儿数字运算之后对综合方法的复兴。然而，这被证实只是复兴的假象。19 世纪 20 年代后期，德国数学家奥古斯特·莫比乌斯、卡尔·费尔巴哈（1800—1834）以及尤利乌斯·普吕克各自独立地引进齐次坐标，正如前面的"数学基础知识：代数几何（AG）"中所描述的，他们使得射影几何彻底代数化。

除了庞斯列建立了现代射影几何学基础之外，19 世纪 20 年代还发生了另外一次几何学变革。1829 年，尼古拉·罗巴切夫斯基在一本俄国的地方杂志上发表了一篇关于非欧几里得几何的论文。随后他把这篇论文提交给圣彼得堡科学院，但是他们却因为它过于荒诞而拒绝接受。罗巴切夫斯基争辩说，经典几何中的常见假设，例如三角形的三个角之和等于 180°，也许不是**放之四海而皆准的真理**，而是**可选的公理**。通过选择不同的公理，你可以得到不同的几何，这种几何看起来与欧几里得几何完全不同，它是一种非欧几里得几何。

年轻的匈牙利数学家亚诺什·鲍耶也按照相同的思路进行研究。高斯也是如此，1824 年，他在给朋友的一封信中提到："三角形的内角和小于 180° 的假设带来一个古怪的几何，它完全不同于我们的几何，但又与之完全相容……"事实上，高斯考虑这些想法已经好几年了。然而，他是一个珍惜平静生活、避免争议的人，因此从来没有发表过自己的想法。

正如罗巴切夫斯基的经历所表明的那样，这些想法是有争议的。在欧几里得几何的平坦平面（在三维版本中是"平坦"的空间）中，平行线和平行平面永远不相交，其中的三角形的三个内角之和总是等于两个直角之和，它有相似和全等的精妙论证，这些知识都牢牢地根植于欧洲人的意识之中。伊曼努尔·康德（1724—1804）的哲学进一步强化了这个观点，康德在当时的欧洲思想界占据主导地位。康德在 1781 年的著作《纯粹理性批判》中指出，欧几里得几何在人类的心智中是"与生俱来的"。康德认为，我们感知的宇宙是欧几里得式的，因为我们不能把它感知成其他的。按他的意思，宇宙是欧几里得式的，欧几里得真理超越了逻辑分析的范畴。①

---

① 康德的思想是几何中解析法与综合法分裂的根本源头。康德把解析事实和综合事实区别开来，解析事实的真理可以利用纯逻辑证明，无须借助外界的任何引用，而综合事实可以通过其他方法知道。在康德之前，哲学家假设"其他方法"的意思就是我们与这个世界互动的实际经验。然而，康德否认这个想法。在他的形而上学中，有一些事实不是解析的，也与经验无关。他认为欧几里得几何的事实就属于这种不来自经验的综合事实。这就是古希腊数学与 19 世纪初的"综合"几何之间的联系，不过我省略了这些联系的一些中间阶段。

在这种情况下，19世纪二三十年代的数学家们不得不接受的奇怪的新几何是革命性的，被很多康德学派的人认为是颠覆性的。那时候，人们对法国大革命和战争的恐怖记忆犹新，所以他们非常重视自己信奉的哲学。他们认为形而上学的颠覆可能会带来社会的颠覆。如果庞斯列的射影几何是19世纪几何的第一次变革，那么罗巴切夫斯基和鲍耶的非欧几里得几何就是第二次变革。我们还将看到第三次、第四次、第五次变革随之而来。

※※※

在本章前的"数学基础知识：代数几何（AG）"中，我提到了普吕克和他的直线几何。普吕克出生于1801年，比阿贝尔大一岁。他的研究生涯很长，当过43年（1825~1868年）的大学教师，大部分时间在德国波恩大学当教授。他的两卷《解析几何进展》（*Analytic-Geometric Developments*，分别发表于1828年和1831年）是那个时代代数几何最前沿的著作，尽管其中大部分内容使用了经典的非齐次坐标。在19世纪30年代，他开始研究更高次的平面曲线，这里"更高次"的意思是"次数大于2的代数曲线"，换句话说，代数曲线比圆锥曲线更难处理。

对平面曲线的这些研究完全是从"解析"的角度进行的，即利用19世纪30年代已知的所有代数和微积分知识来推导这些曲线满足的定律和性质。普吕克1839年的著作《代数曲线理论》（*Theory of Algebraic Curves*）明确讨论了这些曲线的渐近线，也就是这些曲线趋近于无穷时的表现。

普吕克的直线几何出现得更晚，过了18年（1847~1865年）才出现，在此期间，他开始研究物理，并担任波恩大学物理系主任。事实上，对直线几何的研究直到他 1868 年去世也没有完成，这项研究留给了他的年轻助手菲利克斯·克莱因来完成。稍后我再详细介绍克莱因。

得益于代数学、微积分和几何学的滋养，对曲线的这种研究兴趣成为 19 世纪中期数学的一大增长点。这是一个容易获得的兴趣，或者说在数学软件出现之前的日子里是这样的，那时，人们需要付出艰苦努力，进行大量的计算和观察，才能在坐标纸上把代数方程转化成曲线。例如，下面的四次方程是一个普通的代数方程：

$$4(x^2+y^2-2x)^2+(x^2-y^2)(x-1)(2x-3)=0$$

当你画出 x 对应的 y 时，谁知道你会得到如图 13–2 所示的优美的"&"形图呢？**我**是知道的，年轻时的我在痴迷坎迪和罗莱特的《数学模型》的日子里，用铅笔、坐标纸和计算尺绘制过这条曲线，那本书给出了大量平面曲线和三维图形。

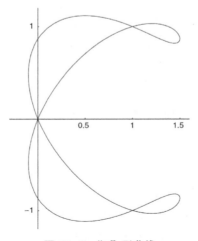

图 13–2　"&"形曲线

此刻，或许有读者怀疑青春期的我不善于社交，这应该不算错得离谱。不过，为了给年轻的自己辩护，我想说这些现在已经消失的仔细的数值计算和绘图经验给我提供了一种独特而强烈的满足感。这不只是我一个人的观点，像高斯这样的人物也有这样的感受。哈罗德·爱德华兹（1936— ）教授在他的著作《费马大定理》（*Fermat's Last Theorem*）的 4.2 节中很好地阐述了这个观点，并引用了高斯的话。

如其他伟大的数学家一样，库默尔是"一个狂热的计算机器"，他的发现不依赖于抽象的思索，而是依赖于大量特殊的计算实例的不断积累。如今，人们对这些计算实践不以为然，也很少有人说计算可以是一种**乐趣**。然而，高斯曾经说过，他认为发表二元二次型的完整分类表是一件多余的事："因为，（1）如果碰巧需要，任何人经过一些实践后都无须花费太多时间就能很容易地计算出任意特定行列式的（二元二次型的）分类表来；（2）这样的工作本身就具有一定的魅力，所以花一点时间亲自计算是一件有趣的事；更重要的是，（3）人们很少有机会做这样的事。"你还可以举出牛顿和黎曼仅仅为了乐趣而进行长时间计算的例子……任何花时间进行（爱德华兹教授的书中的）计算的人都应该会发现，库默尔的计算以及他从这些计算中得到的定理完全在他的掌握之中，而且他很享受这个过程，只不过他没有承认罢了。

顺便提一句，根据《科学传记大辞典》的记载，普吕克是一位狂热的数学模型制作者。

坎迪和罗莱特不是凭空捏造出图 13-2 的。他们是从珀西瓦尔·弗罗斯特的一本优秀的小书《曲线轨迹》（*Curve Tracing*）中找到它的。我只知道弗罗斯特出生于 1817 年，是英国剑桥大学国王学院的成员，也是英国皇家学会会员。他的书首次出版于 1872 年，向读者展示了由一个数学表达式（弗罗斯特并不局限于代数表达式）得到一个平面图形的各种可能的方法，以及一些巧妙的捷径。我拥有的一本《曲线轨迹》是 1960 年出版的第五版，它的封底内侧附有一本小册子，里面印有书中讲述的所有曲线的图片。图 13–2 的 "&" 形曲线是弗罗斯特的书中的图页Ⅶ中的图 27。

　　弗罗斯特在书中还回顾了中世纪的代数几何学家，普吕克属于其中最早的一批伟人。与弗罗斯特的《曲线轨迹》的主线相同（可以这么说），但数学意义更深的是爱尔兰数学家乔治·萨蒙（1819—1904）的四本教材：《论圆锥截线》（*A Treatise on Conic Sections*，1848 年出版）、《论高次平面曲线》（*A Treatise on Higher Plane Curves*，1852 年出版）、《现代高等代数简介》（*Lessons Introductory to the Modern Higher Algebra*，1859 年出版）和《论三维解析几何》（*A Treatise on the Analytic Geometry of Three Dimensions*，1862 年出版）。我桌上有一本《论高次平面曲线》，那本书中满篇都是美妙的术语，但很遗憾的是，大部分术语今天已经不再使用：蔓叶线（cissoids）、螺旋线（conchoids）和外旋轮线（epitrochoids），蜗线（limaçons）和双纽线（lemniscates），角状尖点（keratoid cusps）和坡状尖点（ramphoid cusps），孤点（acnodes）、歧点（spinodes）和结点（crunodes），凯莱曲线（Cayleyans）、黑塞曲线（Hessians）和斯坦纳曲线（Steinerians）[1]。在萨蒙的时代，齐次坐标已经"安居"下来，但他还是称之为"三线"坐标[2]。

※※※

萨蒙也是一个"狂热的计算机器"。在他的《高等代数》第二版中，他加入了求解一般六次曲线时得出的一个不变量。如果看看"数学基础知识"中给出的一般的圆锥曲线的不变量，你就会相信这是了不起的壮举，它在萨蒙的书中占据了13页篇幅。

我说这些就是为了提醒人们，中世纪对曲线和曲面的这种痴迷部分得益于纯代数的滋养，反过来它又孕育出了其他结果。我在"数学基础知识"中所描述的不变量最初完全是用代数语言构建的，后来才使用了几何解释。

自1840年起，阿瑟·凯莱（顺便说一下，他是萨蒙的挚友）

---

① 蔓叶线、螺旋线、外旋轮线、蜗线和双纽线全都是特殊的曲线。例如，双纽线呈8字形。尖点是曲线中的尖突，例如数字3在其中间有一个尖点。结点是曲线与自己相交的地方，双纽线中间就有一个结点。凯莱曲线、黑塞曲线和斯坦纳曲线都可以从给定的曲线通过各种操作得到。

② 实际上有很多"实现"二维几何齐次坐标的方法。一种方法就是使用**面积**坐标。在这个平面内挑出3条直线组成一个三角形。从任何一个点出发，画出到这个三角形3个顶点的直线。于是形成3个新三角形，每一个三角形都以你所选择的点为一个顶点，其对边是原来的三角形的一条边。这3个三角形的面积（加上适当的符号）就起到了齐次坐标系的作用。面积坐标是莫比乌斯的重心坐标整理后的形式。在莫比乌斯重心坐标中，一个点是由3个重心定义的，这3个重心必须在这个基础三角形的3个顶点上，目的是使选定的点是它们的质心。我们也可以在高于二维的空间中进行类似的处理，当然出现的代数**很快**就会变得更加复杂。

和西尔维斯特成为这个领域的关键人物。他们的大部分工作涉及多项式的不变量，而不是我在"数学基础知识：代数几何（AG）"中提到的表示圆锥曲线的二元二次多项式的不变量（如果用齐次坐标，就是关于 x、y、z 的二次多项式）。所有多项式的集合，比方说未知量 x、y、z 的系数取自某个域（如复数域 $\mathbb{C}$）的所有多项式组成的集合，在通常的加法和乘法下形成一个环。两个多项式可以相加、相减或相乘：

$$(2x^2 - 3y^2 + z) \times (y^3 z + 4xyz^3) = 2x^2 y^3 z + 8x^3 yz^3 - 3y^5 z - 12xy^3 z^3 + y^3 z^2 + 4xyz^4$$

但除法不总是可行的。它是一个环，因此对多项式的不变量的研究实际上就是对**环结构**的研究。

　　在 19 世纪，没有人这样想过。不变量理论这条小河开始汇入环论这条大河的最初一幕发生在 19 世纪 80 年代末，这要归功于保罗·戈尔丹（1837—1912）和戴维·希尔伯特（1862—1943）的工作。

　　他们俩都是德国人，但戈尔丹比希尔伯特大一辈。戈尔丹出生于 1837 年，在 1874 年被聘为德国埃尔朗根大学的教授，是埃米·诺特的父亲的同事。事实上，埃米是戈尔丹指导的博士研究生。据说她是戈尔丹唯一的博士生，这是因为曾于柏林求学的戈尔丹的数学研究风格高度形式化与逻辑化，其数学计算非常冗长，是罗马风格而不是希腊风格。到了 19 世纪 80 年代，戈尔丹成为不变量理论的世界顶尖专家。然而，他无法证明一个关键定理，这是一个能使该理论成为完整体系的定理。他只能在特殊的情况下证明这个定理成立，但不能证明其一般性。

　　接着希尔伯特登场了。他于 1862 年出生在普鲁士的哥尼斯堡

（即今天俄罗斯的加里宁格勒），1886 年成为哥尼斯堡大学的**无薪讲师**。他在 1888 年访问埃尔朗根大学，见到了戈尔丹，希尔伯特被不变量理论中的那个著名问题深深吸引了，该问题在当时被称为戈尔丹问题，因为这个理论基本上都属于戈尔丹。希尔伯特认真思索了几个月，然后把这个问题解决了。

希尔伯特在 1888 年 12 月发表了证明，并立即把一份证明寄给了剑桥的凯莱。已经 68 岁的凯莱马上回复他："我认为你已经找到了这个重要问题的解答。"戈尔丹却没有那么热情。尽管当时希尔伯特在哥廷根大学还没有职位，但他的证明却具有"地道的哥廷根"风格：简洁、优雅、抽象、直观，是希腊风格而不是罗马风格。这不符合戈尔丹的柏林情结。他轻蔑地说："**这不是数学，而是神学。**"1886 年在哥廷根大学获得教授职位的克莱因对这个证明印象深刻，因此当下就决定要尽快把希尔伯特聘为他的助手。

※※※

我不打算陈述该定理的证明[①]，而是准备花点时间讲一下希尔伯特不久之后给出的争议更少且更易于理解的结果：零点定理（人们通常使用其德语名称"Nullstellensatz"）。零点定理引入了**簇**的概念，而且给出了它与几何的一种简单联系。

从历史上看，这种联系有点儿奇怪，因为希尔伯特不是在代数几何中，而是在代数数论中发现这个定理的。这是一个关于交换环的结构的定理，完全属于环论。不过现在代数几何学家已经牢牢掌

---

① 1888 年的这个结果被称为希尔伯特基定理，在任何一本好的高等代数或现代代数几何教材中，它都是这么被命名的。

握了它。翻开任何一本代数几何教材[①]，你都会在它的前两三章中找到零点定理。因此，我不会因在这里给出几何解释感到太内疚，但是我希望读者记住，零点定理的确是纯代数定理，是环论中的定理。

零点定理说的是什么呢？考虑由三个未知量 x、y、z 构成的所有多项式组成的环。首先，你要注意这的确是一个环：加法、减法、乘法总是可行的，除法偶尔可行。你还要记住，令其中的一个多项式等于零定义了三维空间中的某个区域，通常是一个曲面。（我在这里使用的是通常的笛卡儿坐标，而不是齐次坐标。）例如，当 (x, y, z) 是以原点为圆心、半径为 $\sqrt{8}$ 的球面上的点时，多项式 $x^2 + y^2 + z^2 - 8$ 等于 0。你可以通过想象把这个多项式与那个球面联系起来。

现在，考虑这个多项式环中的一个理想。理想就是一个子环，是这个多项式环中的一个环，满足一个额外的条件：如果这个子环中的任意一个元素与原环中的任意一个元素相乘，其结果仍在这个子环中。

例如，考虑所有具有这种形式的多项式：$Ax^2 + Bxy + Cy^2$。其中 A、B、C 是 x、y、z 的任意多项式（包括零多项式）。它是所有关于 x、y、z 的三元多项式组成的大环中的一个理想。多项式 $(x + y + z)(x^2 + y^2)$ 属于这个理想，而多项式 $x^3 + y^3 + z^3$ 则不属于这个理想。

[①]　对数学知识储备足够的学生，我推荐史密斯等著的《代数几何入门》（*An Invitation to Algebraic Geometry*，斯普林格出版社，2000 年出版）。该书用现代风格写成，涵盖了所有基础知识，包括大量的练习。零点定理在此书中的第 21 页。

现在，我要介绍**簇**这个关键概念，更确切地说是**代数簇**。从几何意义上说，它就是二维空间中曲线概念的推广，或者三维空间中曲面或"空间曲线"概念的推广。事实上，一个簇是某个多项式或一族多项式的零点的集合[①]。

所以，我在上面提到的球面是空间中使多项式 $x^2+y^2+z^2-8$ 等于 0 的点，它是一个簇。同样地，方程为 $x^2+y^2-4=0$ 的圆柱与这个球面的交集也是一个簇（图 13-3）。这个交集由三维空间中两个半径为 2 的水平圆周组成，其中一个圆周在 xy 平面上方高度为 2 的地方，另一个圆周在 xy 平面下方距离为 2 的地方。这两个圆组成一个簇，是多项式组 $x^2+y^2+z^2-8$ 和 x^2+y^2-4 的零点集合。

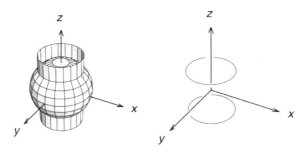

图 13-3　两个多项式相交（左）形成一个簇（右）

---

① 迈克尔·阿廷在他编写的教材中说："我不知道这个毫无吸引力的术语的出处。"我也不知道它的出处，然而我不觉得它毫无吸引力，当然不要与零点定理比较。杰弗·米勒在介绍最早使用的数学术语时指出，这是意大利几何学家欧金尼奥·贝尔特拉米在 1869 年提出的术语。我浏览了贝尔特拉米那个时期的著作，没有找到这个术语。由于我不懂意大利文，因此我没找到这个术语不代表我否定这种说法。

我刚才提到的那个理想是形如 $Ax^2+Bxy+Cy^2$ 的所有多项式组成的集合。它可以定义一个簇：所有**使该理想中每一个多项式都等于 0 的点**。那个簇、零点集合到底是什么呢？哪个点集可以使该理想中的所有多项式都等于 0 呢？答案是 z 轴。由该理想定义的簇就是当 $x=0$、$y=0$ 且 z 为任意值时得到的一条直线。

希尔伯特零点定理是这样陈述的：如果一个多项式在该簇上的每一点都等于 0（在上面的情况中，就是在 z 轴上的每一个点处都等于 0），那么该多项式的某个幂在该理想中。例如，多项式 $7x-3y$ 在 z 轴上的每一个点处都等于 0，它不在该理想中，但它的平方 $49x^2-42xy+9y^2$ 在该理想中。

当然，我进行了过度的简化。这里未必一定是三个未知量 x、y、z，可以是任意个未知量。例子中的簇也特别简单。如此过度简化的最大过失可能是使用了这样的假设（我当时没指明，而是把它当成默认的）：构成环的 x、y、z 多项式的系数是实数。事实上，它们必须是复数，零点定理对实系数多项式不总成立。[①]

在这方面，零点定理与代数基本定理类似。事实上，这两个定理有深层次的联系，零点定理有时被称为代数几何基本定理。这种联系可以用所谓的零点定理的弱形式很好地表示：**多项式环中的理**

[①]　我隐瞒了一件事，自 19 世纪中期以来，几何已经接纳了复数坐标。最初，人们很难在概念上适应这个事实，这就是我隐瞒它的原因。例如，如果允许复数作为坐标或系数，那么直线就可能与其自身垂直。（在通常的笛卡儿坐标系下，对于斜率分别是 m_1 和 m_2 的两条直线，当 $m_1 \times m_2 = -1$ 时，它们是互相垂直。因此斜率是 i 的直线与自身垂直。）同样地，教高等代数几何的老师会向刚刚结束了在分析课上与复平面挣扎的学生们介绍**复直线**。（复直线指坐标是复数的一维空间。你一定会被这种说法弄糊涂的。）

298 | 代数的历史：人类对未知量的不舍追踪（修订版）

想对应的簇是非空的（除非这个理想是整个环）。 由于那些构成一个理想的多项式一定有某些公共零点，因此这个定理被称为零点定理。而代数基本定理称一个一元多项式的零点集合是非空的。

※※※※

1893 年，希尔伯特给出了零点定理。从 19 世纪中期开始，几何学又发生了三次变革。只有最近一次（即第五次）变革是由代数引发的，而第三次变革和第四次变革则在 20 世纪对代数学产生了深远的影响。

第三次变革和第四次变革都是由伯恩哈德·黎曼引发的，他也许是有史以来最富有想象力的数学家。

1851 年，黎曼在哥廷根大学的博士毕业论文中提出了黎曼曲面，这是自相交曲面，在研究某些类型的函数时，它可以代替复平面。

当我们认为函数**作用在**复平面上时，黎曼曲面就出现了。例如，复数 $-2i$ 位于原点下方的负虚轴上。如果把它平方，我们就得到 -4，这个数位于原点左侧的负实轴上。我们可以这样想象：平方函数把 $-2i$ 沿逆时针方向旋转 270°，使其到达它的平方 -4 处。

黎曼就是这样想象平方函数的。取整个复平面，从原点出发向无穷沿一条直线割开，抓住开口的上半部分，把它以原点为中心沿逆时针方向旋转，把它拉伸整整一圈。此时，你抓住的一端在拉伸面的上方，而开口的另一端在拉伸面的下方。让开口一端**穿过**这个面（你得想象复平面不仅是可以无限拉伸的，而且要想象它可以像雾一样穿过自身）与原来的开口重新连接。此时，你脑海中的图像有点儿像图 13–4。这就是作用在 $\mathbb{C}$ 上的平方函数的图像。

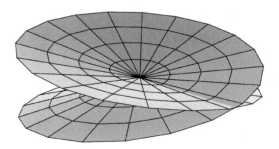

图 13-4　对应平方函数的黎曼曲面

　　当我们从**反函数**的角度看黎曼曲面的时候，黎曼曲面的威力就显示出来了。在数学上，处理反函数有点儿麻烦。取平方函数的反函数，即平方根函数。其中的问题是任意非零数都有**两**个平方根。4 的平方根是多少？答案是 2 或者 −2。2 和 −2 的平方都是 4。我们没有办法回避这个问题，但是，黎曼曲面提供了一个更精巧的方法来解决这个问题。

　　例如，−1 的平方根是 i 或 −i。黎曼之前的数学家可能会用类似图 13-5 的图像来描绘这种陈述。

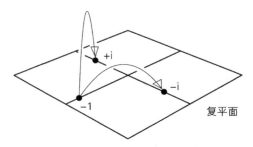

图 13-5　−1 有两个平方根（黎曼之前的观点）

　　然而，如图 13-4 所示的黎曼曲面，把所有复数都成对地堆放，一个在上，一个在下。（沿着"折痕"的复数除外，然而，折痕的位置是任意的，而且如果允许使用确实需要的四维空间来画这幅图，我就可以让折痕消失。）

这表明图 13-6 是另一种思考平方根函数的方式。我们通过考虑平方函数给出的黎曼曲面实际上是解释平方函数的**反函数**（即平方根函数）的完美方法。-1 有两个平方根，它们是一条直线穿过黎曼曲面得到的两个点。

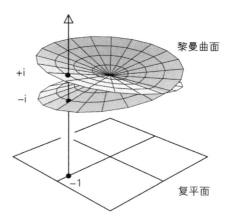

图 13-6　-1 有两个平方根（黎曼之后的观点）

黎曼引发的这次变革的重要性在于它为函数论（属于分析学）与拓扑学（这是几何的一个分支，当黎曼提出这一切的时候，它刚刚开始出现）之间搭建了一座桥梁。

第 14 章将更详细地讨论拓扑学。我在这里只想说，黎曼创造的分析–拓扑桥梁开创了使用 20 世纪发展起来的代数几何和代数拓扑的精巧工具研究函数论的局面。其中一个核心定理是黎曼–罗

赫定理 [①]，这个定理把一个函数的解析性质与对应的黎曼曲面的拓扑性质联系起来。理查德·戴德金和海因里希·韦伯于 1882 年合作发表了一篇论文，在这篇论文中，他们把理想理论应用到黎曼曲面，发现了黎曼 – 罗赫定理的一个纯代数证明。这就是第 12 章提到的那个结果。（事实上，在此前的 140 年里，黎曼 – 罗赫定理很有可能以其更一般的形式为数学家带来了比其他任何定理都多的研究。）

黎曼并没有满足于一次几何学变革，1854 年，他宣读的令人震惊的特许任教资格论文《关于几何基础的假设》引发了第四次几何学变革。黎曼在其中构建了整个现代微分几何，提出了 60 年后被阿尔伯特·爱因斯坦用作广义相对论框架的数学。

在研究黎曼曲面时，代数结果是间接的。黎曼的论文给出了20 世纪的关键概念**流形**的原型。流形是一个"局部平坦"的任意维空间，也就是说，它在小范围内可以被近似看成普通的欧几里得空间，这就像在日常生活中，我们可以把地球的弯曲表面看成平面一样（图 13–7）。流形成为 20 世纪代数几何中的关键概念。（流形的德文是"mannigfaltigkeit"，事实上这个词是由黎曼创造的，但不是在这篇论文中提出的。）

---

① 　1861 年，古斯塔夫·罗赫（1839—1866）来到德国哥廷根大学，在黎曼的指导下学习。他在黎曼去世四个月后也离开了人世，非常年轻，只有 27 岁。

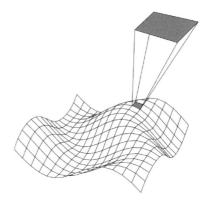

图 13-7　一个流形可以有很多曲折的地方，
但是它在每一点处都是"局部平坦的"

　　虽然 19 世纪第五次几何变革的影响还延伸到了拓扑学、分析学和物理学领域，但它是最纯粹的代数变革。为了了解这场变革，我们不得不重谈一个话题、重访一个地方。这个话题就是群论，而这个地方就是岩石兀立、海风呼啸的挪威峡湾。

※ ※ ※

　　第 11 章提到了挪威数学家西罗和 1862 年他在奥斯陆大学开设的关于群论的课程。参加该课程的人中有一位年轻的挪威人，他名叫索菲斯·李（1842—1899），当时只有 19 岁。他那时像一个海盗：高高的个子，满头金发，身材强壮，英俊而勇敢。李热衷于徒步旅行，据说他一天能走 50 英里（约 80 千米）。无论是在什么地形上跋涉，这样的水平都是非常厉害的，更何况是在挪威这种山地、冰川地形上呢？数学界有一个传说：如果李在徒步时赶上下雨，那么他会脱下衣服，把它们塞到包里。但阿里尔·斯图海于格

（1948— ）为李所写的那本详尽并且充满敬佩之情的传记 [1] 中却没有提到这个说法。

　　尽管今天李被看作一名代数学家，事实上他总是认为自己是几何学家。他的所有工作都充满了几何的奇思妙想。1869 年，他自费发表了一篇射影几何论文，凭借这篇论文，李向大学申请了访问欧洲各数学中心的资助（易卜生就是在 5 年前依靠这样的资助离开挪威的）。1869 年，李离开挪威，在国外待了 15 个月。他去了德国柏林，他在那里与当时也在柏林访问的菲利克斯·克莱因建立了深厚的友谊。克莱因在普吕克去世后帮助出版了普吕克关于直线几何的著作。李在挪威看过这本著作，并深受普吕克思想的影响。李又去了哥廷根，然后去了法国巴黎。他在巴黎再次遇到了克莱因，当时李 27 岁，克莱因刚满 21 岁，这两个年轻人都参加了卡米尔·若尔当开设的课程。

　　若尔当稍微年长一点，他当时 32 岁，但是他与李和克莱因是同一代学者。若尔当接受的是工程师的训练，最后却成为出色的数学全才。在 1870 年的春天，他刚刚出版了群论的第一本著作《论置换》。若尔当的著作没有达到凯莱 1854 年的论文的那种一般性。他把群写成置换群和变换群。然而，这本著作涵盖的范围很广，被认为是现代群论的奠基性著作。至于李对西罗 1862 年的讲座记住多少，我们不得而知，但是似乎可以肯定的是，正是有了与若尔当在

---

[1]　斯图海于格（至少在这本传记的理查德·戴利的英文译本中）偶尔表现出来的灵巧的文学手法引起了我的幻想。关于李在学生时代的一次徒步旅行，斯图海于格写道："他们在长途跋涉中遇到了三个美丽、机智的阿尔卑斯山挤奶女工，用李的话来说，她们'没有任何多余的沉默'。然而，他们在那个夏天深入尤通黑门山脉的距离似乎是不确定的。"

巴黎相处的这几周，群的概念才深深地印入了他和克莱因的脑中。

这份幸福且格外多产的数学友谊到 1870 年 7 月 19 日被迫中止，当时法兰西帝国宣布同普鲁士王国开战。普鲁士人克莱因不得不匆匆离开巴黎。8 月中旬，李也离开了巴黎，往南徒步到瑞士，只带了一个背包。在距离巴黎 30 英里的地方，他被当作德国间谍抓了起来，似乎是因为有人听到他用听起来像德语的语言自言自语。

宪兵检查李的背包，发现了印有德国邮戳的几封信和笔记本，写满了神秘的符号。李抗议说他是一名数学家。宪兵命令他解释笔记中的内容来证明自己的清白。斯图海于格写的李的传记中是这样记载的：

> 李应该是怒吼着说："你们永远也不可能理解这些！"（学习李理论的我们经常发出这样的声音……——原注）但是当他意识到他的处境是多么危险时，据说他还是做了些努力，他的开场白是这样的："先生们，请考虑三个轴，x 轴、y 轴和 z 轴，它们互相垂直……"当他用手指在空中比画时，宪兵们哈哈大笑，不再需要他提供更多的证据了。

在被允许继续前往日内瓦之前，李还是不得不在监狱里待了一个月，这段时间他读了瓦尔特·司各特爵士的小说的法译本。当他于 12 月回到奥斯陆的时候，发现自己已成为引起 19 世纪挪威媒体轰动的人物——一位曾被当作间谍抓起来的学者。1863 年 1 月，他得到了奥斯陆大学的讲师职位，成为一名研究人员。不久之后，克莱因也得到了哥廷根大学的讲师职位。克莱因在普法战争中短暂地做过医务员工作，后来因病而离开。各地的数学家都在阅读若尔当的著作。19 世纪 70 年代是群论的第一个伟大的十年。几何学的第五次变革也在这个令人惊异的世纪开始了：几何的"群化"。

※※※

第 11 章介绍了几种不同类型的群。但它们都是**有限**群。每一个群都只有有限多个元素。群可以是有限的，也可以是无限的。整数集 $\mathbb{Z}$ 以普通加法作为合成法则形成一个无限群。

几何学中包含丰富的无限群的例子。第 11 章中展示了二面体群 D_4，这是一个包含八个元素的群，我们可以通过保持一个正方形所占据的二维空间不变的旋转和翻转该正方形的变换来描述这个群。这是一个有限群，但是，如果去掉上面的限制会发生什么呢？如果允许这个正方形**以任意方式**移动到平面上的某个新位置：可以以任意角度旋转，可以任意翻转，将会发生什么呢（图 13-8）？**这些**移动可以得到什么呢？

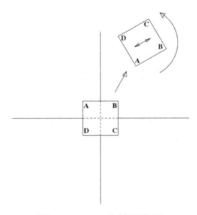

图 13-8　一个等距变换

结论是这些移动构成群！"把这个正方形移动到一个新位置和

新定向"的操作满足群运算的所有要求。如果你用一种方式移动它，再用另一种方式移动它，其合成结果就如同你用第三种方式移动它一样：$a \times b = c$。结合律 $a \times (b \times c) = (a \times b) \times c$ 显然成立（"进行这个移动，然后再进行两个移动的合成移动……"）；不动的"移动"将作为单位元，每一个移动都可以倒过来进行（"有逆元"），所以它是一个群。（问题：它是交换群吗？）

显然，这是一个包含无限多个元素的群。而且，如果你想象一下把这个正方形画在一个无限大的投影片上，它在"原来"的平面上移动和转动，你会看到这是一个**全平面的变换群**。事实上，它称为欧几里得平面的等距变换群。"等距"一词在这里非常重要。它源于表示"等度量"的希腊文词根，指的是"保持距离"的变换。如果两点相距 x，那么它们在任何等距变换下总是相距 x，既没有伸长，也没有缩短。任意两点之间的距离是这个变换群下的一个**不变量**。

克莱因受到他与李及若尔当之间的交流的启发，有了一个绝妙的想法，19 世纪前 70 年，大量出现的几何学正是通过这个想法统一到了一个巨大的组织原则之下。这个组织原则就是，几何可以由保持其命题仍然成立的变换群来加以区分。二维欧几里得几何在刚才我描述[①]的平面等距变换群下，其命题仍然成立。那个群的特征是某个不变量，在该情况下这个不变量是任意两点之间的距离。

---

① 我在这里又"偷偷"做了大量简化。事实上，正如克莱因知道的那样，如果你把**伸缩**的概念包含进来，一致地扩大或缩小全平面，一些图形变成另外的形状相同但大小不同的图形，此时欧几里得的命题仍然成立。我忽略了这些复杂的内容。想要进一步了解这些内容的读者可以参考考克斯特于 1961 年出版的经典教材《几何》第 5 章。

我们能够从射影几何提取某个类似的群和特征不变量吗？我们能从罗巴切夫斯基和鲍耶的"双曲几何"中提取某个类似的群和特征不变量吗？我们能从黎曼的更一般的几何中提取某个类似的群和特征不变量吗？是的，我们能够做到这一点。这里的群不太容易描述，但是我至少可以给出射影几何的一个不变量。显然，在射影几何中，两点之间的距离并不会保持不变。三个点之间的两个距离的比也并不会保持不变，这个结论不那么明显，但我们可以用图 13–9 对这一点加以说明：比值 AC/AB 是 2，而其投影的比值是 3。但是，如果像图 13–10 那样取**四**个点，并计算两个比值的比 $(AC/AD)/(BC/BD)$，我们就会发现这个比值在投影之下保持不变（在图 13–10 中，这个比值等于 5/4），只是当一个点被投射到无穷远时，会出现稍稍复杂但也可以处理的情况。这个"交比"是一个射影不变量。

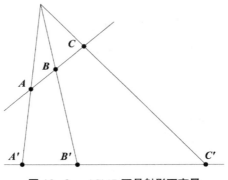

图 13–9 AC/AB 不是射影不变量

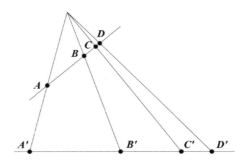

图 13-10　$(AC/AD)/(BC/BD)$ 是一个射影不变量

　　1872 年秋天，克莱因离开哥廷根大学去埃尔朗根大学担任教授。按照惯例，新教授都要发表就职演讲，也是为其教授职位做的主题报告，展示出他要致力研究的领域。10 月初，李与克莱因一起在埃尔朗根大学度过了两三周，帮助克莱因准备这份演讲稿。尽管最终克莱因没有在就职演讲上使用这份演讲稿，但他将它作为一篇论文发表了，其题目是《新几何研究的比较评述》。

　　这是不朽的伟大数学文献，它被誉为埃尔朗根纲领。如果从论文需要给出报告结果或解决问题的通常角度来看，它不是一篇数学论文。它保有就职演讲的某些激昂的论调，只是克莱因在他的就职仪式上没有传达这些论调。在这份纲领中，克莱因给出了我上面提到的在群论和不变量理论之下统一几何学的思想。现在看来，这份纲领是战斗的号角，号召数学家们积极行动起来去"群化"几何学。

※※※

　　上一节中提到的像平面上的等距变换群这类的几何变换群不仅仅是无限群，它们还是**连续群**，具有不可数无穷的性质。你可以将这个正方形移动 1 厘米，也可以移动 1 厘米的千分之一，或者 1 厘

米的一万亿分之一。你可以把它旋转 90°，也可以把它旋转 90° 的
千分之一或 90° 的一万亿分之一。你可以不受任何限制地"分割"
这些等距变换。它们甚至可以"无限小"。也就是说，如果允许把
这些类型的变换引入类似于群的模式之中，我们就会开启让微积分
和分析学进入群论，以及让群论进入微积分和分析学的大门。

克莱因本人并没有就此止步。在埃尔朗根纲领的结尾，他倡议
研究连续变换群理论，认为它与有限群论一样严格而且丰富。（他
实际上说的是"置换"群。读者一定要记住，群论还远未成熟。）

尽管李在促成这份埃尔朗根纲领形成的过程中起着重要作用，
但他还是认为这个想法太过于"雄心勃勃"了。1872 年末，李已
经是一位全职教授，这是挪威政府专门为他设立的数学职位。因为
他几乎不用承担教学任务，所以他全力投入到一个引起他注意的问
题中。这是一个关于求解微分方程的问题。在微分方程中，要求的
未知量不是一个数而是一个函数，例如

$$\frac{\mathrm{d}^2 y}{\mathrm{d}x^2} + 2a\frac{\mathrm{d}y}{\mathrm{d}x} + p^2 x = 0$$

我们可以用 x 的三角函数和幂函数来求得 y。李有处理这些方程的
想法，这个想法与伽罗瓦处理通常的代数方程的方法相似，但他使
用这些新的连续群取代伽罗瓦理论中的有限置换群。

在克莱因起草埃尔朗根纲领的时候，李对这方面的资料已经有
了深入的理解，他认为变换群这个主题太宽泛而且太混乱，无法按
克莱因的建议进行严格的分类。在此一年之后，他改变了想法。人
们有可能构造出完全一般化的连续群理论，它们不局限于作用在平
面之内，而且可以作用于最一般的流形之上，可以得到连续群在高
等微积分中的一些结论。李着手创建这个理论，如今，这个理论就

是以他的名字命名的①。

※※※

有了克莱因关于几何学群化的埃尔朗根纲领、李的连续群理论，以及希尔伯特在 1890 年前后在环论领域的发现，19 世纪代数和代数几何的图景几乎已经讲完。但是我还没有提及一个国家，而且在介绍代数几何时不得不提它。

这个国家就是今天的意大利，继 19 世纪中期兴盛的民族意识复兴运动之后，意大利在 19 世纪 60 年代作为国家开始形成。因此，在统一国家之后，意大利人开始恢复他们光荣的数学传统，在19 世纪末出现了一些优秀的学者：恩里科·贝蒂（1823—1892）、弗 朗 切 斯 科· 布 廖 斯 基（1824—1897）、路 易 吉· 克 雷 莫 纳（1830—1903）、欧金尼奥·贝尔特拉米（1835—1900）。

黎曼对这些意大利数学家产生了深刻的影响。在 19 世纪 60 年代早期，黎曼得了肺结核，工作受到影响，他便来到气候宜人的意大利疗养。在那里，他与几位数学家结为朋友。顺理成章地，张量分析（黎曼几何的现代发展）的传人不久后就出现了，他们是两位19 世纪末的意大利数学家格雷戈里奥·里奇（1853—1925）和图利奥·列维－奇维塔（1873—1941）。

意大利人在几何方面特别强大。他们采用中世纪研究曲线和曲面的方法来研究他们自己感兴趣的东西，即某位数学史学家所说的

① 简言之，李群就是具有重要的"光滑"性质的某个一般 n 维流形的连续变换群。李代数是我在"数学基础知识：向量空间和代数（VS）"中定义的一种代数，它是一种具有向量乘法运算的向量空间。李代数中的向量乘法相当特殊，但事实证明，它在某些高等微积分的应用中非常有用，而且很自然地产生李群。

"现代经典几何"[①]，并把它带到了 20 世纪。这就是出生于 19 世纪六七十年代的第二批意大利数学家的工作，这些数学家包括科拉多·塞格雷（1863—1924）、圭多·卡斯泰尔诺沃（1865—1952）、费代里戈·恩里克斯（1871—1946）和弗朗切斯科·塞韦里（1879—1961）。

然而，到了这些几何学家的研究成果成熟的时候，代数几何已失去了魅力。这不仅仅是在数学潮流上的反复变化。到了 20 世纪初，逻辑和基础问题已经开始在"现代经典几何"中出现，这是庞斯列和普吕克在 19 世纪开创的几何。代数几何到了以希尔伯特和克莱因所预见的方式进行全面革新的时候。这次全面革新是第 14 章的主题。我在本章只提到在代数工具已经为代数几何在 20 世纪的转变做好准备之时，意大利人在保持代数几何活力的过程中所取得的成就。

我认为，"现代经典几何"结束的标志通常是指朱利安·罗威尔·柯立芝（1873—1954）1931 年的教材《论平面代数曲线》。柯立芝 1873 年出生于美国马萨诸塞州的布鲁克莱恩[②]，他一生中的大

---

① 　数学史学家迪尔克·斯特勒伊克（1894—2000）对柯立芝《几何方法的历史》的评述。

② 　当被问到与上流阶层的布鲁克莱恩的柯立芝家族是否有关系时，出身较卑微的美国第 30 任总统卡尔文·柯立芝简洁地回答说："其他人说没有。"这个回答常为人所称道。事实上，美国所有姓柯立芝的人都是沃特教的约翰·柯立芝（1604—1691）的五个儿子的后代。这位总统是他的第二个儿子西蒙的第八代，而这位数学家是约翰·柯立芝的第五个儿子乔纳森的第七代，因此总统柯立芝和数学家柯立芝是远方表亲。朱利安·柯立芝的祖母是托马斯·杰斐逊（1743—1826，美国第三任总统）的孙女。

部分时间在哈佛大学任教，从 1927 年一直到他退休的 1940 年一直在这所高等学府的数学系担任系主任。他在其著作中写了这样的题词：

AI GEOMETRI ITALIANI

MORTI, VIVENTI

（献给意大利几何学家，逝去的和在世的。）

第 14 章
代数无处不在

　　大约从 1870 年开始——克莱因的埃尔朗根纲领可以被视为一个里程碑——对代数学的新理解开始应用于全部数学领域。19 世纪的代数学家发现的新的数学对象（矩阵、代数、群、簇等）开始被数学家们运用到他们的研究工作中，他们把这些新数学对象作为解决几何学、拓扑学、数论和函数论等其他数学领域中的问题的工具。就几何学而言，我已经在第 13 章中描述了一些几何代数化的内容。本章将代数化的范围扩展到 19 世纪末与 20 世纪前半叶的代数拓扑、代数数论以及代数几何的进展中去。

※ ※ ※

　　我首先要介绍的是**代数拓扑**。正如在"数学基础知识：代数几何（AG）"中介绍的那样，拓扑学通常被叫作"橡皮几何学"。想象一个二维曲面，例如球面，假设它是由某种可伸缩的材料制成的。这个橡皮球面可以通过拉伸或挤压变换成其他任意与球面"相同"的曲面，这就是拓扑学家关心的东西。为了让拓扑学具备数学的精确性，你需要再制定一些规则，例如切割、黏合、把一个有限区域"挤压"成一个没有维度的点，或者允许这个橡皮曲面可以像雾一样穿过自身，这些规则在不同的应用中略有不同。不过在这里，这种宽泛而熟悉的定义已经足够了。

直到 19 世纪末，拓扑学都没有显示出与代数有多大关系。事实上，它的早期发展非常缓慢。"拓扑"这个词最早是哥廷根数学家约翰·利斯廷（1808—1882）在 19 世纪 40 年代使用的。利斯廷的很多想法都似乎来自高斯，他与高斯关系很密切。然而，高斯从未发表过任何与拓扑相关的文章。1861 年，利斯廷描述了一个单侧曲面，现在我们称之为莫比乌斯带（图 14−1）；莫比乌斯在四年后也写下了关于这个曲面的文章，由于某些原因，正是他的介绍才引起了数学家们的注意。尽管现在为其正名为时已晚，但是我还是将图 14−1 标记为利斯廷带，为利斯廷恢复一点点公正。（另外，如果取图 AG−3 中有折痕的球面，从上面剪下来一块小圆片，那么剩下的部分就与利斯廷带拓扑等价[①]。）

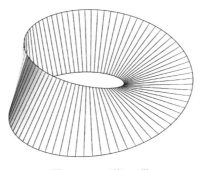

图 14−1　利斯廷带

[①]　两个对象在适当的拉伸和挤压下"相同"（即拓扑等价）可以用一个更漂亮、更时髦的术语来表述：**同胚**。不过，说起它，要说的可就多了，为了使表述简单起见，我还是继续用"拓扑等价"这个词。

1851 年，黎曼在他的博士论文中使用复杂的自相交曲面来帮助理解函数，这一做法是推动拓扑思想发展的另一个因素。在仔细研究这些黎曼曲面后，若尔当（见第 13 章）提出了一个研究这些曲面的想法——观察嵌入在其中的封闭路径，看看会发生什么。我在这里用"曲面"代替"空间"，使其更直观一些。

例如，想象一个球面，取球面上的一点，从这一点出发，沿一个圈行走，直到回到原点。如果不对你刚才走过的这条路径做任何非拓扑的操作，也不离开这个曲面，那么它能一直收缩到这个出发点吗？它能够**光滑而连续**地收缩吗？是的，它可以。这个球面上的**任何**一条路径都可以做到这一点。

对于一个环面来说就不是这样了。图 14-2 中描绘的路径 a 或路径 b 都不能收缩到点 P，但是路径 c 可以收缩到点 P。因此，也许研究这些路径确实可以让我们了解关于曲面拓扑的信息。

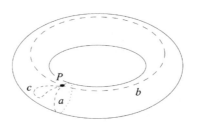

图 14-2　环面上的闭路

1895 年，一位才华横溢的法国数学家把这些想法代数化，这位数学家就是巴黎综合理工学院的亨利·庞加莱（1854—1912）。庞加莱是这样陈述的：考虑一个曲面上的所有可能的若尔当闭路，即起点和终点相同的所有路径。令这个基点固定不动，把所有闭路分成若干集族，如果一条闭路能够光滑地变形为另一条闭路，那么这两条闭路就属于同一个族，即它们是拓扑等价的。考虑这些族，无论它们有多少。两个族的合成定义如下：首先经过第一个族的一条路径，然后再经过第二个族的一条路径（选择哪条路径无关紧要）。

现在，你有了一个以闭路族为元素的集合，而且还有一种将两个元素合成为另一个元素的方法。这些元素（即闭路族）能构成一个群吗？庞加莱证明它确实是一个群，于是代数拓扑就这样诞生了。

你还需要一小步就可以得到任意曲面的**基本群**的概念——你需要摆脱你的闭路对任意特定基点的依赖（事实上，它们无须是我定义的精确的若尔当闭路）。这个群中的元素是这个曲面上的路径族，合成两个路径族的法则如下：首先经过第一个族的一条路径，再经过第二个族的一条路径。球面的基本群实际上是只有一个元素的平凡群。每一条闭路都可以光滑地收缩成这个基点，所以只有一个路径族。

另外，环面的基本群是这么一个东西——$C_\infty \times C_\infty$，它看起来有点儿吓人，但实际上它不是这样的。这个群中的元素为所有可能的整数对 (m, n)，以加法作为合成法则：$(m, n)+(p, q)=(m+p, n+q)$。元素 (m, n) 对应于先经过图 14-2 中的 a 路径 m 次，再经过 b 路径 n 次。（如果 m 是负数，就沿相反的方向走。按照下面的说法做也许有助于你理解：如果你以某个角度从这个基点出发，那么在结束环绕回到基点之前，你螺旋地绕这个环面转了 m 圈。）这些整数对在这个简单的合成法则下构成群 $C_\infty \times C_\infty$。[①]

---

① C_∞ 称为"无限循环群"。如果用乘法来表示这个群的合成法则，那么 C_∞ 是由一个元素 a 的所有正整数次幂、负整数次幂和零次幂组成的：$\cdots a^{-3}, a^{-2}, a^{-1}$, $1, a, a^2, a^3, \cdots$。因为 a 的两个幂相乘等于它们的指数相加（$a^2 \times a^5 = a^7$），因此 C_∞ 的另一个实例就是普通的整数加法群 $\mathbb{Z}$。由于这个原因，你有时会看到环面的基本群写成 $\mathbb{Z} \times \mathbb{Z}$，或者更严谨地写成 $\mathbb{Z}^+ \times \mathbb{Z}^+$，因为 $\mathbb{Z}$ 代表一个环，而不是一个群。

我提到过，球面的基本群是只有一个元素的平凡群。但是这个事实本身却并不平凡。

事实证明，任何以只有一个元素的平凡群为基本群的二维曲面一定与球面拓扑等价。现在，我们熟悉的嵌入在普通三维空间里的二维球面在高维空间中有类似物。例如，一个弯曲的三维空间"就像"一个球面，但是它处于四维空间中，有时被称为超球面①。问题来了：在四维空间中，任何一个以平凡群为基本群的三维弯曲空间与这个超球面是否也是拓扑等价的？

1904 年，庞加莱提出了著名的庞加莱猜想，断言上述问题的答案是肯定的。直到 2005 年末，这个猜想既没有被证明，也没有被推翻。在发表于 2002 年和 2003 年的一系列论文中，俄罗斯数学家格里戈里·佩雷尔曼（1966— ）证明了它是正确的。当我在写这本书时（本书英文版出版于 2006 年 5 月），数学家们仍在评审佩雷尔曼的工作。根据这些评审报告的非正式报道，越来越多的人认为佩雷尔曼实际上已经证明了这个猜想②。庞加莱猜想是七个千禧年大奖难题之一，解决其中任何一个问题都将获得美国马萨诸塞州剑桥市的克雷数学研究所提供的 100 万美元奖金。如果佩雷尔曼的证

---

① 有时也被称为三维球面。然而人们很难在头脑中想象这个术语，至少对非数学专业人士来说是这样的。"三维球面"是指普通球的二维表面弯曲地放在三维空间中的二维曲面吗？还是指一个超球的难以想象的三维表面弯曲地放在四维空间中的三维曲面呢？对数学家来说，三维球面指的是后者，因为黎曼告诉我们要从一个流形的内部考虑流形这个空间。不过，非数学专业人士通常把二维曲面放在三维空间中观察，所以前者也有点儿道理。

② 佩雷尔曼确实证明了庞加莱猜想，这个证明现在已经得到数学界的广泛认可。——译者注

明是正确的，那么他将获得这 100 万美元 ①。

当一个数学理论开始产生猜想时，它就开始活跃起来了。拓扑学就是伴随着庞加莱 1895 年出版的著作《位置分析》而活跃起来的。在拓扑学发展的最初几十年间，它经常被称为"位置分析"。直到 20 世纪 30 年代，人们才普遍用"拓扑学"来命名这个学科。我想这应该感谢所罗门·莱夫谢茨（1884—1972），我稍后将详细介绍这个人。

※ ※ ※

庞加莱成为现代拓扑学的创始人，这里有点儿奇怪。

数学家认为，拓扑学实际上有两种风格：一种源自几何学的启示，另一种源自分析学。这里的"分析"指的是数学意义中的分析，即以函数、极限、微分和积分作为研究对象的数学分支，这些研究对象都与**连续性**有关。如果你回头看一下我在前面多次提到的**光滑**和**连续**变形，你就会掌握这种拓扑意义中的联系。从某种意义上说，如果没有光滑、连续、从一个位置到另一个位置的无穷小移动等基础概念，即一些分析的思维方式，那么拓扑学就没有意义。

用数学术语来说，**分析**的对面是**组合**。在组合数学中，我们研究的事物可以数出来：1、2、3，等等，且整数之间不存在其他数。因为相邻整数之间没有整数，所以从一个整数到另一个整数没有一条光滑的路径，我们需要跳过一个个间隔。分析数学是连贯的，可以光滑地在连续的空间中穿梭；而组合数学是断断续续的，从一个整数直接跳跃到另一个整数。

---

① 2006 年，佩雷尔曼被授予菲尔兹奖，但他拒绝领奖。此外，佩雷尔曼也拒绝领取克雷数学研究所的这份 100 万美元的奖金。——译者注

如今，拓扑学应该是所有数学研究中最具有连贯性的，因为橡皮面可以光滑、连续地弯曲和伸缩。然而，最早出现的拓扑不变量却是一个表示孔洞数的整数，它用来衡量一个曲面内环状孔洞的个数，是由瑞士数学家西蒙·吕利耶（1750—1840）于 1813 年发现的。维数是另一个拓扑不变量（在拓扑意义中，你不能把一根鞋带变成一张煎饼，或把一张煎饼变成一块砖），它也是一个整数。甚至连庞加莱发现的那些基本群也不是像李群那样的连续群，而是如"数学基础知识：数和多项式（NP）"中定义的那样的可数的离散群。尽管这些群可能是无限群，但是它们的元素可以数出来：1、2、3，等等。连续群中的元素是不可数的。所以，拓扑学中所有有趣的东西似乎都是离散的，而不是连续的。

自相矛盾的是，庞加莱经由分析学进入拓扑学，确切地说，他是在研究微分方程的一些问题时来到了拓扑学领域。然而，他的研究结果以及他在《位置分析》中的所有思想都是组合的。从分析角度研究拓扑学（现在通常被称为**点集拓扑学**）对他而言没什么吸引力。

同样的矛盾在荷兰数学家布劳威尔（1881—1966）的身上更加明显，他是庞加莱最重要的代数拓扑传人。正是布劳威尔在 1910 年证明了维数是一个拓扑不变量。在现代数学中，更为重要的是他的不动点定理[①]。

---

① 拓扑学家海因茨·霍普夫（1894—1971）有一个经常与布劳威尔的不动点定理相混淆的相关定理，这个定理告诉我们，此时此刻在地球表面上的某个点处一定没有风，尽管这是瞬间的。与此等价的是，想象一个覆盖着毛发的球面，你试着朝一个方向梳理这些毛发，你一定会失败的，无论你如何尝试，总是存在（至少）一个"旋涡中心点"，在这里，毛发不能被梳平整。这也是一个定理，不过这个定理常被数学系的学生们不雅地称为"猫肛门定理"（我已经对此删除了一些描述）。这样看来的话，这个定理称：每一只猫必定有肛门。

布劳威尔不动点定理

n 维球体到自身的任意连续映射都有一个不动点。

---

n 维球体就是实心单位圆盘（平面上到原点的距离不超过一个单位的点的全体）的概念或实心单位球体（三维空间中到原点的距离不超过一个单位的点的全体）的概念在 n 维空间中的推广。对于二维平面的情形，这个定理意味着如果你把单位圆盘上的每一个点光滑地移到另外某个点处，把非常靠近的点移到同样非常靠近的点，那么总有一个点在移动前后的位置不变。

不动点定理及其直接推广有很多推论。例如，你小心平稳地搅拌杯子里的咖啡，那么某一滴咖啡，或者说某个分子，最终会停在它的起始位置上。（注意，从拓扑意义上说，杯中的咖啡是一个三维球体，通过搅拌，你就把咖啡中的每一个分子从这个三维球体的某个点 X 移到了某个点 Y，这就是我们所说的"把一个空间映射到自身"的意思。）还有一个不太明显的例子：把一张纸放在桌子上，用记号笔在桌子上画出它的轮廓。现在把这张纸揉皱，但不要撕破它，然后把它放进画出的轮廓里。这张变皱的纸上存在（至少）一个点，一定在画出的这张纸的轮廓中这个点的正上方。

布劳威尔的拓扑学中潜在的自相矛盾，是他得到的结果与他的哲学思想格格不入。对于一名普通的数学家来说，这也许并不重要，但是布劳威尔是一位**非常**有哲学想法的数学家。他痴迷于形而上学思想（更确切地说是**反**形而上学的思想）以及为数学寻找一个可靠的哲学基础。

为此，他创立了**直觉主义**学说，试图将所有数学根植于人类进行连续思考的思维活动之中。布劳威尔说，一个数学命题不真，是因为它对应于某种柏拉图式的更高实体，这种更高实体超出了我们的物理感官，而我们的大脑却能以某种方式理解它。它不真，还因为它遵循了一些语言形符的规则，就像布劳威尔时代的逻辑学家和形式主义者（如罗素和希尔伯特）所主张的那样。它为真，是因为我们可以进行一些适当的心理建构，一步一步**体验**它的正确性。按照布劳威尔的说法，构成数学的材料（非常粗略地说）并不是从超出我们感知的世界里的某个仓库里取出来的，也不仅仅是语言或者在纸上根据规则操作的符号。它是一种**思想**——一种人类活动，最终建立在我们对时间的直觉上，它是人类本能的一部分。

这仅仅是对直觉主义最简单的**概括**，它催生了大量的文献。了解这种哲学的读者会察觉到康德和尼采对其产生的影响。[①]

事实上，不管怎么说，布劳威尔绝不是这条思路仅有的开创者。类似的思想贯穿数学的现代历史，可以追溯到康德之前，至少可以追溯到笛卡儿的时代。我认为，四元数（见第 8 章）的发现者哈密顿可以被看作直觉主义者。1835 年，他在论文《作为纯时间科学的代数》中试图将康德的基于几何学的数学思想建立在"直觉"和"构造"之上，并引进到代数中。

19 世纪后期，利奥波德·克罗内克（1823—1891）强烈反对格奥尔格·康托尔把"实无穷"引入集合论中，你可以称克罗内克

---

① 然而，我在这里需要交代一下尼伯恩说的一件事："康德的数学概念早已过时，如果说它和直觉主义者的观点之间有任何密切的联系，就很容易让人产生误解。不过，一个重要的事实是，像康德这样的直觉主义者是在直觉中寻找数学真理之源头，而不是在抽象概念的理性推断中寻找数学真理之源头。"（摘自《数理逻辑和数学基础》第 249 页。）

为**前**直觉主义者。克罗内克认为，像 $\mathbb{R}$ 这样的不可数集合不属于数学，数学即使没有它们也能发展，它们把无用且不必要的形而上学的包袱带到了数学中，数学应该根植于计数、算法和计算。

正是这个思想学派被布劳威尔带到 20 世纪，传播给后来的数学家，例如美国数学家埃里特·毕晓普（1928—1983）。布劳威尔的学说被称为"直觉主义"，毕晓普的学说被称为"构造主义"。这些思想现在都被称为"构造主义"，它们在美国的倡导者是美国柯朗数学科学研究所的哈罗德·爱德华兹教授。爱德华兹教授在其 2004 年的著作《构造数学论著集》（*Essays in Constructive Mathematics*）中很好地说明了这种方法（事实上，他的其他著作也是如此）。

爱德华兹教授认为，随着功能强大的计算机便捷化，构造主义现已迎来了它的时代，而且一旦人们对思维方式做出了适当调整，那么人们自 1880 年以来取得的很多数学成果看起来都会是误解。我没有资格评判这个预言，但就其特点而言，我个人觉得构造主义的方法非常有吸引力，而且我是爱德华兹教授的著作的"铁杆粉丝"，这可以从我在正文中多处引用他的话看出来。我在第 13 章中对手工制作数学模型和绘制曲线的评述也非常具有构造主义特征。

总之，在布劳威尔 30 岁左右的那几年里，他在代数拓扑方面的研究一定与他的哲学观点有冲突。十年后，他的同胞范德瓦尔登来到荷兰阿姆斯特丹跟随他学习。范德瓦尔登在接受《美国数学学会通告》采访时说：

尽管布劳威尔最重要的研究贡献在拓扑学领域，但是他从来没有开设过拓扑学课程，而且总是只开设直觉主义基础课程。他似乎不再相信自己在拓扑学方面的成果，因为从直觉主义的观点来看，它们是不正确的。根据他自己的哲学，他认为之前做过的每一件事情——甚至他最伟大的成果——都是错误的。他是一个非常奇怪的人，他疯狂地热爱自己的哲学。

※※※

我们在本节谈谈**代数数论**。这是一个不太容易准确说明的词语。首先，存在被称为代数数的对象，所以在某些时候，代数数论表示对这些对象的研究。代数数是可以成为某个一元整系数多项式方程的解的数。每个有理数都是代数数：$\dfrac{119}{242}$ 满足方程 $242x - 119 = 0$。任何由有理数、普通的四则运算、开方符号组成的表达式也都是代数数：$\sqrt[7]{18 - \sqrt{11}}$ 满足方程 $x^{14} - 36x^7 + 313 = 0$。正如第 11 章所述，根据伽罗瓦的研究，很多五次方程和更高次方程有解，但是**不能**用这种表达式表示，然而根据定义，这些解也都是代数数。反之，很多数不是代数数，π 就是一个最著名的非代数数的例子。〔非代数数被称为超越数。第一个证明 π 是超越数的人是费迪南德·冯·林德曼（1852—1939），他于 1882 年给出了证明。〕代数数的理论体系非常庞大，其基础是由高斯和库默尔建立的，我在第 12 章中描述了他们的工作。你可以把这种理论体系称为代数数论，数学家们也经常使用这种称呼。

其次，像"群"这样的近世代数概念已被证明对解决传统的数论问题非常有用。其中最著名的问题，就是椭圆曲线上的有理点的分布问题。这听起来有点儿令人生畏，但这里的联系实际上可以直接追溯到丢番图和他的关于求诸如方程 $x^3 = y^2 + x$ 的有理数解的问题

（见第 2 章）。如果画出这个方程的图像，我们就会得到数学家所说的椭圆曲线。丢番图得到的解对应着这条曲线上 x、y 坐标都是有理数的点。有这样的点吗？有多少个这样的点？它们在哪里？这些问题可能听起来不太令人兴奋，但事实上，它们把我们引入一个魅力非凡、令人着迷的现代数学领域，而且还带来一个尚未解决的大问题：贝赫和斯维讷通 – 戴尔猜想（Birch and Swinnerton-Dyer Conjecture）[①]。

　　就在庞加莱开创代数拓扑研究前后，代数数论领域出现了另一个话题，全新的数在环和域中被发现了。这个数学分支是由库尔特·亨泽尔（1861—1941）开创的，他出生于哥尼斯堡，那里也是希尔伯特的故乡，亨泽尔只比希尔伯特大 25 天。亨泽尔在德国柏林跟随克罗内克学习数学，后来成为德国西部马堡大学的教授，一直到 1930 年退休。他对代数的贡献是在 1897 年左右发现了 p 进数，这是代数思想在数论中的杰出应用。

　　p 进数中的"p"代表任意素数，为了便于说明，我选择 $p=5$。首先，当我描述 5 **进整数**时，你可以暂时忘记 5 **进数**。你或许知道，有一种与任意大于 1 的整数 n 相关的"钟表算术"，这个算术中只使用 0, 1, 2, …, $n-1$。以 $n=12$ 为例，这就构成了普通的钟表盘，只是钟表上的 12 被 0 取代了。如果把这个钟表上的 7 加上 9（也就是问："7 点过 9 个小时后是几点？"），你会得到 4。通常的记法就是

---

① 这个猜想和庞加莱猜想一样，是克雷研究所提供 100 万美元奖金悬赏的问题之一。参见基思·德夫林 2002 年的著作《千年难题》，该书对所有七个问题都进行了全面的阐述。

$$9+7 \equiv 4(\bmod 12)$$

现在列出 5 的幂：5、25、125、625、3125、15 625，等等。为每一个数建立一个"钟表"：从 0 到 4 的"钟表"、从 0 到 24 的"钟表"、从 0 到 124 的"钟表"，以此类推。在第一个"钟表"盘上随机选取一个数，比如 3。现在，在第二个"钟表"盘上随机选取一个匹配数（匹配的意思是，这个数除以 5 之后的余数必须是 3），所以你可以从 3、8、13、18 和 23 中随机选取一个数，比如 8。现在，在第三个钟表盘上随机选取一个匹配数，这个数除以 25 之后的余数必须是 8，所以你可以从 8、33、58、83 和 108 中选取一个数，比如 58。按照这样的方式可以永远进行下去，得到一个数列，我把它们放在括号里，称其为 x，它看起来是这样的：

$$x = (3, 8, 58, 183, 2683, \cdots)$$

这就是一个 5 进整数，注意，这里是"整数"而不是"数"。我马上会介绍 5 进"数"。给定两个 5 进整数，有一种方法可以把它们加起来，即在每一个位置上应用钟表算术。两个 5 进整数还可以相减和相乘，但不一定能相除。这与正常的整数系 $\mathbb{Z}$ 很像，在整数系中，加法、减法和乘法运算是可行的，但除法运算不总是可行的。这是一个**环**——5 进整数环，通常表示为 $\mathbb{Z}_5$。

有多少个 5 进整数呢？对于上面的数列中的第一个位置，我们可以从 0、1、2、3、4 这 5 个数中选取一个；同样，对于第二个位置，我们可以从 3、8、13、18、23 这 5 个数中选取一个。对第三个位置、第四个位置以及其他位置也是如此。所以，所有可能的个数是无穷多个 5 相乘。用布劳威尔的观点看，这个数可以被粗略地表示为 5^{infinity}（infinity：无穷大），当然，这不是一个很恰当的方式。

什么集合拥有同样多的元素个数？考虑 0 和 1 之间的所有实数，用五进制取代通常的十进制来表示它们。例如，把实数 $\frac{1}{\pi}$ 写成五进制的形式是 0.124 343 243 444 234 241 323 423 032 200 423 010 342 002 4…。显然，这样的"小数"的每一个位置都有 5 种可能性，就像我们的 5 进整数！所以 5 进整数的个数等于 0 和 1 之间的所有实数的个数。

这是一件有趣的事情。现在我们创建了一个由与整数类似的对象构成的环，而且它们的个数与实数的个数相同！事实上，有一种合理的方法可以定义两个 5 进整数之间的"距离"，事实证明，两个 5 进整数可以任意靠近，这跟普通的整数完全不同，两个普通整数的距离永远不会小于 1。所以这些 5 进整数既有点儿像整数，又有点儿像实数。

正如对普通整数环 $\mathbb{Z}$ 可以定义一个"分式域"，即有理数域 $\mathbb{Q}$，同样地，对于 $\mathbb{Z}_5$，有一种方法可以定义其分式域 $\mathbb{Q}_5$，在这个域中，我们不仅可以做加法、减法和乘法，而且还能做除法。这就是 5 **进数域**。

如 $\mathbb{Z}_5$ 一样，$\mathbb{Q}_5$ 也"脚踏两条船"。在某些方面，它像有理数 $\mathbb{Q}$；但在另一些方面，它又像实数 $\mathbb{R}$。例如，它是**完备**的，这一点像实数 $\mathbb{R}$，不像有理数 $\mathbb{Q}$（或 $\mathbb{Z}_5$）。"完备"的意思是，如果由 5 进数组成的一个无穷序列趋近于一个极限，那么这个极限也是一个 5 进数。不是所有域都具有这个性质。例如，$\mathbb{Q}$ 就不是完备域。取 $\mathbb{Q}$ 中的数组成的序列：

$$\frac{1}{1}, \frac{3}{2}, \frac{7}{5}, \frac{17}{12}, \frac{41}{29}, \frac{99}{70}, \frac{239}{169}, \frac{577}{408}, \cdots$$

　　序列中的每一个数的分母是前一个数的分子与分母之和，每一个数的分子是前一个数的分子与分母的 **2 倍**之和（例如 $29=17+12$，$41=17+12+12$）。这个序列中的所有数都属于 $\mathbb{Q}$，但这个序列的极限是 $\sqrt{2}$，它不属于 $\mathbb{Q}$[①]。所以 $\mathbb{Q}$ 不是完备的。

　　不过，我们可以通过把无理数添加到 $\mathbb{Q}$ 中，使其变成完备域：$\mathbb{R}$ 是 $\mathbb{Q}$ 的"完备化"，或者更确切地说，$\mathbb{R}$ 是 $\mathbb{Q}$ 的**一个**完备化。p 进数提供了将 $\mathbb{Q}$ 完备化的其他方式。

　　在这里，我们碰到了数论、代数和分析的一些混合概念：素数、环和域、无穷序列和极限。这就是 p 进数的魅力所在。亨泽尔的学生、其马堡大学教授职位的继任者赫尔穆特·哈塞（1898—1979）把它们引入 20 世纪中期的数学中。哈塞推广了 p 进数，把 p 从普通素数推广到更一般的数系中的"素数"，举例来说，这些更一般的数系可以是我在"数学基础知识：域论（FT）"中提到的那些域，以及高斯和库默尔在研究复数及分圆整数的因子分解时所发现的那些数系。

　　1934 年，哈塞离开马堡大学，来到哥廷根大学。说来话长，此前一年，也就是 1933 年，纳粹掌握了德国政权，哥廷根大学的

---

① 这个序列的极限是 $\sqrt{2}$ 的证明：根据通项，如果这个序列的某一项是 $\dfrac{a}{b}$，那么下一项是 $\dfrac{a+2b}{a+b}$，即 $\dfrac{(a+b)+b}{a+b}$，等价于 $1+\dfrac{b}{a+b}$，即 $1+\dfrac{1}{1+\dfrac{a}{b}}$，也就是 $1+\dfrac{1}{1+（前项）}$；如果这个序列收敛于某个极限，那么项与项会越来越近，所以**此项**和**前一项**几乎是相等的。经过几万亿项之后，它近似为 $x=1+\dfrac{1}{1+x}$。如果应用一些初等代数方法，这就是一个二次方程，它唯一的正根是 $x=\sqrt{2}$。证毕。当然，这个证明不是非常严格，它的主要缺陷在于第二句话开头的"如果"。

所有犹太教授都被迫离开，很多反纳粹的非犹太人（如第 1 章中提到的奥托·诺伊格鲍尔）也为了抗议而被驱逐或离开。

在当时的种族划分体系下，哈塞不是犹太人。然而，由于他有位犹太人祖先，他的种族不完全"纯洁"，因此他没有资格成为纳粹党员。他似乎不是反犹太主义者，但是他是一个强烈的德国民族主义者，支持希特勒的种族政策。

在诺伊格鲍尔和他的继任者赫尔曼·外尔（这是另一位非犹太人，不过他的妻子有部分犹太血统）辞职后，哈塞被任命为哥廷根数学研究所的负责人。作为一名忠诚的民族主义者，他的愿景似乎是要保持德国数学的活力。与他打交道的纳粹官员不喜欢他，一方面是因为对他的血统的疑虑，另一方面是因为他的知识分子理想主义在当时不太受纳粹的欢迎。然而，在 1945 年希特勒被打败之后，他被英国驻军解除了在大学的职务。他在快 50 岁时还面临重新找教授职位的局面，对此他毫无怨言。

※※※

最后介绍**代数几何**。现代经典几何形式的代数几何是由 20 世纪初的意大利数学家们发展的，他们有科拉多·塞格雷、圭多·卡斯泰尔诺沃、费代里戈·恩里克斯和弗朗切斯科·塞韦里。前面说过，到了 20 世纪的前十年，这种风格的几何学开始遭遇危机，其基础被动摇，出现了一些很棘手的难题，其中大多数难题与曲面和空间的"退化情形"有关，类似于我在介绍"基础数学知识：代数几何"中描述的二次曲线的退化情形。到了 1920 年，这些难题越发棘手，已经严重到阻碍了它的进一步发展。

很明显，代数几何需要彻底改革，以便为这门学科打下更坚实的基础，就像在 19 世纪从柯西到魏尔斯特拉斯等几代数学家们对分析学所做的工作一样。在 20 世纪三四十年代，代数几何的彻底改革同样也是经过几位数学家坚持不懈的努力才实现的。这一改革的本质就是将几何学提升到更高的抽象层次。

我在前面已经提到了克莱因的埃尔朗根纲领，其思想就是利用**群**作为组织原则，把 19 世纪兴起的射影几何、非欧几里得几何、黎曼的流形（弯曲空间）几何、复坐标系下的几何等各种几何加以整理。

继克莱因之后，一旦数学家们开始把这些新的几何学视为一个整体，需要把各种想法组织在一起，他们就开始注意所有几何共有的模式和原则。使几何更加抽象、在任意特定空间中都不引入任何直观的点或线的想法占据了主流，19 世纪后期的几位数学家，莫里茨·帕施（1843—1930）（德国吉森大学）、朱塞佩·皮亚诺（意大利都灵大学）、赫尔曼·维纳（1857—1939）（德国哈雷大学）都在尝试实现这种抽象。

1892 年，希尔伯特抓住了这个问题，当时他还是哥尼斯堡大学的无薪讲师。他与一些同事前往哈雷大学，参加了维纳的一个讲座。在这次讲座上，维纳阐述了他将几何学抽象化的方法。返回哥尼斯堡时，希尔伯特一行人需要在柏林换乘。在柏林火车站等车时，他们谈论了维纳的想法。希尔伯特做出了以下评论："任何时候都能用'桌子、椅子和啤酒杯'来替代'点、直线和平面'。"[1]（你可以把这个评论与第 10 章中引用的皮科克、格雷戈里和德·摩根在 1830 年到 1850 年对代数的评论做个对比。）

---

[1]　希尔伯特的原文是值得引用的——Man muss jederzeit an Stelle von „Punkten, Geraden, Ebenen, " „Tische, Stühle, Bierseidel " sagen können.

　　在接下来的六年里，希尔伯特没有采取实际行动来实现那句令人难忘的话，那时他已经被任命为哥廷根大学的教授。然后，在1898年到1899年的冬天，他做了一系列讲座，在这些讲座中，欧几里得的传统几何学从一套清晰、完备的抽象法则和公理中衍生出来，就像第11章中我为群给出的公理一样。希尔伯特说，公理所指的对象可以是任何对象，但是他为了使阐述更加清晰，把它们说成"点、线和平面"。这些讲座后来被汇编成书，书名是《几何基础》（ *The Foundations of Geometry* ）。

　　那本书在数学家中广为流传，影响深远。希尔伯特自己的数学研究随后转向其他方向，但是他经常"重访"几何。在1920年到1921年的冬天，他开设了一系列名为"直观几何"的讲座，与1898年到1899年的讲座相比，这次讲座论述的范围更广，而且不那么抽象。这个系列的讲座也被汇编成书，书名是《直观几何》（ *Geometry and the Imagination* ）^①，该书直到现在仍很受欢迎。

　　希尔伯特对欧几里得几何公理化的处理激发了年轻数学家们的灵感。当然，前进的道路尚需时日才能变得清晰。太多不同的观点在争夺人们的注意力：希尔伯特的公理化方法、克莱因1872年的埃尔朗根纲领和他在1895年对拓扑的重写、希尔伯特对代数不变量的研究（希尔伯特零点定理和希尔伯特基定理），以及意大利几何学家尽可能采用19世纪中期的方法坚持不懈地对曲线、曲面和流形进行的研究。

※※※

---

① 该书是希尔伯特与S.科恩－福森合著的，出版于1932年。两年后，希尔伯特退休。

在对代数几何的最终改革过程中，有两个人脱颖而出：所罗门·莱夫谢茨和奥斯卡·扎里斯基（1899—1986）。两人都是犹太人，都出生在 19 世纪末的俄国。

莱夫谢茨稍微年长一些，出生于 1884 年。尽管莫斯科是他的出生地，但是他的父母都是土耳其人，一家人不得不跟着做生意的父亲四处奔波。莱夫谢茨实际上是在法国长大的，他的母语是法语。作为布劳威尔的同代人，他与布劳威尔一样也在代数拓扑领域取得了成就。事实上，他与布劳威尔有个相似之处更值得一提：莱夫谢茨也有一个以他的名字命名的不动点定理。莱夫谢茨在 21 岁时来到美国，在 1911 年取得数学博士学位之前，他在工业实验室工作了五年。这项工作导致他在一次电力事故中失去了双手。他在余生中都戴着假肢，再戴一副黑色皮手套。在美国普林斯顿大学教书期间（从 1925年起），他会让一名研究生把一支粉笔塞到他手里，然后开始他一天的课程。莱夫谢茨精力充沛，说话刻薄，为人固执，他是一个有个性的人，西尔维娅·娜萨在《美丽心灵》一书中讲了一些关于他的故事。莱夫谢茨非常生动地总结了自己与代数史的关系："我的命运就是把代数拓扑这把鱼叉插入代数几何这条大鲸的身体里。"

扎里斯基比莱夫谢茨小 15 岁，出生于 1899 年。出生于这段时期的俄国是非常不幸的，实际上，作为犹太人，无论出生在旧世界的哪个地方都是悲惨的。混乱的第一次世界大战、德国的入侵以及随后的内战，这一切迫使扎里斯基背井离乡。1920 年，他去了意大利罗马。在那里，他在卡斯泰尔诺沃的指导下学习。卡斯泰尔诺沃是"现代经典几何"的意大利学派的领袖。那时，卡斯泰尔诺沃和他的同事已经明白，他们的方法无法再取得进展。卡斯泰尔诺沃当时 55 岁左右，他觉得到了把火种传递下去的时候了，他敦促扎里斯基学习莱夫谢茨的拓扑方法。

20 世纪 20 年代中期，墨索里尼及法西斯分子正在加强对意大利人民的公共生活的控制。1925 年，扎里斯基在罗马获得博士学位。在一两年内，意大利显然不再是他所希望的能躲避动荡的避难所。当时莱夫谢茨在普林斯顿大学，在卡斯泰尔诺沃的鼓励下，扎里斯基与莱夫谢茨建立了工作上的友谊。1927 年，在莱夫谢茨的帮助下，扎里斯基在美国巴尔的摩的约翰斯·霍普金斯大学得到一个初级教职。两年后，他拥有了那里的正式教职。

在整个 20 世纪 20 年代末和 30 年代初，扎里斯基都致力于将莱夫谢茨的现代拓扑思想带到他从意大利学来的“现代经典几何”中去。这项研究的成果就是出版于 1935 年的著作《代数曲面》（*Algebraic Surfaces*）。

然而，在编写和研究这本书的过程中，扎里斯基逐渐意识到代数几何的前进方向并不在于仅仅利用拓扑学，而是要利用希尔伯特在《几何基础》中提出以及被应用在诺特的抽象代数中的公理化方法。（20 世纪 30 年代末，很多数学家都认为数学走到了一个岔路口，这就是我在引言中引用的赫尔曼·外尔的那句话的背景。）从 1937 年起，扎里斯基为自己设定了研究目标：重建代数几何的基础。

彼时，扎里斯基已经成为一名美国数学家，他于 1945~1946 学年在巴西圣保罗大学做访问学者，他的职责包括每周讲三个小时的讲座。只有一个人参加了扎里斯基的所有讲座，这个人就是比扎里斯基年轻一点的法国数学家安德烈·韦伊（1906—1998）[1]。

---

① 韦伊同李一样，也有被当成间谍抓去坐牢的不幸经历，他的数学笔记和信件被怀疑是加密通信。事情发生在 1939 年 12 月的芬兰。被释放遣送回法国后，他又因为逃避服军役被抓了起来。

　　韦伊出生于 1906 年，他既是一个犹太人，也是一位和平主义者。在和扎里斯基同一时间来圣保罗大学访问之前，为躲避欧洲的战争，韦伊来到美国寻求教职。韦伊是一位非常有建树的著名数学家，扎里斯基在此之前至少见过他两次，一次是 1937 年在普林斯顿大学，另一次是 1941 年在哈佛大学。然而，他们一起在圣保罗度过的这一年对两人来说都是格外多产的一年。

　　与扎里斯基一样，韦伊也有利用希尔伯特和诺特的抽象代数重建代数几何的想法。特别是，他致力于推广代数曲线、代数曲面和代数簇的理论，使其结果在任何基域里都成立，基域不仅包括我们熟悉的实数域 $\mathbb{R}$ 和（当时）"现代经典"代数几何学家研究的复数域 $\mathbb{C}$，还有诸如我在"数学基础知识：域论（FT）"中提到的有限域，等等。这建立了与素数和一般数论之间的联系。韦伊的工作是现代数论代数化的基础。如果没有这项工作，那么安德鲁·怀尔斯在 1994 年对费马大定理的证明将不可能出现。

　　彼时，19 世纪兴起的各种思想即将汇集到一起，形成对几何学的一种新认识，这种新认识以抽象代数为基础，融合了拓扑学、分析学以及关于曲线和曲面的"现代经典"思想，甚至结合了数论。希尔伯特的"啤酒杯"和诺特的环、普吕克的直线和李的群、黎曼的流形和亨泽尔的域，这些思想都汇合在代数几何的统一概念之下。这是 20 世纪的代数学取得的伟大成就之一，但这绝不是唯一的成就，也不是争议最小的成就。

第 15 章
从普遍算术到普遍代数

如果你想一瞥近几十年来代数学领域的学术研究，可以看看由美国数学学会颁发的科尔代数奖的部分获奖名单（全部名单可以在互联网上查到）。

1960 年：颁给塞尔日·兰（1927—2005），嘉许他的论文《多变量函数域上的非分歧类域论》；颁给麦克斯韦·罗森利希特（1924—1999），嘉许他关于广义雅可比簇的论文……1965 年：颁给瓦尔特·法伊特（1930—2014）和约翰·格里格斯·汤普森（1932— ），嘉许他们合作的论文《奇数阶群的可解性》……2000 年：颁给安德烈·苏斯林（1950—2018），嘉许他关于原相上同调（motivic cohomology）的工作……2003 年：颁给中岛启（1962— ），嘉许他在表示论和几何学中的工作。

纵览这份名单之后，你可能会发现本书略去了一些代数内容，我在此请求你的原谅。雅可比簇？非分歧类域论？原相上同调？这些都是什么东西？

好吧，这就是近世代数，它以**群**、**代数**、**簇**、**矩阵**等一些关键概念为基础。我希望我已经对这些概念给出了比较令人满意的叙述。即使其中有几个没有解释的术语，它们也仅仅是离开了 19 世纪的这些基本思想的一两步而已。例如，**表示**指的是对群和代数的研究，其方法是利用第 9 章中给出的矩阵族来对群和代数建模。**类域论**是用来解决由于因子分解不唯一而引发的各种问题的非常一般化的现代方法，这些问题就是我在第 12 章中讲述的困扰柯西和拉梅的那些问题。**可解性**与群结构有关，它可以一路追溯到方程的可解性问题，等等。

然而，代数学已经变得越发深奥，而且原相上同调等主题对于非数学专业的读者来说很难理解，我认为甚至是数学专业的人也不一定能够理解，除非他的专业就是这个领域[①]。代数学也已经变得非常广泛，包含各种各样的主题，美国数学学会 2000 年的数学主题分类表中共有 63 个主题，代数占了其中的 13 个主题[②]。

所以，现在我要行使作者的特权，只概述其中的三个主题以及过去几十年的某些人物，而不是介绍最新代数学的全貌。我将首先介绍范畴论，接着介绍亚历山大·格罗滕迪克的生活与工作，最后

---

① 巴里·马祖尔（1937— ）教授是一位经验丰富、文笔流畅的数学科普作家，他在 2004 年 11 月的《美国数学学会通告》上向非代数专业读者解释了"**原相**"（motive）这个概念。我认为这篇文章写得已经尽可能地好了。他的文章是这样开头的："一个连通的有限单纯复形 X 的代数拓扑信息能被其一维上同调刻画到什么程度？"

② 根据美国数学学会的分类码，这 13 个主题分别是（06）序理论、格论、序代数结构，（08）一般代数系统，（12）域论和多项式，（13）交换环论和交换代数，（14）代数几何，（15）线性代数和多重线性代数、矩阵论，（16）结合环和结合代数，（17）非结合环和非结合代数，（18）范畴论、同调代数，（19）K 理论，（20）群论及其推广，（22）拓扑群、李群，（55）代数拓扑。（现在通常使用美国数学学会 2010 版数学学科分类标准 MSC2010。——译者注）

介绍近世代数在物理学中的应用。至于原相上同调，就等我未来写书时再介绍吧。

※※※

在 20 世纪末，最受数学系本科生欢迎的教材之一是伯克霍夫和麦克莱恩的《近世代数概论》（*A Survey of Modern Algebra*，图 15-1 左）。那本书于 1941 年首次出版，它把 20 世纪中期代数学的所有关键概念都清晰地整理到了一起，同时还为学生们准备了数百道练习题来锻炼他们的智慧。数、多项式、群、环、域、向量空间、矩阵以及行列式，在该书中都有相关的介绍。我自己就是从伯克霍夫和麦克莱恩的书里学到代数学的，我的这本书也受到了他们的影响。（实际上不只如此，我还借用了他们书中的一些习题来帮助我阐述观点。）

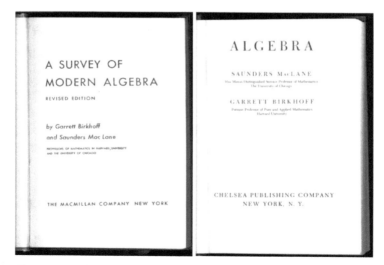

图 15-1　伯克霍夫和麦克莱恩分别于 1941 年和 1967 年出版的两本书

1967 年，《近世代数概论》的全新版本出版了，书名改为《代数》（图 15–1 右）。作者署名的顺序与原来相反，变成麦克莱恩和伯克霍夫。更重要的是，书中呈现的内容发生了变化。标题为"泛构造"的第四章是全新的内容，讨论了函子、范畴、态射和偏序集，这些术语在 1941 年的版本中根本没有出现过。另外，新版还增加了长达 39 页的关于"仿射空间和射影空间"的附录。

一本大学教材在首次出版 26 年后就需要做如此大量的修订，这有点儿令人惊讶。到底发生了什么？这些新的数学对象是从哪里来的？这相当于说，这些函子和偏序集是从哪里突然间冒出来的？

加勒特·伯克霍夫（1911—1996）和桑德斯·麦克莱恩（1909—2005）都是 20 世纪 30 年代后期美国哈佛大学的讲师。伯克霍夫的父亲乔治·伯克霍夫从 1912 年到他去世的 1944 年一直是这所大学的数学教授。正是这位老伯克霍夫被爱因斯坦称为"世界上最大的反犹太主义者之一"，尽管老伯克霍夫确实存有偏见，但这种偏见在当时当地似乎并不罕见[1]。年轻的伯克霍夫于 1936 年被聘为哈佛大学的讲师。麦克莱恩是美国康涅狄格州一位公理会牧师的儿子，1934 年到 1936 年在哈佛大学任教，1938 年被哈佛聘为助理教授。

作为大学代数教师，他们二人深受 1930 年在德国出版的一本书的影响。那本书就是范德瓦尔登的《近世代数学》，它利用完全抽象的公理化方法研究 19 世纪出现的新数学对象，这是首次从更高的数学层次上对这些新数学对象进行清晰阐述。范德瓦尔登给该

---

[1]　麦克莱恩说，老伯克霍夫的偏见至少在一定程度上是由 20 世纪 30 年代大萧条引发的朴素爱国主义促成的，对此我不知道其真实性。麦克莱恩说："哈佛大学的乔治·伯克霍夫……认为我们还应该关注美国年轻人，所以哈佛大学任命的（欧洲）难民相对较少。"〔引自《更多数学人》（*More mathematical people*）。〕

书增加了一个副标题——"根据 E. 阿廷和 E. 诺特的讲座"。"E. 诺特"当然就是在第 12 章中介绍的埃米·诺特。埃米尔·阿廷（1898—1962）在纳粹上台之前一直是德国汉堡大学的优秀代数学家，他在纳粹上台之后来到美国，曾在多所大学任教。事实上，最初的想法是阿廷和范德瓦尔登共同编写该书，但是由于研究工作的压力，阿廷退出了这个项目。范德瓦尔登的著作把所有新的数学对象——群、环、域和向量空间都整合到一起，对它们进行抽象的公理化处理，就如希尔伯特、诺特和阿廷所发展的那样。

通过 1930 年的著作《近世代数学》，范德瓦尔登把这种思维方式传递给数学界。通过 1941 年的著作《近世代数概论》，伯克霍夫和麦克莱恩又把它们传授给本科生。从此，"近世代数"一词在数学家们和他们的学生的头脑中有了明确的含义，其本质就是研究代数学的如下方法——完全抽象且精确公理化的用集合论语言表述的方法，与第 11 章中给出的"群"的定义类似。

这是抽象化的终点吗？这是乔治·皮科克于 1830 年（见第 10 章）首次提出的思想的终点吗？绝对不是！

※※※

1940 年，正当《近世代数概论》准备出版之时，麦克莱恩参加了一个在美国密歇根大学举办的代数拓扑会议。在这次会议上，他遇到了年轻的波兰拓扑学家塞缪尔·艾伦伯格（1913—1998），艾伦伯格在此一年前迁居到美国，麦克莱恩已经非常熟悉他发表的论文了。他们成了朋友，并于 1942 年合作发表了一篇关于代数拓扑的论文。这篇论文的题目是《群扩张与同调》。这篇论文研究的是同调，对此我需要简单介绍一下。

在第 14 章中，我用嵌入在流形中的闭路族（即闭路径的集合）来描述流形的**基本群**。这个闭路族组成的基本群是一种**同伦群**。通过推广这些路径，即推广这些拓扑等价于圆周的一维闭路、拓扑等价于球面的二维"超闭路"、拓扑等价超球面的三维"超闭路"或更高维的"超闭路"，等等，我们可以构造出给定流形的其他同伦群。

这些同伦群非常有趣，也很重要，但在提供关于流形的信息方面，它们有一些缺点。从数学的角度看，它们有点儿难以处理①。

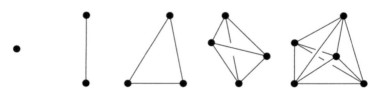

图 15-2　从左到右分别为：零维单形（点）、一维单形（线段）、二维单形（三角形）、三维单形（四面体）和四维单形（五胞体）②

庞加莱发现，对任何流形都可以构造一系列完全不同的群，这些群就是**同调群**。构造同调群的最直接的方法就是用完全由单形组成的近似流形来代替这个流形。想象一个球面可以变形成一个四面体（即以三角形为底的三棱锥，图 15-2）的表面，你就会有所体

①　斯旺教授补充了一段有趣的历史注记："同伦群是由爱德华·切赫（1893—1960）于 1932 年发现的，但是当他发现它们是交换群时，他认为它们没什么意思，就撤回了论文。几年后，维托尔德·胡尔维茨（1904—1956）重新发现了它们，因此人们常把发现同伦群的荣誉归功于维托尔德·胡尔维茨。"

②　五胞体（pentatope）是考克斯特在他的著作《正多面体》的第七章中用来描述这个物体的词语。我没有在其他地方看到过这个词，不知道它有多流行，我也不认为它会在拼字游戏中留存下来。正如图 15-2 中所展示的，五胞体的线框图显然已经从四维空间投影到了二维，所以这个图是很不精确的。

会。你得到了一个图形，它是由零维的顶点、一维的边和二维的三角形面组成的。研究经过这些点、边和面的各种可能方法，当这些路径的方向相反时，路径可以相互抵消（图 15-3），由此可以得到一系列群，它们通常被记为 H_0、H_1 和 H_2。这些群是同调群，它们被统称为这个曲面的**同调**。另外，你还可以**反过来**完成整个操作，将顶点当作面，将面当作顶点，仍将边当作边（但是它们具有不同的组织形式）[①]。然后你就可以得到一系列不同的群，它们被统称为**上同调**。

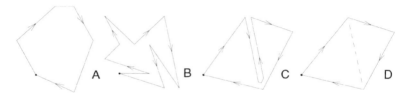

图 15-3　路径 A 和路径 B 是同伦等价的，路径 C 和路径 D 是同调等价的

我们可以对任意维数的任意流形做类似的事情。现在，三角形是可以包围一个区域的最简单的平面凸多边形。对数学家来说，它是一个二维**单形**。三维单形是一个四面体，即三棱锥，它有 4 个顶点和 4 个面，每个面都是一个三角形。四维单形是四维空间中的类

_____

① 这是与几何中随处可见的**对偶**概念相关的一个过程。三维几何中经典的"柏拉图多面体"就展示了对偶。立方体（8 个顶点，12 条棱，6 个面）与正八面体对偶（6 个顶点，12 条棱，8 个面），正十二面体（20 个顶点，30 条棱，12 个面）与正二十面体对偶（12 个顶点，30 条棱，20 个面），正四面体（4 个顶点，6 条棱，4 个面）与自身对偶。顺便提一下，出于历史真实性的考虑，正是埃米·诺特指出了关注群性质的好处。早期的研究者们用不同的语言描述了同调群。

似物，有 5 个顶点和 5 个四面体"面"（图 15-2）。为了完整起见，我们把线段称为一维单形，把孤立的点称为零维单形。

任何流形都可以像这样被"三角剖分"成许多单形，但是如果这个流形有洞，就像环面一样，那么几个单形就必须被黏合在一起，形成一个"**单纯复形**"。一旦用这种方法对流形进行三角剖分，就可以得到它的同调，即**单纯同调**。这个同调及对应的上同调携带了这个流形的有用信息。另外，同调群也比同伦群更容易处理。（顺便说一下，这种方法与地图绘制者在实地测量时进行的三角测量是相似的，见下文。）

我们已经看到了 20 世纪后期代数学的一个关键概念——**把代数对象附加到一个流形上**。我提到的这个代数对象就是我们在进行拓扑研究时出现的群。然而，在同调论中，我们还可以把向量空间和模（见第 12 章）附加到一个流形上。这为代数拓扑和代数几何开辟了一片丰富的新领域。在这片领域中，最著名的探索者是法国数学家让·勒雷（1906—1998）、让-皮埃尔·塞尔（1926— ）和亚历山大·格罗滕迪克（1928—2014），稍后我再介绍他们。

这就是艾伦伯格和麦克莱恩 1942 年发表那篇论文的背景。麦克莱恩（和伯克霍夫）此前刚刚写完了一部杰作，在当时已经开始流传的"近世代数"的启发下，他们用非常抽象的方式研究了这个主题，从抽象程度上来说，他们的处理方式已经完全超出了我给出的简短描述，也与三角形和四面体相去甚远。在写这篇论文时，他们二人都认为可能还存在更高的抽象层次。

在此三年后，他们在另一篇题为《自然等价的一般理论》的合作论文中达到了那种更高的抽象层次——他们在这篇论文中首次提出了范畴论。

我即将介绍的范畴论是从同调论中自然产生的。在同调群最初从拓扑学中产生之后的四十年里，人们发现同调群与其他代数分支有着深刻的联系，特别是与第 13 章中勾勒的希尔伯特关于多项式环的不变量的工作密切相关。通过黎曼建立的函数论与拓扑学之间的联系，它们还与分析学相关——与研究函数及函数族的高等微积分有关。不久之后，在 20 世纪 50 年代，这一切发展成一个被称为**同调代数**的研究领域。1955 年，艾伦伯格与伟大的代数拓扑学家亨利·嘉当（1904—2008）合作编写了第一部关于同调代数的著作。其中的普遍性非常高，与范畴论可以自然地平行发展。

※※※

范畴论背后的一般思路如下。

诸如群、环、域、集合、向量空间和代数这样的代数对象是由元素（例如数、置换、旋转）和合成这些元素的一种或多种方式（例如加法、加法和乘法或置换的合成）构成的。当我们找到把某个对象变换为，或者说"映射"为另一个对象或者它自身的方法时，这些对象的结构往往会清晰地显示出来。（例如，回想一下，在"数学基础知识：向量空间和代数（VS）"中，向量空间是如何被映射到它自己的标量域的。同样，回想一下对伽罗瓦理论的概述以及其中的核心问题——将一个解域置换或映射到它本身并且保持系数域不变。）

尽管它们是不同种类的对象，映射也有不同的可能，但是在所有情况下，贯穿元素、合成方式和变换的结构和方法非常相似。例如，考虑环与理想的关系（见第 12 章）以及群与正规子群的关系（见第 11 章），这两种关系之间有相似之处。那么，我们是否可以提炼出某些一般原则，或者说**代数结构的一种一般理论**，使得所有这些对象以及我们未来可能提出的其他对象都可以统一在一组超级公理，或者说一种普遍代数之下呢？①

艾伦伯格和麦克莱恩给出了答案：是的，这是可以做到的。为群或向量空间这样的数学对象组成的集合配备上对象之间一些"性质良好"的映射族，这就是一个**范畴**，其中的映射被称为**态射**。现在，你还可以（小心地）再前进一步，建立一个范畴（连同其中所有的态射）到另一个范畴的超映射。这种超映射被称为一个**函子**。

举例来说，回顾我在第14章中对 p 进数的讨论。我构造了 5 进整数系，然后我还对此提到："对普通整数环 $\mathbb{Z}$ 可以定义一个'分式域'，即有理数域 $\mathbb{Q}$，同样地，对于 $\mathbb{Z}_5$，有一种方法可以定义其分式域 $\mathbb{Q}_5$，在这个域中不仅可以做加法、减法和乘法，而且还能做除法。"其中所隐含的技巧就是范畴论中的**函子**的概念。

事实上，$\mathbb{Z}$ 不只是一个普通的环，它是一个相当特殊的环，这种环被称为**整环**，其中的乘法可交换（对一个环来说，这不是必要的），它还有乘法单位元"1"（对一个环来说，这也不是必要的），而且只有当 a 或 b 等于 0 或者二者都为 0 时，$ab=0$ 才成立（这也不是环的必要条件）。从 $\mathbb{Z}$ 得到 $\mathbb{Q}$ 的方法是从一个整环出发，构造一个分式域。一般地，对任何整环都可以构造一个分式域，因为我们能够构造从整环及其间的映射（或由这些映射组成的一个子集）

---

① 术语"普遍代数"（或译为"泛代数"）有一段有趣的历史，至少可以追溯到阿尔弗雷德·诺思·怀特海（1861—1947）在 1898 年出版的一本书的书名，怀特海是英国数学家、哲学家，他与罗素合著了《数学原理》。埃米·诺特也使用了这个术语。不过，我在这里只是偶尔提示性地使用这个术语，与怀特海、诺特或者其他任何人的用法不完全一致。

所构成的范畴到域及其间的映射（或类似的子集）所构成的范畴的一个函子。

尽管我不打算深入讨论这些内容，但是我忍不住要提一下我最喜欢的函子：**遗忘函子**。它是从一个由代数对象组成的范畴（比如群范畴）到（不考虑结构的）最普通的集合范畴的函子，"**遗忘**"原来对象中存在的所有结构。

※※※

在如此高的抽象程度上可以得到有用的数学吗？这取决于你向谁问这样的问题。直到 2006 年，范畴论仍然存在争议。当你提到范畴论时，许多专业数学家（我认为尤其是英语国家的专业数学家）都会皱眉或摇头。只有少数本科课程讲授范畴论。在迈克尔·阿廷于 1991 年出版的 600 多页的本科权威教材《代数》中，"范畴""态射"和"函子"这几个词从未出现过。

在 20 世纪 60 年代中期，当我是一名数学系本科生时，我最常听到的观点是，尽管范畴论可能是组织现有知识的一种便捷方式，但是它太过抽象，无法产生任何新的理解（不过我需要说明，尽管范畴论起源于美国，但英国人怀疑它是从欧洲大陆传来的。）

无论如何，麦克莱恩非常喜欢他与艾伦伯格共同创造的理论。到了 20 世纪 60 年代中期，就在《近世代数概论》修订版问世之时，他重新改写了整本书[①]，使之向范畴论方向倾斜。其他人也追随麦克莱恩，如果范畴论不能被普遍接受，那么它当然也不能作为本科生的代数课程讲授，它在数学界中有众多拥趸。追随者们充满信

[①] 改写后的著作为《代数学》（麦克莱恩与伯克霍夫合著）。——译者注

心地在范畴论中打趣。威廉·劳维尔（1937—　）在一本有关范畴在集合论中的应用的书的开头说："首先，我们剥夺了对象的几乎所有内容……"罗宾·甘迪（1919—1995）在《新方塔纳现代思想辞典》中写道："那些喜欢研究特殊、具体问题的人喜欢把范畴论说成'泛化抽象废话'。"[①]

范畴论的推动者提出了大量断言，其中一些超出了数学领域，进入了哲学领域。事实上，范畴论从一开始就带有一些自觉的哲学意味。"范畴"一词取自亚里士多德和康德，而"函子"是从德国哲学家鲁道夫·卡尔纳普（1891—1970）那里借用的，卡尔纳普在他1934年的著作《语言的逻辑句法》中创造了这个词。

范畴论的哲学内涵超出了本书的范围，不过我将在本章结尾对它们做一个泛泛的评述。当然，很多职业数学家使用这个理论取得了重要的成果。比如，亚历山大·格罗滕迪克就是这样的一个人。

※※※

格罗滕迪克是近代代数学历史上最具传奇色彩且最具争议的人物。大量关于他的生活的文献不断出现，目前为止，这些文献的数量可能已经超过了关于他的数学工作的作品的数量。迄今为止，最易于理解而且最详尽的关于他的生活和工作的英文文献是阿琳·杰

[①] 据我所知，范畴论唯一一次在流行文化中出现是在2001年的电影《美丽心灵》中。其中有这样一幕，一个学生对约翰·纳什（1928—2015）说："伽罗瓦扩张实际上等同于覆盖空间！"然后那个学生一边吃着三明治，一边喃喃自语道："……函子……两个范畴……"这似乎暗指可以通过一个函子把由所有的伽罗瓦扩张（见"数学基础知识：域论（FT）"）组成的范畴映射到由所有的覆盖空间（一个拓扑概念）组成的范畴——这是一个非常深刻的见解。

克逊[①]的《仿佛来自虚空：亚历山大·格罗滕迪克的故事》（"As If Summoned from the Void: The Life of Alexandre Grothendieck"），这篇文章被分成两部分发表在 2004 年 10 月和 11 月的《美国数学学会通告》上，共计约 2.8 万字。互联网上还有许多专门讨论格罗滕迪克的网站。能阅读英文的读者可以从名为 "Grothendieck Circle" 的网站看起，该网站也包含了许多用法文和德文写就的内容。上面提到的阿琳·杰克逊为他写的传记的两部分也在其中。

格罗滕迪克的故事之所以引人入胜，是因为它讲述的是那种典型的迷人的 "超凡脱俗" 的人物：圣愚、疯狂的天才以及遁世的修行者。

我首先讲他天才的一面。格罗滕迪克的辉煌年代是 1958 年到 1970 年。1958 年，法国高等科学研究所（以下简称 IHÉS）在巴黎成立，它是根据莱昂·莫查纳（1900—1990）的构想建立的。莫查纳是一位具有俄国和瑞士血统的法国商人，他认为法国需要一个私立的、独立的类似于美国普林斯顿高等研究院的研究机构。格罗滕迪克当时 30 岁，是 IHÉS 的创始教授。

IHÉS 的私立性和独立性因持续的资金需求问题而受到影响。莫查纳的个人资源不够支撑 IHÉS 的运营，从 20 世纪 60 年代中期开始，他开始接受法国军方的小额资助。格罗滕迪克是一名狂热的反军国主义者。由于格罗滕迪克不能说服莫查纳放弃军方的资助，因此他就于 1970 年 5 月从研究所辞职了。

---

① 阿琳·杰克逊引用了朱斯蒂娜·班比的一些评价，她那时正与格罗滕迪克生活在一起："他数学上的学生都是很认真的，而且很有纪律，工作非常努力……在反文化运动中他则见到些整天晃荡听音乐的人。"

在 IHÉS 的 12 年里，格罗滕迪克是一位轰动数学界的人物。他研究的领域是代数几何，他把这门学科提升到一个更一般化的水平，使之吸收了数论、拓扑学和分析学的一些关键内容。

格罗滕迪克追随上一代法国数学家让·勒雷的开创性工作。同130 年前的庞斯列一样，勒雷也在身为战俘期间提出了他最重要的想法。勒雷与安德烈·韦伊一样，于 1906 年出生，1998 年去世。身为法国军队的军官，勒雷在 1940 年法国沦陷时被俘，在第二次世界大战结束前一直被关在奥地利北部阿伦特施泰格附近的集中营。勒雷当时的研究专长是流体力学。然而，为了避免自己的专业技术被德国应用于战争，他把研究兴趣转移到了当时他所知道的最抽象的领域——代数拓扑，把同调理论添加到我在第 15 章中讲述的新领域中。在接下来的一代人中，格罗滕迪克和他的同代人法兰西学院的让－皮埃尔·塞尔就是在这个领域闻名的。

格罗滕迪克是一位富有魅力的教师，在 20 世纪 60 年代，他的学生们对他表现出来的热忱让人们觉得是一种狂热的崇拜。他的数学风格不是每个人都喜欢的，诋毁他的言论也并不少见。然而，根据许多了解他并和他一起工作过的一流数学家（其中包括数学风格与他完全不同的数学家）的说法，在那段辉煌的岁月里，他的数学创造力如喷泉一般，不停喷涌出令人震惊的洞见、深刻的猜想以及杰出的成果。1966 年，他获得了菲尔兹奖，这是数学英才梦寐以求的最高级别奖项。获奖的评语是"在韦伊和扎里斯基的工作的基础上，为代数几何带来了根本性的进展"。

※※※

我在前面提到，格罗滕迪克是典型的圣愚和疯狂的天才。尽管

我自己不能理解他的大部分工作，但是诸如尼古拉斯·卡茨
（1943— ）、迈克尔·阿廷（1934— ）、巴里·马祖尔（1937— ）、
皮埃尔·德利涅（1944— ）、迈克尔·阿蒂亚爵士（1929—2019）
和符拉基米尔·弗沃特斯基（1966—2017）（其中后三位都是菲尔
兹奖获得者）等数学家对他的工作的评价足以让我确信他是天才。
神圣、愚蠢和疯子说的又是什么呢？

　　神圣和愚蠢结合在一起，形容他如孩童般天真，了解格罗滕迪
克的每一个人都这么说。这倒不是说他在体格上像孩子。他（至少
在壮年时）高大健壮、英俊潇洒，是一个优秀的拳击手。1972 年，
在阿维尼翁的一次政治示威中，44 岁的格罗滕迪克击倒了两名试
图抓他的警察。

　　不过，在格罗滕迪克二三十岁时，他全身心投入在工作上，远
离尘世，对世间之事一无所知，据说，他似乎除了数学之外几乎不
考虑其他任何事情。IHÉS 的教授路易斯·米歇尔（1923—1999）
回忆说，大约在 1970 年左右，他告诉格罗滕迪克有一个会议是由
"NATO"（北大西洋公约组织）赞助的。格罗滕迪克看起来很困惑。
米歇尔问他知不知道 "NATO" 是什么。他的回答是 "不知道"。

　　格罗滕迪克 "无知" 的范围也扩展到了他不感兴趣的数学领
域，也就是说，除了最抽象的代数之外，他对所有其他数学领域
都不感兴趣。例如，他不觉得数字有趣。57 是 3 与 19 之积，因
此它不是素数，数学家们有时把 57 叫作 "格罗滕迪克素数"，这
是为什么呢？故事是这样的，格罗滕迪克在参加一次数学讨论时，
当时有一个人建议他们尝试将在某个特定素数上试验过的过程应
用于所有素数。"你是指一个具体的素数吗？" 格罗滕迪克问。那
个人回答道："是的，一个具体的素数。" 格罗滕迪克说："好吧，

我们就取 57。"

　　格罗滕迪克悲惨的童年无疑造成了他对世界和数学的理解很零散。他的父母都是具有反叛思想的怪人。格罗滕迪克的父亲名叫夏皮罗,是乌克兰犹太人,出生于 1889 年,他一生都生活在无政府主义政治的阴暗世界中,也就是维克托·塞尔日(1890—1947)在回忆录中描述的世界。夏皮罗几次被关进沙皇的监狱里,他在试图逃脱沙皇警察的追捕时自杀未遂,失去了一只手臂。他在 1921 年前往德国,靠当街头摄影师谋生,这样就无须受雇于人,也不违反他自己的无政府主义原则。

　　格罗滕迪克的母亲是约翰娜·格罗滕迪克,格罗滕迪克随了他母亲的姓。约翰娜是来自德国汉堡的非犹太人,她反抗自己的中产阶级出身,来到柏林生活,偶尔为左翼报纸撰写稿件。格罗滕迪克出生于柏林,他的母语是德语。第二次世界大战爆发时,这一家人都在法国巴黎。然而,他的父母曾经在西班牙内战中站在了共和党一边,所以被法国战时当局认为是潜在的危险分子。格罗滕迪克的父亲被捕,法国沦陷后,他被押送到奥斯威辛集中营,并被杀害。孤儿寡母在俘虏收容所中度过了两年。之后,格罗滕迪克被带到了法国南部的一个抵抗势力很强的小镇。格罗滕迪克在自传里写道,当时的生活极不稳定,定期有纳粹的扫荡,他与其他犹太人不得不经常在树林里一躲就是好几天。尽管如此,他还是幸存下来,在镇上的学校接受了一些教育。在 17 岁那年,他与母亲团聚。三年后,在一所省立大学听了一些杂乱无章的课之后,格罗滕迪克的一位老师建议他去巴黎,跟随伟大的代数学家亨利·嘉当学习。格罗滕迪克听从了老师的建议,他的数学生涯也由此步入正轨。

　　格罗滕迪克在自传中表达了对父母的尊敬。像他的父亲一样,这个男人的信念绝对坚定。他虽然在 1966 年接受了菲尔兹奖，但拒绝前往莫斯科参加国际数学家大会领取奖章，因为那一年大会在莫斯科举办，格罗滕迪克反对苏联的军事政策。1967 年，他在越南北部进行了为期三周的访问，在森林里讲授范畴论。因为战争，河内的学生都被疏散到森林里，以躲避美军的轰炸。

11 年后，60 岁的格罗滕迪克被瑞典皇家科学院授予克拉福德奖。这个奖项也被他拒绝了。（该奖项有 20 万美元奖金，格罗滕迪克似乎从来就不在乎金钱。）在他的说明信里，格罗滕迪克抨击了数学家和科学家们差劲的道德标准，这封信不久之后被法国日报《**世界报**》转载。

格罗滕迪克所做的一切都符合真正的无政府主义精神，而不是受到了那时已经成为法国知识分子特点的尖酸的反美主义的影响。虽然经历了越南之行，但是格罗滕迪克也没有像很多法国知识分子那样崇尚共产主义或苏联。那个时代的一些后现代主义言辞似乎已经渗透到他的思想里。他在自传中写道：

> 每一门科学，当我们不是将它作为**能力和统治力的工具**，而是作为我们人类世代以来孜孜追求的对知识的冒险历程时，不是别的，就是这样一种和谐，从一个时期到另一个时期，或多或少，巨大而又丰富：在不同的时代和世纪中，对于依次出现的不同的主题，它展现给我们微妙而精细的对应，仿佛来自虚空。[①]

如果你忽略上面这段话中我用黑体标注的后现代主义词语，那么你会发现，这段行文实际上非常漂亮。

[①] 本段引用自欧阳毅教授的译文《仿佛来自虚空》。——译者注

※※※

我们再来说说格罗滕迪克神圣与疯狂的一面。从 IHÉS 辞职后，格罗滕迪克在巴黎的法兰西学院教了两年书，但是他有一个令人不安的习惯，他经常停止讲课而去为和平主义呐喊。在经历了几次尝试建立公社均告失败之后，他于 1973 年在法国马赛以西、位于地中海沿岸的蒙彼利埃大学取得了一个职位。按照法国学术界的标准，这是超乎寻常的自我降级。大多数法国学者要花费好几年时间才能谋求巴黎的一个职位，在得到职位之后，宁愿忍受折磨也不愿放弃它。格罗滕迪克对巴黎的职位一点儿也不在乎。世俗的东西对他来说似乎没有多大意义。

格罗滕迪克在蒙彼利埃大学工作了 15 年，在 1988 年 60 岁时退休。在此期间，他写完了他的自传《**收获与播种**》（从未出版，但手稿却广为流传），并完成了许多数学和哲学著作和文章。他学会了开车，不过水平很差。在日本，他成了一个小众人物，许多佛教僧团前来拜访他。他成为环保主义者，投身于环保运动，就这个问题和其他很多话题向当局提出抗议。．

1990 年 7 月，在他退休的两年后，格罗滕迪克请求他的一位朋友保管他的所有数学文章。不久之后，也就是 1991 年初，他消失了。他的仰慕者们最终在比利牛斯山脉的一个偏远村庄中找到了他，他一直待在那里 [①]。一些消息称他成了一名佛教徒，也有消息称他把时间花在反对魔鬼和创作他的所有作品上。曾经到格罗滕迪克的隐居地拜访过他的罗伊·利斯克在 2001 年的一篇报道中写道：

---

① 格罗滕迪克已于 2014 年去世。——译者注

尽管与他直接沟通几乎是不可能的，但村子里的邻居们会照顾他。因此，尽管他提出了只靠喝蒲公英汤生存的想法，但是他的邻居们会确保他的合理饮食。这些邻居也同巴黎和蒙彼利埃的祝福者们保持着联系，所以大家不必为他担心。

亚历山大·格罗滕迪克在黄金时代所做的数学工作现在依然流行，那些理解它的人（我可不敢说自己是其中之一）在提起它时仍然带着敬畏和惊叹。

※※※

人们常说，一个国家的书面语与人们日常使用的口语时近时远。英语书面语在乔叟时代比较接近于口语，到了18世纪早期的拉丁文学全盛时期，则与口语相去甚远，而到了现代又与口语更加相近。类似地，代数与科学的现实世界也时近时远。

正如我们所看到的，最早的代数起源于度量、计时和土地测量等实际问题。（尽管这并非很重要，但是我得以在本书的第一章和最后一章都很自然地提到了土地测量仍然是一种有趣的对称。）丢番图和中世纪阿拉伯数学家们有时为了他们自己的内在兴趣而脱离实际问题去研究代数问题，从而增加了抽象层次。这种研究态度延续到文艺复兴时期和近世，那时人们对三次方程和四次方程的纯代数研究产生了极大的兴趣，并最终得到了一般解。

从1600年前后几十年间现代字符体系的发明开始，到18世纪晚期攻克一般五次方程，新的字母符号体系被广泛用于解决各个领域中的实际问题：土木和军事工程、天文学和航海学、会计学以及统计学的初级阶段。自起源于美索不达米亚以来，代数在这段时期可能更贴近现实世界。

　　然而，19 世纪纯代数的发展如此丰富多彩，以至于这门学科超越了任何实际应用，几乎独处于一个完全无用的领域。即使实用主义者从代数学中获得灵感，他们也表现得漫不经心、囫囵吞枣。我在第 8 章中已经提到了吉布斯和亥维赛对哈密顿珍爱的四元数的轻视。到 19 世纪末，代数学已经把科学远远抛到后面。如果你在 1893 年向年轻的希尔伯特请教零点定理的实际应用，他一定会大笑起来。

　　在 20 世纪，尽管代数学的抽象化层次呈现出越来越高的趋势，但是代数与现实应用之间的差距在某种程度上开始缩小。19 世纪发现的所有新的数学对象都有了一些科学应用，可能某些数学对象仅在纯理论研究中得到应用。尤金·维格纳（1902—1995）在他 1960 年的里程碑式的论文《数学在自然科学中不可思议的有效性》[①]中说，这是一种"奇迹"。不知怎么地，这些纯粹思考的产物、这些群和矩阵、这些域和流形，确实可以描述现实世界中的真实事物或真实过程。

　　代数学的"不可思议的有效性"随处可见。例如，群在编码和密码理论中非常重要，矩阵现在是经济分析的基础，代数拓扑中的一些概念出现在从发电系统到计算机芯片设计的各个领域。根据范畴论的宣传者所述，甚至连范畴论也在计算机语言设计中创造着奇迹，尽管我自己无法判断这个断言的价值。

　　然而，毫无疑问，就代数学而言，维格纳所说的"不可思议的有效性"的最引人注目的例证出现在现代物理学中。

---

① 　这篇论文的中文译文可见《数学译林》2005 年第 1 期。——译者注

※※※

20 世纪物理学发生的两次重大的革命当然是相对论和量子理论。两者都建立在 19 世纪的纯代数概念的基础之上。

- 在狭义相对论中，通过洛伦兹变换，一个参考系下的对时间和空间的测量可以被"转化"成另一个参考系（当然，相对于第一个参考系匀速运动）下的对时间和空间的测量。这些变换可以用某个四维空间中的坐标系旋转来建模，换句话说，其模型就是一个李群。

- 在广义相对论中，因物质和能量的存在，这个四维时空被扭曲了。为了恰当地描述它，我们必须依靠**张量分析**，它是意大利代数几何学家根据哈密顿、黎曼和格拉斯曼的早期工作而发展起来的。

- 1925 年春天，当年轻的物理学家维尔纳·海森堡（1901—1976）研究一个原子从一个量子态"跃迁"到另一个量子态时放出的辐射频率时，他发现自己正在观察一个很大的正方形数阵，这个数阵中第 m 行、第 n 列的数字是这个量子从态 m 跃迁到态 n 的概率。这种情况下的逻辑推理需要考虑把这些数阵乘起来，并给出这样做的唯一的恰当方法，但是当他试图做这样的乘法运算时，他发现乘法是不可交换的。数阵 A 乘以数阵 B 得到一个结果，而数阵 B 乘以数阵 A 则得到不同的结果。这究竟是怎么一回事？好在海森堡是德国哥廷根大学的研究助理，所以他身边有希尔伯特和诺特来为他详细解释矩阵代数的原理。

- 到了 20 世纪 60 年代早期，物理学家发现了一类令人困惑的核粒子——强子。美国加利福尼亚理工学院的年轻物理学家默里·盖尔曼（1929—2019）注意到强子的特性，尽管它们不遵从任何明显的线性模式，但是它们在另一个李群的背景下是有意义的，这个李群就是我们在研究二维复向量空间中的旋转时出现的群。通过分析数据，盖尔曼发现最初的想法还是太肤浅了。三维复向量空间中的等价李群能够解释得更清楚。然而，它需要尚未被观察到的粒子的存在性。盖尔曼发表了他的研究结果，实验人员启动了粒子对撞机，预测的粒子被及时地观测到了。[①]

现在，在 21 世纪初，更奇怪、更大胆的物理学理论正在流行。如果没有哈密顿、格拉斯曼、凯莱、西尔伯特、希尔伯特和诺特的工作，人们就不可能构想出这些理论。其中最大胆的一些理论源自试图统一 20 世纪两个伟大发现——相对论和量子力学，这些理论包括：弦理论、超对称弦理论、M 理论和圈量子引力论，等等。所有这些理论都至少从 20 世纪的代数或代数几何中汲取了一些灵感。

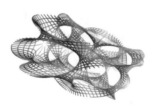

图 15-4　卡拉比 – 丘流形

以卡拉比 – 丘流形（图 15-4）为例，它提供了弦理论所需要的"缺失"维度。根据弦理论，这些维度是潜伏在时空中以普朗克尺度（约为 1.6×10^{-33}cm）观测的极小区域中的六维空间。它们最

---

① 盖尔曼用于组织强子的那个群（在专业术语中叫作 3 阶特殊酉群）和洛伦兹群都可以用矩阵来刻画，不过矩阵中的项都是复数。

早是由德国数学家埃里克·凯勒（1906—2000）首先想到的。凯勒和扎里斯基一样，在罗马跟随意大利的代数几何学家学习，不过他比扎里斯基晚去了几年（1932年到1933年）。

基于黎曼的某些思想，凯勒定义了一族具有某些一般性和有趣的性质的流形①。例如，每个黎曼曲面都是一个凯勒流形。下一代的美国数学家欧金尼奥·卡拉比（1923—　）确定了凯勒流形的一个子类，并猜想它们的曲率应该具有一种有趣的简单性。

1977年，来自中国的年轻数学家丘成桐（1949—　）证明了卡拉比猜想，这种类型的空间今天被称为卡拉比–丘流形②。其曲率的简单性，即某种"光滑性"，使得它们成为弦运动的理想选择，根据弦理论，这种运动在我们的仪器中看起来就像是各种各样的亚原子粒子和包括引力在内的各种力。这种空间是六维的这个事实有点儿令人惊讶，但是这些"额外"的维度被"折叠起来"，在以我们为主导的宏观世界中是看不见的，就像从足够远的地方看一根粗粗的三维缆索时，它看起来像是一维的一样。

※ ※ ※

因此，我们似乎有理由认为，20世纪以抽象程度越来越高为特征的代数学的抽象程度可能不会再提高，或者至少暂时停止提高。同时，代数学家则忙于回答物理学家提出的难题，而且也明确

---

① 顺便一提，其准确定义是"容许平行旋量存在的黎曼流形，这些旋量相对于某个具有完全反对称挠率的度量联络是平行的"。

② 丘成桐是菲尔兹奖和克拉福德奖获得者。他1949年4月出生于中国广东省，在20世纪60年代初随家人搬到香港，在那里接受了早期的数学教育。他目前是美国哈佛大学数学教授。

了像范畴论这样的超抽象方法的适当地位。

　　还有这样的可能，代数学无法作为一门独立的数学学科继续存在。20 世纪是一个统一的时代，代数学扩张到数学的其他领域，这些领域也反过来影响它。如果我从事高维流形上的函数族的研究，这些族具有群结构，那么我从事的是分析学（函数）、拓扑学（流形）还是代数学（群）研究呢？

　　认为代数学将继续存在的观点（这也是我所支持的观点）基于这样一种想法：代数学的思维方式是独特的。我们回顾一下哈密顿的《作为纯时间科学的代数》（见第 14 章）和其他关于数学思维与其他类型的思维活动之间的关系的思考。2000 年 6 月，伟大的代数学家阿蒂亚爵士在加拿大多伦多的一场讲座中说，几何和代数是"数学的两个形式支柱"，并认为它们分属我们的大脑的不同区域。

　　几何学讲的是空间……如果我面对这间房间里的听众，我可以在一秒内或者是一微秒内看到很多，接收到大量的信息……在另一方面，代数本质上涉及的是时间。无论现在做的是哪一类代数，都是一连串的运算被一个接着一个罗列出来，这里"一个接着一个"的意思是我们必须有时间的概念。在一个静态的宇宙中，我们无法想象代数，但几何的本质是静态的。[1]

　　阿蒂亚爵士说的"一连串的运算"就是"algorithm"（算法），单词"algorithm"是对给出"algebra"（代数）这个词的花拉子密

---

[1]　这篇文章以 "Mathematics in the 20th Century" 为题发表于《美国数学月刊》（108(7)）。（中文译文《二十世纪的数学》发表于《数学译林》2002 年第一期。——译者注）

（见第 3 章）的名字的讹传。

　　据我所知，数学家埃里克·格伦沃尔德在 2005 年春天的《数学信使》（*Mathematical Intelligencer*）杂志中把阿蒂亚爵士的思路推向极致。格伦沃尔德在题为《数学内外的演化与设计》（*Evolution and Design Inside and Outside Mathematics*）一文中主张广义的二分思维，也就是一种阴阳二分模型，我对此概述如下。（有一些条目是我自己添加的，与格伦沃尔德无关。）

阴	阳
几何	代数
发现	发明
看	听
绘画	音乐
规范性的（字典式的）	描述性的
理论构建	问题解决
安全	冒险
空间模式	时间过程
牛顿	莱布尼茨①
庞加莱	希尔伯特
爱因斯坦①	马赫
设计	演化
社会主义	资本主义
柏拉图式的（数学观点）	"社会建构"
理论（物理）	实验

---

① 这里的意思是，牛顿是绝对空间的代表，而莱布尼茨则更倾向于另一种观点，正如这首小诗所解释的那样：

空间

让所有的东西都不在同一个地点。

当然，你可以整晚都玩这种智力游戏，但你不会得出太多结论。（让我有点儿惊讶的是，我自己竟然有足够的自控力把"奥古斯丁派"和"贝拉基派"从列表中划掉。）

不过，我确实认为阿蒂亚爵士和格伦沃尔德意识到了一些事。如今的数学在最高层次上得到了完美的统一，一个传统领域（几何学、数论）的概念可以轻易地融入另一个领域（代数学、分析学）。尽管如此，仍然存在不同的思维方式、不同的处理问题和获得新见解的方法。几年前，我们曾听到许多关于历史的终结是否已经到来的讨论。我不记得权威专家或哲学家是否就这个大问题得出过什么结论，但是我可以确信的是，至少代数学的历史还没有终结。

---

① 认为爱因斯坦把所有的绝对排除在物理之外，把我们丢进一个相对世界之中是一个非常普遍的误解。事实上，他没有这样做。爱因斯坦和牛顿一样都是"绝对论者"。他排除的是绝对空间和绝对时间，取而代之的是**绝对时空**。任何一本关于现代物理的畅销书都应该把这一点说清楚。另外，爱因斯坦的挚友库尔特·哥德尔（1906—1978）是一位严格的柏拉图主义者：这两人一阴一阳。

图片版权

书中那些未标明出处的图片和我只确定了文件来源的图片是我认为公开的，或者是我无法找到版权持有者的图片。

没有人比作者更重视版权法，我已经尽全力去寻找版权方，让他们授权我在本书中使用这些照片和图片的副本。然而，找到这些人并不容易。尤其是在互联网上找到的图片，没有人能准确地知道其著作权持有人。

如果我在本书中使用的图片忽视了任何个人或机构的著作权，我只能希望您通过出版商与我取得联系，容我做出适当的补救，我很乐意这样做，而且我会尽快处理。

诺伊格鲍尔：承蒙位于美国罗得岛州普罗维登斯市的布朗大学约翰·海伊图书馆惠允。

希帕提娅：英国画家查尔斯·威廉·米切尔（1854—1903）的绘画作品，经位于英国泰恩河畔纽卡斯尔的泰恩和怀尔档案博物馆的许可转载。

卡尔达诺：取自卡尔达诺的著作《大术，或论代数法则》（*The Great Art, or The Rules of Algebra*）的卷首插图。实际上，我是从美国麻省理工学院出版社的版本中摘录的，该版本由理查德·威特默翻译并编辑（美国，马萨诸塞州，剑桥，1968 年）。

韦达：取自《弗朗索瓦·韦达：数学文集》（*François Viète: Opera Mathematica*）的卷首插图，得到弗朗西斯·朔滕惠允，该书由位于德国希尔德斯海姆的格奥尔格·奥尔姆斯出版社出版（美国，纽约，1970）。

笛卡儿：这是一位我不认识的艺术家创作的雕刻画，取自弗兰斯·哈尔斯 1649 年的油画，这幅油画现藏于巴黎卢浮宫。

牛顿：托马斯·奥尔德姆·巴洛 1868 年创作的雕刻画，取自戈弗雷·内勒 1689 年的肖像画，这幅肖像画现藏于英国伦敦威尔康图书馆。

莱布尼茨：根据意大利佛罗伦萨乌菲齐美术馆的一幅油画所创作的雕刻画。

鲁菲尼：取自《保罗·鲁菲尼数学文集》（*Opere Matematiche di Paolo Ruffini*）第一卷的卷首插图，该书由意大利巴勒莫数学出版社出版（1915 年）。

柯西：这是罗莱在大约 1840 年所创作的肖像画，承蒙位于法国马恩河畔尚的法国国立路桥学校的惠允。

阿贝尔：取自比耶克内斯 1885 年的著作《尼尔斯·亨里克·阿贝尔：他的一生及他的科学活动》（*Niels-Henrik Abel: Tableau de Sa Vie et Son Action Scientifique*），巴黎戈蒂耶－维拉尔出版社出版。

伽罗瓦：《伽罗瓦 15 岁的肖像》，取自《巴黎高等师范学院年鉴》3c 系列第 13 卷（1896 年出版）。

西罗：承蒙挪威奥斯陆大学图书馆惠允。

若尔当：取自巴黎戈捷－维拉尔出版社 1961 年出版的由迪厄

多内主编的《卡米尔·若尔当文集》(*Oeuvres de Camille Jordan*)第一卷。

哈密顿：萨拉·珀泽根据照片画的肖像画，承蒙都柏林爱尔兰皇家学院图书馆惠允。

格拉斯曼：取自《赫尔曼·格拉斯曼数学和物理论著集》(*Hermann Grassmanns Gesammelte Mathematische und Physikalische Werke*)，切尔西出版公司出版（美国，纽约，布朗克斯，1969年），得到美国数学学会授权。

黎曼：承蒙德国柏林国立普鲁士文化遗产图书馆惠允。

艾勃特：承蒙伦敦城市学校惠允。

普吕克：取自《尤利乌斯·普吕克数学文集》，舍恩弗利斯主编，B. G. 托伊布纳出版社出版（德国，莱比锡，1895 年）。

李：约阿希姆·弗里希的肖像画，承蒙挪威奥斯陆大学惠允。

克莱因、戴德金、希尔伯特、诺特：承蒙德国下萨克森州州立暨哥廷根大学图书馆手稿和珍本部惠允。

莱夫谢茨：承蒙美国新泽西州普林斯顿大学图书馆古籍与特藏部惠允。

扎里斯基、格罗滕迪克：承蒙德国奥博沃尔法赫数学研究所档案馆惠允。

麦克莱恩：承蒙美国芝加哥大学图书馆惠允。

卡拉比－丘流形的插图（图 15–4）是法国巴黎综合理工学院应用数学研究中心的让－弗朗索瓦·科隆纳绘制的。本书使用这幅插图得到了他的许可。

人名对照表

Gauss

库尔特·哥德尔 Kurt Gödel

保罗·戈尔丹 Paul Gordan

安东尼·格拉夫顿 Anthony Grafton

赫尔曼·格拉斯曼 Hermann Günther Grassmann

约翰·格雷夫斯 John Graves

邓肯·格雷戈里 Duncan Gregory

埃里克·格伦沃尔德 Eric Grunwald

奥尔格·弗里德里希·格罗特芬德 Georg Friedrich Grotefend

亚历山大·格罗滕迪克 Alexander Grothendieck

约翰娜·格罗滕迪克 Johanna Grothendieck

H

托马斯·哈里奥特 Thomas Harriot

阿奇博尔德·亨利·哈密顿 Archibald Henry Hamilton

威廉·哈密顿 William Hamilton

威廉·埃德温·哈密顿 William Edwin Hamilton

威廉·哈密顿爵士 Sir William Rowan Hamilton

赫尔穆特·哈塞 Helmut Hasse

亥姆霍兹 Helmholtz

奥利弗·亥维赛 Oliver Heaviside

马丁·海姆斯凯克 Martin Heemskerck

维尔纳·海森堡 Werner Heisenberg

奥马·海亚姆 Omar Khayyam

安德鲁·汉森 Andrew J. Hanson

豪斯曼 A. E. Housman

托马斯·赫斯特 Thomas Hirst

约翰·赫舍尔 John Herschel

库尔特·亨泽尔 Kurt Hensel

维托尔德·胡尔维茨 Witold Hurewicz

花拉子密 al-Khwarizmi

爱德华·华林 Edward Waring

安德鲁·怀尔斯 Andrew Wiles

阿尔弗雷德·诺思·怀特海 Alfred North Whitehead

D. T. 怀特赛德 D. T. Whiteside

威廉·惠斯顿 William Whiston

伯恩特·霍尔姆伯 Bernt Michael Holmboë

海因茨·霍普夫 Heinz Hopf

J

爱德华·吉本 Edward Gibbon

乔赛亚·威拉德·吉布斯 Josiah Willard Gibbs

阿尔伯特·吉拉德 Albert Girard

S. B. 基兹利克 S. B. Kizlik

亨利·嘉当 Henri Cartan

穆罕默德·贾扬尼 Mohammed al-Jayyani

托马斯·杰斐逊 Thomas Jefferson

埃德蒙·兰道 Edmund Landau

威廉·劳维尔 F. William Lawvere

让·勒雷 Jean Leray

阿德里安－马里·勒让德 Adrien-Marie Legendre

沃尔特·雷利爵士 Sir Walter Raleigh

索菲斯·李 Sophus Lie

康斯坦丝·里德 Constance Reid

迈尔斯·里德 Miles Reid

伯恩哈德·黎曼 Bernhard Riemann

格雷戈里奥·里奇 Gregorio Ricci

罗伊·利斯克 Roy Lisker

约翰·利斯廷 Johann Listing

理雅各 James Legge

图利奥·列维－奇维塔 Tullio Levi-Civita

费迪南德·冯·林德曼 Ferdinand von Lindemann

约瑟夫·刘维尔 Joseph Liouville

保罗·鲁菲尼 Paolo Ruffini

约翰·卢卡奇 John Lukacs

洛必达 Marquis de l'Hôpital

尼古拉·罗巴切夫斯基 Nikolai Lobachevsky

罗伯逊 Edmund F Robertson

古斯塔夫·罗赫 Gustav Roch

罗莱特 A. P. Rollett

亨利·罗林森 Henry Rawlinson

麦克斯韦·罗森利希特 Maxwell A. Rosenlicht

托尼·罗思曼 Tony Rothman

伯特兰·罗素 Bertrand Russell

西蒙·吕利耶 Simon l'Huilier

M

马蒂厄 Mathieu

马立克沙 Malik Shah

马里纳斯 Marinus

巴里·马祖尔 Barry Mazur

休·麦科尔 Hugh MacColl

桑德斯·麦克莱恩 Saunders Mac Lane

詹姆斯·克拉克·麦克斯韦 James Clerk Maxwell

杰弗·米勒 Jeff Miller

路易斯·米歇尔 Louis Michel

奥古斯特·莫比乌斯 August Möbius

莱昂·莫查纳 Léon Motchane

詹姆斯·穆勒 James Mill

尼扎姆·穆勒克 Nizam al-Mulk

查尔斯·默里 Charles Murray

N

弗拉基米尔·纳博科夫 Vladimir Nabokov

约翰·纳皮尔 John Napier

约翰·纳什 John Nash

保罗·纳欣 Paul Nahin

弗洛伦斯·南丁格尔 Florence Nightingale

卡斯滕·尼布尔 Carsten Niebuhr

加林娜·斯米尔诺娃 Galina Smirnova

西蒙·斯泰芬 Simon Stevin

威廉·斯坦尼茨 William Steinitz

迪尔克·斯特勒伊克 Dirk Struik

伊恩·斯图尔特 Ian Stewart

阿里尔·斯图海于格 Arild Stubhaug

艾丽西亚·布尔·斯托特 Alicia Boole
Stott

理查德·斯旺 Richard G. Swan

安德烈·苏斯林 Andrei Suslin

海因里希·韦伯 Heinrich Weber

约翰·韦恩 John Venn

韦尔斯 H. G. Wells

弗朗索瓦·韦达 François Viète

麦克拉根·韦德伯恩 Maclagan Wedderburn

安德烈·韦伊 André Weil

卡尔·魏尔斯特拉斯 Karl Weierstrass

詹姆斯·沃尔什 James J. Walsh

库尔特·沃格尔 Kurt Vogel

约翰·沃利斯 John Wallis

T

尼科洛·塔尔塔利亚 Niccolò Fontana
Tartaglia

威廉·汤姆森 William Thomson

约翰·格里格斯·汤普森 John Griggs
Thompson

X

西尔维斯特 J. J. Sylvester

路德维希·西罗 Ludwig Sylow

西蒙 Simon

戴维·希尔伯特 David Hilbert

希帕提娅 Hypatia

托马斯·希思爵士 Sir Thomas Heath

夏皮罗 Shapiro

查尔斯·霍华德·辛顿 Charles Howard
Hinton

詹姆斯·辛顿 James Hinton

尼古拉斯·许凯 Nicolas Chuquet

W

赫尔曼·外尔 Hermann Weyl

约翰内斯·威德曼 Johannes Widman

尤金·维格纳 Eugene Wigner

赫尔曼·维纳 Hermann Wiener

诺伯特·维纳 Norbert Wiener

安德烈·维萨里 Andreas Vesalius

罗伯特·维森 Robert G. Wesson

路德维希·维特根斯坦 Ludwig Wittgenstein

Y

阿姆鲁·伊本·阿斯 Amr ibn al-'As

塔比·伊本·库拉 Thabit ibn Qurra

阿特·约翰逊 Art Johnson 　　　　　　中岛启 Hiraku Nakajima

Z

奥斯卡·扎里斯基 Oscar Zariski